国外高校经典教材译丛

数字视频处理与分析

[希] 尤纳斯·皮塔斯（Ioannis Pitas）著
张重生　等译

机 械 工 业 出 版 社

本书对数字电视和数字视频进行了整体介绍，主要讲解数字视频获取、处理、分析、制作、压缩技术，以及数字电视广播及流媒体和网络直播等相关的技术。此外，本书还讲述了数字视频接口和用于存储/显示的外围设备，同时也介绍了数字影院和3D电视。

本书内容通俗易懂，既可作为数字媒体、多媒体专业的本、专科教材，也可供缺少数学和技术背景的视频爱好者参考。

图书在版编目（CIP）数据

数字视频处理与分析/（希）尤纳斯·皮塔斯（Ioannis Pitas）著；张重生等译.—北京：机械工业出版社，2016.12

（国外高校经典教材译丛）

书名原文：Digital Video and Television

ISBN 978-7-111-55995-5

Ⅰ.①数… Ⅱ.①尤… ②张… Ⅲ.①数字视频系统-数字信号处理-高等学校-教材

Ⅳ.①TN941.3

中国版本图书馆CIP数据核字（2017）第023848号

机械工业出版社（北京市百万庄大街22号 邮政编码 100037）

责任编辑：李馨馨 陈瑞文 责任校对：张艳霞

责任印制：常天培

北京圣夫亚美印刷有限公司印刷

2017年3月第1版·第1次印刷

184mm×260mm·18.5印张·454千字

0001-3000册

标准书号：ISBN 978-7-111-55995-5

定价：59.00元

凡购本书，如有缺页、倒页、脱页，由本社发行部调换

电话服务

服务咨询热线：（010）88361066

读者购书热线：（010）68326294

（010）88379203

封面无防伪标均为盗版

网络服务

机工官网：www.cmpbook.com

机工官博：weibo.com/cmp1952

教育服务网：www.cmpedu.com

金书网：www.golden-book.com

译 者 序

图像和视频的处理与分析是当今最重要、最流行和最受关注的信息技术之一。无人驾驶、智能安防、刷脸支付、身份比对等应用，背后都依赖于图像、视频处理与分析的技术。本书的特点是略去复杂的数学推导，以通俗易懂的语言，讲解数字视频、数字电视处理与分析的基础和相关技术，有利于读者快速理解、全面掌握数字视频处理与分析相关的原理和技术。

本书旨在降低数字视频处理与分析的门槛，成为通用、普及性强的教材，方便大学生、视频处理的爱好者快速上手，快速入门、进阶、精通视频处理与分析相关的技术，适合作为研究人员、高校教师，以及计算机科学与技术、数字媒体艺术相关专业的大学生及爱好者的教材或参考书。

本书共 14 章，第 1 ~4 章分别讲解数字视频的基本概念，数字视频获取，人类视觉感知，视频处理相关的内容。第 5 章详细介绍视频分析相关的技术，并引出前沿的研究方向。第 6 章介绍了视频、电影制作相关的知识和技术，能够引起读者的兴趣、开阔读者的视野。第 7 章讲解视频压缩相关的技术和标准。第 8 章对数字电视广播相关的概念、原理和技术进行介绍。第 9 章介绍了流媒体及其处理技术。第 10 ~13 章分别讲解数字视频接口标准、视频外围设备、数字电影和三维数字电视相关的知识、原理和技术。第 14 章详解了视频存储与检索的技术。

本书第 1 ~7 章及第 14 章的翻译工作由张重生独立完成。第 8 ~13 章的翻译工作由张重生和研究生鲁娇龙、张愿、王弯弯、赵冬冬、于珂珂共同完成，为本书的翻译出版做出了重要贡献。机械工业出版社的李馨馨编辑为本书的校对、修改和完善付出了大量心血，在此致以由衷的谢意。

原著作者 Ioannis Pitas 教授，由译者邀请、在郑逢斌院长等学院领导的大力支持下，于 2014 年 6 月受聘为河南大学兼职教授，并在后续的一个月内，在河南大学进行学术交流，为河南大学计算机与信息工程学院的硕士研究生开设数字图像处理方向的前沿课程，与译者、学院图像处理领域的部分教师及研究生开展了科研合作，取得了一系列的合作成果。由此，Ioannis Pitas 教授与河南大学、计算机与信息工程学院及译者结下了深厚的友谊。

从2014年8月与机械工业出版社签约，到2016年12月最终交稿，本书的翻译工作已两年有余。感谢Ioannis Pitas教授对于译者的信任、理解和支持，尽管译者在图像处理领域并非“科班出身”。本书翻译的过程也是译者自我学习和提高的过程。对部分章节，译者花费了相当多的时间去理解、揣摩相关的概念和原理，以求用最准确的文字和表述翻译该书。

译者自知才疏学浅，书中错谬之处在所难免，如蒙读者不吝告知（译者邮箱：chongsheng. zhang@ yahoo. com；微信号：A13938613173），将不胜感激。

张重生
河南大学
2016年12月16日

前　　言

近些年，我们见证了大众传播媒介从模拟电视到数字电视的重大突破，其影响甚至可以与半个多世纪前黑白电视的产生相媲美，它更是一系列将对世界范围内的广播、电影和媒体产业产生巨大影响的研发和创新的开始。现在，流媒体和社交媒体已经变得非常普及，这是因为移动设备和数码摄像机能够很便捷地记录数据并通过网站进行传播；而社交媒体早已是数据发布及传播的重要途径。很多家庭都安装了家庭影院系统，在家中就能观看高清晰度、高音质的数字电视。通过卫星广播等手段，高清电视（HDTV）现在已经变得非常普及了。而 3D 电视是高清电视之后的下一代技术产品。

在过去几十年中，人们见证了技术革命对收集、存储、传播音视频信息的方式带来的显著变化。每天都有海量的音视频信息被存储和传播。现在欠缺的是对这种类型的媒体进行高效分析和检索的技术，以根据实际需要有效发现并且保留相关的信息。因而，不仅是领域专家，众多的普通用户也迫切需要了解数字视听技术的功用，以便更多的人驾驭及利用该技术。以该思路为方向，许多高校和艺术学院开设了面向本科生和研究生的、涵盖了从纯技术类到数字视频创作类的系列课程。本书对数字电视和数字视频进行了整体介绍，主要讲解了数字视频获取、视频压缩、视频分析、存储与检索的技术。

本书是作者 10 余年来为希腊亚里士多德大学信息系数字媒体方向的研究生开设的“数字电视”课程的教学成果结晶。作者过去 30 余年在智能数字媒体方面的研究经历也融入在本书中。作者感谢参与本书材料收集和准备工作的学生，他们或是作者所指导的学生，或是选修了作者开设的“数字视频处理”“数字图像处理”“数字电视”课程的本科生或研究生，他们是：J. Agaliadia，N. Arvanitopoulos - Darginis，D. Bouzas，G. Chantas，C. Charalampous，K. Chatzistavrou，I. Costavelis，A. Damtsa，S. Delis，A. Iosifidis，G. Orfanides，C. Papachristou，C. Sagonas，N. Tsingalis，B. Tsitlakides，M. Tsourides 和 O. Zoidi。作者感谢同事对本书的帮助；感谢所有为本书提供帮助的同事，感谢 E. Mouratidou 为本书进行封面设计。

商标声明：本书提到的公司和产品名称是其对应的所有人的商标。

致谢：本书所使用的许多图片都来自欧盟 FP7 资助的科研项目，包括 3DTVS，3D4YOU，i3DPost，IMP · ART，MOBISERV，MUSCADE 以及参与这些项目的合作者。其他一些图片来自希腊科技中心和技术博物馆，具体有希腊 NOESIS、英国萨里大学、德国赫兹研究所、德国的 ARRI、美国的 Zaxcom、德国的 Mediascreen Gmbh 以及美国的 Optics for Hire。第 13 章（3D 电视）和第 14 章（视频存储与检索）与已完成的欧盟 FP7 资助的科研项目 3DTVS 相关；其余章节与已经完成的欧盟 FP7 资助的科研项目 IMP · ART 相关。

Ioannis Pitas
IEEE Fellow（2007），EURASIP Fellow（2013）
Aristotle University of Thessaloniki，Greece

目　　录

第1章

数字视频介绍

1.1 引言

数字电视已经改变了人们记录、处理、传输和欣赏音视频数据的方式。在其之前，模拟电视已经统治了电子传媒50年（约从1950~2000年）。本书介绍数字电视技术，尤其是数字视频技术；同时，为了方便广大读者（从大学生到视频爱好者）更好地理解数字电视技术的要领，本书的一大特点是省去了相关的数学和技术细节。

一幅图片/图像是一个光强形成的二维空间分布，它不随时间变化；而视频，如图1-1所示，是随时间变化的图像，图像的空间光强会随时间的变化而变化。一般地，视频可以表示为一个空时信号$f(x,y,t)$，其中x，y是空间坐标；t为时间。视频有时也称为影片，因为视频可以表示为若干静态图片（即视频帧）按时间组成的序列，它也可称作图像序列或视频序列。过去，视频通常以模拟信号的方式记录、存储、广播；而现在，这一过程通过数字信号的方式完成。1.2节将简要介绍模拟视频存储和传输的视频标准。1.3节将探讨视频存储和传输的制式及标准。

图1-1　视频序列

1.2 模拟视频

若干年前，人们都是以模拟的方式进行视频的记录、存储和广播的。例如，使用模拟录像机将电视画面以模拟信号的方式记录或存储在磁带上。而且，电影院里的电影通常都是记录在胶片上，而胶片是以“模拟”的方式来记录电影院里高质量音视频信息的。下面将简要介绍模拟电视信号与标准。

1.2.1　模拟视频信号

模拟视频是随时间而变的一维电信号。如图 1-2 所示，视频信号捕获沿着扫描线的、随时间变化的图像强度；该视频信号也包括 TV 接收机和监视器图像对准与显示所必须的同步信号。扫描本质上是将随时间 t 而变化的完全模拟的时空视频信号，沿着竖直的空间维度 y，以 Δts 的频率进行离散化（见图 1-1）。最常见的视频扫描方法是逐行扫描和隔行扫描，前者需要一次扫描图像的所有行，形成一个视频帧。计算机工业中，高分辨率显示器使用 $\Delta t = 1/72$ s 的频率逐行扫描；而电视业中，使用 2:1 的隔行扫描视频，它由场序列组成，图像中的奇数线和偶数线分别扫描形成随时间交替的奇数视频场和偶数视频场，而这两个连续的视频场合起来能够形成一个视频帧。图 1-2 所示即给出了一个 2:1 的隔行视频扫描，图中的实线和虚线分别构成了奇数视频场和偶数视频场。在奇数视频场中，扫描从点 A 开始到点 B（沿着图中实线）；接着，从点 B 返回点 C（水平返回），最后从点 D 到点 E（垂直返回）。然后开始扫描偶数视频场，该扫描从点 E 开始（沿着图中虚线），到点 F 结束。

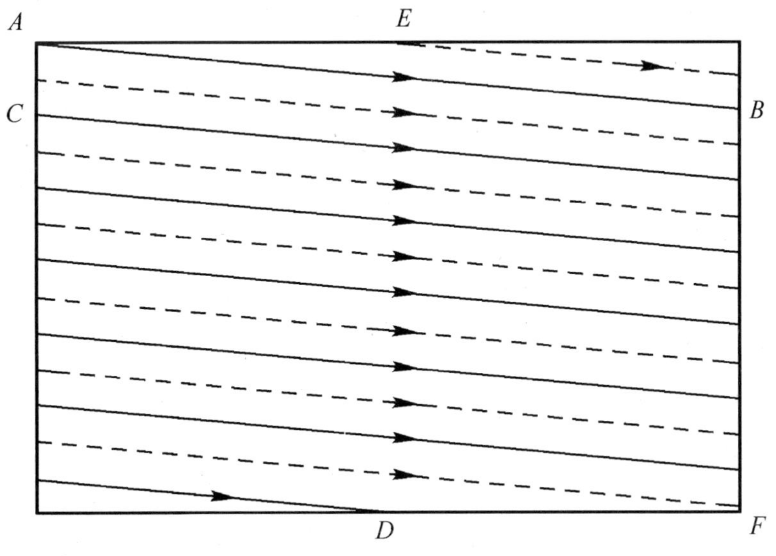

图 1-2　隔行视频扫描

重要的视频信号参数主要有垂直分辨率、宽高比，以及帧/场速率。垂直分辨率指每帧扫描的线的数量，如每帧 525 条线。宽高比是帧的宽与高之比，如 4:3或 16:9。帧/场速率定义了每秒的帧数（或场数），例如，60 场/s，或 30 帧/s。光学心理学研究表明，当显示器的刷新频率大于 50 Hz 时，人类的视觉系统觉察不到闪烁。然而，对于电视系统而言，这样高的帧速，再加上很高的垂直分辨率，将需要很高的传输带宽。因此，模拟电视系统使用隔行扫描技术，在预定的频率带宽内，以垂直分辨率换取闪烁频率的降低。因此，当图像几乎静止时，用高的空间分辨率显示；当画面上有鲜明的运动时，以双采样频率，用“场”的方式合理显示。

1.2.2 模拟视频制式

在前面的章节中，我们处理的是黑白视频信号。然而，现在多数的视频信号都是彩色的且能够表示成 RGB 三种颜色的叠加。色度学表明，几乎所有颜色都可以由三种基本色（即红色 R、绿色 G、蓝色 B）混合表示。由于成像设备只能再现特定的非负基本色并需要一个显著量亮度，因此，可再现的色域有一定的限制。现有很多的模拟电视制式，它们有不同的图像参数，如时间和空间分析，而且处理颜色信息的方式也不相同。这些制式可以分为分量视频、复合视频和 S-视频 3 种。

在分量视频中，每个基本颜色分量作为单独的单色视频信号处理。基本颜色可以是基本的 R、G、B 信号，也可以是这 3 种信号的亮度-色度转换。复合视频信号制式通过叠加亮度信号的色度信息，对 3 种颜色分量编码，结果是一个视频信号，它与亮度信号有相似的带宽。复合视频信号制式可能会遇到错色的问题，因为彩色信号分离的不准确性，通常也称作颜色错误。现有很多种复合模拟电视制式，如 NTSC、PAL 和 SECAM，这些制式已在全世界广泛使用。S-视频是复合视频和分量模拟视频的折中。在 S-视频制式中，一个视频信号由两部分组成：一个亮度信号和一个复合色度信号。S-视频制式用于模拟录像机（S-VHS）和消费摄像机，以达到比复合视频更好的图像质量。

NTSC 复合视频制式在 1952 年出现，主要在北美和日本应用。一个 NSTC 信号是一个 2:1 的隔行扫描视频信号，每个场中有 262.5 条线，60 场/s，宽高比为 4:3。因此，水平扫描频率为 $F_h = 525 \times 30\ \text{Hz} = 15.75\ \text{kHz}$。这意味着扫描一条水平线需要

1/(15750 Hz) = 63. 5 μs。在 525 条线中，只有 485 条是活跃的，因为每个场中有 20 条空线用作垂直返回。因为每帧中有 485 条活跃的线，每帧中的垂直分析（被观察者察觉到的水平行数）为 485 × 0. 7 = 339. 5(340) 条线，其中 0. 7 是系数（称为凯尔系数，Kell ratio），它表示观察看到的水平线数与总的活跃的水平扫描线数之比。水平分析，即观察到的垂直线的数目，为 339 × (4/3) = 452 元素/线。图 1–3 中给出了 NTSC 视频信号的光谱特性。

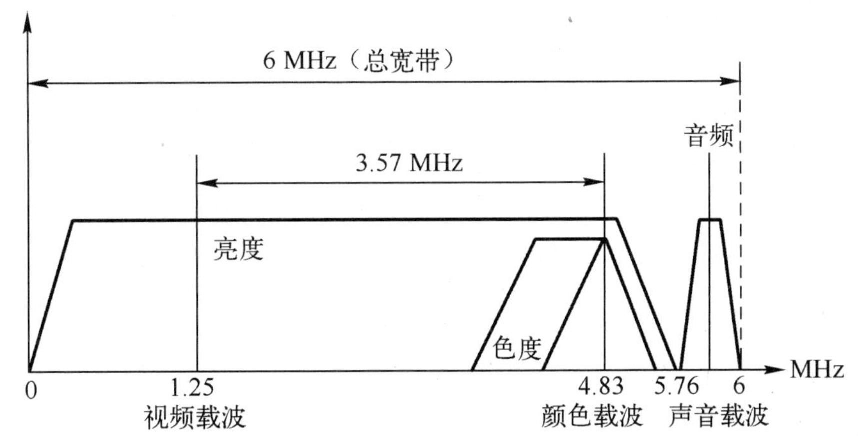

图 1–3　NTSC 视频信号频谱

上述分析是针对黑白（BW）视频的。在图 1–3 中，色度信号和立体声信号的频谱被附加到黑白视频的信号上，总带宽达到 6 MHz。PAL 和 SECAM 制式出现在 20 世纪 60 年代，主要在欧洲使用。它们也使用 2∶1 隔行扫描视频，但其时空分辨率不同于 NTSC 信号。PAL 和 SECAM 制式中，每帧有 625 条线，帧速为 50 场/s (25 帧/s)。因此，与 NTSC 相比，它们有更高的垂直分析和更小的帧速。PAL 与 SECAM 系统的一个区别在于它们表示色度信息的方式。与 NTSC 相比，这两种制式都有更佳的色彩表现。

1.3　数字视频

在过去的 20 年里，我们经历了音视频媒体的数字化革命。这场革命为 CD 或 MP3 设备提供了高质量的数字声音，为 DVD、蓝光和互联网视频流媒体观看提供了高质量的数字视频。数字媒体的主要优点是持久性和易复制性。它们的流媒体和广播功能支持在同一个平台上提供的各种服务，尤其是交互。而且，数字视频将计算机、通信和媒体以真正革命性的方式融合起来。同一个设备，既可以用作个人计算机，也可用作高清电视、视频会议平台或流媒体设备。许多此类设备，如移动电话，都有数字摄像头。因此，人们可以记录、编辑并与朋友实时分享视频，或通过本地打印机打印静态帧。

1.3.1 数字视频的优点

在模拟视频领域，人们使用模拟视频设备，如磁带录像机（VCR）和摄像机。视频的传播主要依赖电视广播（卫星电视、有线电视、地面电视），以固定的传输速率播放设定的电视节目。只允许有限的交互性，例如，电视频道切换，VCR 的前进/后退或慢镜头回放。而且，模拟复合电视信号制式（NTSC、PAL、SECAM）并不能提供好的画面质量。通过 VCR 录制的视频材料需要符合 NTSC/PAL/SECAM 制式，因此静态和动态画面质量都不高。在模拟视频库中搜索，即在众多的录像带中查找一段记录是非常烦琐和费时的工作。而且，模拟视频的编辑并非易事：一般地，模拟视频首先被数字化，以数字化的方式编辑，然后通过 D/A 转换器再记录成模拟视频的格式。

数字图像技术、电视、计算机和通信的最新发展，倾向于合并各自的市场领域。更佳的压缩算法、高速宽带、移动设备、数码录音和更快的计算机设备的出现，催生了许多数字视频和光通信产品与服务。引领研发的部分商业和消费类应用包括：数字电视（DTV）、高清电视（HDTV）、交互式电视、视频点播（VOD）、多媒体、视频会议、移动会议、社交媒体和视频流媒体观看。其他的数字视频应用有交通监测智能系统。而且，视频已经被应用于科学成像、医学图像和人机交互。

数字视频表示有很多优点，例如：

1）在多重时间和空间分析中，视频的可用性。

2）根据用户需求或频道特点选择可变的视频传输速率。

3）视频格式的转换更加容易。

4）在一个常见的多媒体平台上融合多种视频应用，如电视和视频会议。

5）视频的编辑更加容易，如剪辑、拼贴、变焦、降噪、去模糊。

6）信道噪声的容忍，易加密，身份验证控制。

7）视频库中的查询更加容易。

8）交互性，支持消费者/观众的喜好表达。

数字视频的基本优势是其处理和分析的简易性。基本的图像处理功能包括降噪、质量改善、颜色操作、视频效果制作、视频编辑和不同格式视频的转换。视频分析包括运动检测和估计、目标追踪以及三维场景/动作的获取和表示。

数字视频的一个最基本的缺点是非法复制（侵权，illegal copying/piracy）。已经研制了很多技术，如数字水印或指纹，以保护数字内容。而且，数字电视的访问控制系统已经开发出来，通过加密和扰码的方式控制电视的传播。数字视频遇到的另一个大问题是巨大的存储和传输速率要求。例如，数字视频需要有比数字声音高很多的传输速率。因此，数字视频的广泛使用和商业可行性非常依赖于合适的视频压缩技术。

1.3.2 数字视频信号

数字视频通常由数码摄像机直接拍摄并保存为压缩的数字视频，该压缩视频能够很容易地解压缩为相应的 RGB 分量。多数的数字视频处理系统使用组件颜色表示，这能够避免复合视频编码导致的图像失真。

数字视频信号的水平和垂直分辨率分别指每行上的像素的数量和每帧的行数，如 640 px × 480 行。色位深度指表示一个像素所用的二进制位数。常见的色位深度是 24 bit/px（用 8 位二进制位表示一个颜色信道），能够支持 2^{24} 种（约 1600 万种）不同的颜色。现在，数字录像可以提供高达 36 位的色位深度，能够表示 2^{36} 种（680 亿种）不同的颜色。数字视频中的光学失真有别于模拟视频中的光学失真，前者由空间分辨率不足导致；而对于模拟视频而言，空间分辨率不足会导致图像在相应的空间方向上模糊。而在数字视频中，空间分辨率不足会导致像素化失真，这些失真以沿区域边界锯齿边缘或具有同等亮度的图像块的方式呈现。像素化失真的视觉感知取决于显示器的尺寸，以及观看者与显示设备的距离。

1.3.3 数字视频制式

在很多应用和产品中，数字视频在使用时需要规定其标准。为了节约开销，视频数据需要以压缩的形式传播，这导致了视频压缩标准的出现。而且，计算机行业已经定义了计算机显示器分辨率标准，电视业定义了数码工作室的标准，互联网视频传播也定义了互联网视频流媒体的标准。由于数字视频使得这三个产业更加紧密，就需要适合跨平台视频发布的格式互操作性标准。本节概要地介绍了一些数字视频标准及相应的标准原型化方面的工作。

对于电视广播工作室而言，数字视频并不是新鲜的事物。在电视广播工作室的环境中，需要对数字视频编辑并加上特效，因为相对模拟图像而言，数字图像很容易编辑。而且，数字视频的编辑在各种视频制作阶段中，不会遇到模拟视频中的读取/写回到磁带的问题。由于大量的归档音视频文件（甚至直到现在）都是模拟格式，因此需要 PAL 或 NTSC 模拟视频到数字视频的转换，重要的数字视频格式规范也由此产生。国际广播电台咨询委员会（CCIR）建议的 601 规范，也称为国际电信联盟无线电部门（ITU－R）BT. 601 规范，定义了电视工作室和系统的数字视频的规范为 525 线和 625 线，该标准旨在为视听材料的广播质量的转换提供国际标准。BT. 601 规范的相关参数在表 1-1 中给出。未压缩的 BT. 601 规范的视频的比特率为 165 Mbit/s。因为这个速率对很多应用而言非常高，国际电报电话咨询委员会（CCITT）建议了另一种视频规范——通用中间格式（CIF），其参数在表 1-1 中给出。CIF 规范是逐行扫描的（非隔行），其要求的视频的比特率为 37 Mbit/s，提供时空分辨率相当低的视频。

表 1-1　数字视频制式

参　数	BT. 601 525/60 NTSC	BT. 601 625/50 PAL/SECAM	CIF	SVGA/ SXVGA
亮度 Y				RGB
每行有效像素 每图有效像素	720 480	720 576	360 288	1280/1024 1024/768
色度 U，V				
每行有效像素 每图有效像素	360 480	360 576	180 144	
隔行	2:1	2:1	1:1	1:1
场速/帧速	60	50	30	72
宽高比	4:3	4:3	4:3	4:3

尽管数字视频通常以 RGB 颜色分量的方式制作，出于压缩和传输的目的，该视频在多数情况下被转换成其他的颜色坐标系统。最常用的颜色体系是 YIQ（NTSC），YUV（PAL/SECAM），以及 YUV 的数字版：YC_bC_r。其中，Y 表示亮度分量，可通过 R，G，B 颜色分量的加权平均值估算出来：$Y=k_rR+k_gG+k_bB$，k 为权重系数；色度信息可用 R 或 G 与亮度分量 Y 的色差表示：$C_b=B-Y, C_r=R-Y$。

BT. 601 规范推荐使用 YC_bC_r 标准，其中，Y、C_b、C_r 分别是 Y、U、V 颜色分量标准化到［0，…，255］后的值。

与 RGB 体系相比，YC_bC_r 体系的主要优点是：C_b、C_r 分量可以在较低的分辨率情况下表示，因为人类视觉系统对色差没有对亮度信息敏感，所以降低色差信息的分辨率不会被人眼察觉。通常是出于压缩的目的，依据亮度分量 Y 进行色度分量 C_b、C_r 的二次抽样。BT. 601 规范中较著名的 3 种二次抽样系统如图 1–4 所示。

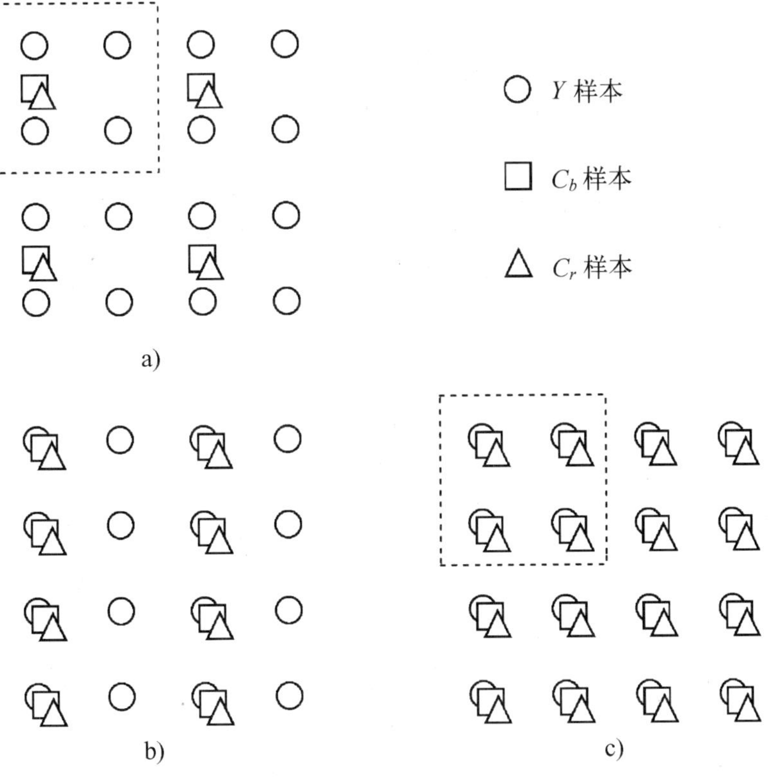

图 1–4　BT. 601 规范中的 3 种色度二次采样制式

a）4:2:0 制式　b）4:2:2 制式　c）4:4:4 制式

1）4:2:0 系统：每个 2×2Y 像素，对应 1 个 C_b 像素和 1 个 C_r 像素（2:1 的水平和垂直二次抽样）。

2）4:2:2 系统：每个 2×2Y 像素，对应 2 个 C_b 像素和 2 个 C_r 像素（只有 2:1 的水平二次抽样）。

3）4:4:4 系统：每个 2×2Y 像素，对应 4 个 C_b 像素和 4 个 C_r 像素（无二次抽样）。

计算机工业界的视频显示的格式由视频电子标准协会（VESA）定义。过去，VGA 是个人计算机的首选显卡标准，其提供的图像分辨率为 640 px/480 线。现在，所有的个人计算机显示设备都能与 SVGA/SXVGA 标准兼容。SVGA/SXVGA 标准至少支持两种基本的分辨率：1280 px/1024 线或 1024 px/768 线。还有其他支持更高的空间分辨率的标准，如 WQSXGA 支持 3200 px/2048 线。在上述情况下，刷新频率为 72 帧/s。由于电视画面分辨率远落后于当前的科技（直到最近之前），因此人们提出了很多高清电视标准。这些标准在 x,y 空间轴上的空间分辨率至少是 BT. 601 标准的两倍。

很多数字电视应用，如完全数字化的高清电视多媒体服务、视频会议、移动视频，都有不同的传输速率要求。用户很可能是通过电信网络来使用这些应用。对可用的比特率的研究表明，数字视频的商业可行性取决于其压缩效率。因为视频压缩技术在开发数字视频服务中是极为重要的技术，人们提出了适用于不同比特率的视频压缩标准，如 MPEG-1，MPEG-2，H. 264 和 MPEG-4。这一领域现在仍有大量的研究在继续，新标准在不断地研究中。较新的标准是 MPEG-4 的第 10 部分 AVC 和 HEVC 标准。视频压缩系统保证了不同厂商设备的兼容性，也促进了市场的开发。数字视频产品和服务的互操作性要求压缩和视频显示格式的标准化。除 BT. 601 和 CIF 外，还有一套数字视频工业标准，在表 1-2 中列出。

表 1-2 数字视频的工业界标准

名　称	视频类型
D1	未压缩分量视频信号
D2	未压缩复合视频
DV	压缩的隔行 NTSC（480i）/PAL（576i）制式
数字 Betacam 格式	压缩的 NTSC/PAL 制式
XDCAM	DVCAM，MPEG IMX，MPEG HD，Proxy AV（MPEG-4）
高清 XDCAM	高分辨率视频

第 2 章

数字视频获取

2.1 引言

视频序列（运动图像）是通过使用静止或运动的摄像机的光源照射的，移动的物体或场景的可视化呈现。照相机或光源的运动也可以产生一个运动图像。照相机记录进入其光学（透镜）系统的场景及物体的反射光，然后图像传感器将其转换为光电流（或电荷）。这些光电流被采样和数字化，形成一个视频流，存储在数字存储设备（如硬盘）上。上述的光有多种形式：白色光（日光），X 射线（用于透视），红外线辐射，甚至可能是超声（医学超声视频）。这些光的唯一不同在于产生运动图像信息的物理定律不同。三维场景随时间的变化通常由物体的运动导致。因此，运动的图像是运动的三维物体随时间在摄像机图形平面的连续投影。对运动图像的时空采样就产生了数字视频。图 2-1 是创建和记录数字视频的示意图。

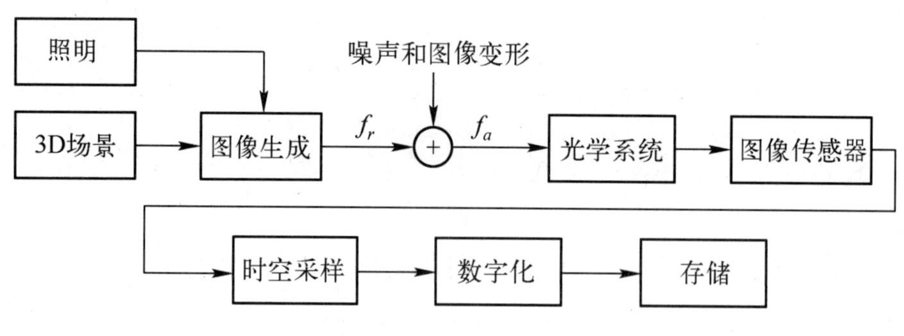

图 2-1 一个创建和记录数字视频的模型

2.2 成像

通常情况下，摄像机记录的是反射光的物体。颜色的感知取决于该反射光的波长的范围。该反射一般可分解成漫反射（diffuse reflection）和镜面反射（specular reflection）两个组成部分。漫反射将光能量均匀地分布在各个方向上，而镜面反射沿入射光的方向最强。只进行漫反射的面，即朗伯面（Lambertian surface），它描述暗沉无光的表面（如水泥表面）。在漫反射的情形下，我们可以感知物体的颜色。镜面反射可以通过玻璃表面和反射镜观察到，但我们看到的不是物体的颜色，而是入射光的颜色。成像也取决于光源的类型。环境照明源在所有方向上发射相同的光能量，光源相对于反射面的位置并不重要，这种光源可以较好地模拟白色墙壁上的室内照明。类似地，在户外场景中，多云天空产生环境照明。点照明光源沿不同的方向发送同性或异性的光能量。在此情形下，光源相对于反射面的位置非常重要。普通的灯泡就是各向异性光的光源。太阳也能看作各向异性光的光源。各种光源的光反射数学模型各不相同。

图 2-2 所示展现了成像的几何反射。在漫反射中，像素点(x,y)的亮度$f(x,y,t)$，取决于与该像素点对应的目标点(X,Y,Z)的入射光强、该点的表面反射度$r(X,Y,Z)$以及入射光的角度θ。当物体移动时，角度θ随之改变，导致所拍摄的图像变化（运动图像）；当照明光源位置或强度变化时，或摄像机移动时，也会导致所拍摄的图像发生变化。

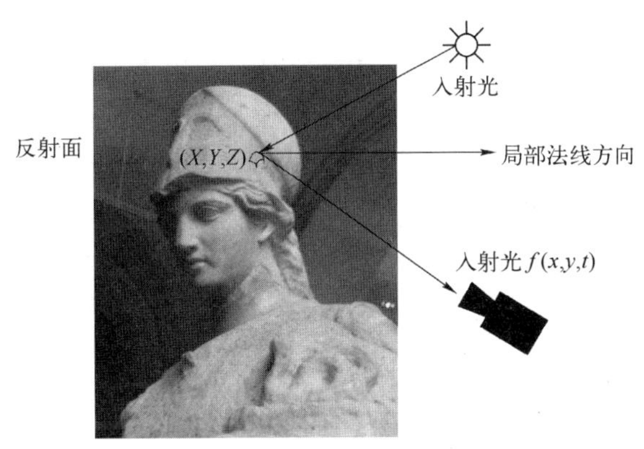

图 2-2　漫反射几何

在图 2-3 中，反射光进入了摄像机镜头并成像。通常假定的是针孔照相机模型，即使照相机有一个非常复杂的透镜系统。视频摄像头捕获三维时变场景在摄像机后部的摄像机图像平面上的二维投影（景色）。光敏表面（通常是 CCD 芯片）位于该图像平面上。

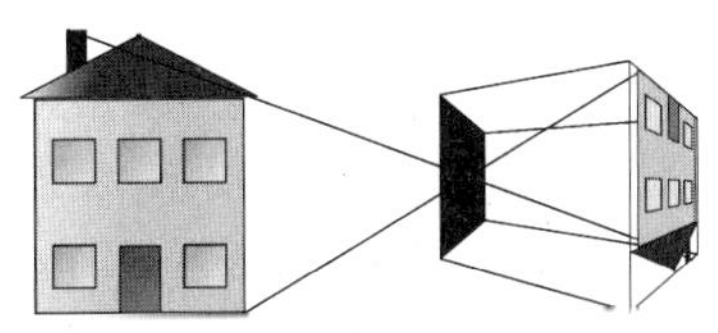

图 2-3　针孔照相机模型

透视投影描述在一个理想的针孔摄像机成像。每个摄像机具有投影中心，也称为焦点、摄像机中心、镜头中心，按照光学原理，其对应于透镜中心，如图2-4所示。投影中心位于物体和相面(x,y)中间，从一个物体发出的所有光线穿过投影中心，因此透视投影也称为中心投影。图像平面(x,y)与世界坐标系(X,Y,Z)的(X,Y)平面重合。从摄像机中心到相面的距离f称为摄像机的焦距。摄像头变焦时，焦距将会变化（增加或减小）。令物体点位于世界坐标系的(X,Y,Z)的位置，如图2-4所示，该物体点在相面上的点记为(x,y)。(x,y)相面坐标与焦距f和世界对象的坐标X、Y成比例，它们与物体高度Z成反比。

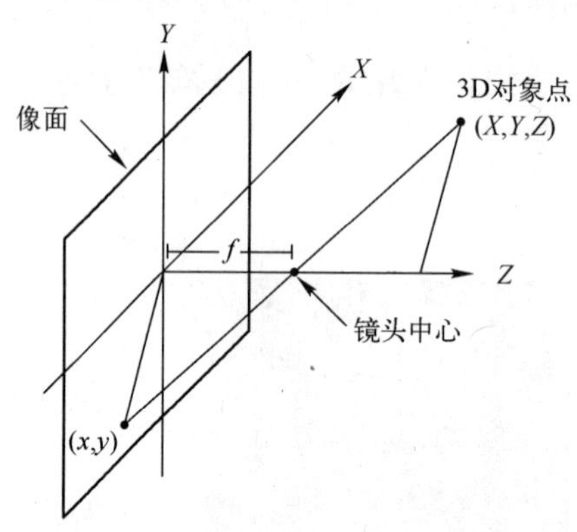

图2-4　用于成像的透视投影

2.3　数字摄像机

现在，最常见的数字摄像机的制造方法是电荷耦合器件（CCD）和互补式金属氧化物半导体（CMOS）技术。它们已经取代了真空管摄像机，并在很大程度上取代了传统胶片摄像机。CCD摄像机在诸如科学应用、监控和生物医学应用中有广泛的应用。高分辨率的数码相机都有一个感光CCD集成芯片，合适的镜头，一种冷却方法和其他功能性电子器件。一个CCD芯片包含一组光敏传感器单元，如图2-5所示。入射光在半导体单元感应电荷，每一个电荷对应于一个像素。因此，CCD直接产生离散（抽样）图像$f(i\Delta x,j\Delta y)$，i，j是像素的坐标，Δx和Δy是对应于像素尺寸的采样间隔。这些电荷（每个电荷对应一个单元）被移位到右侧并存储在输出寄存器中，它们在那里被数字化。每个像素对应的数字$f(i,j)$可以存储在辅助存储设备中，如硬盘。

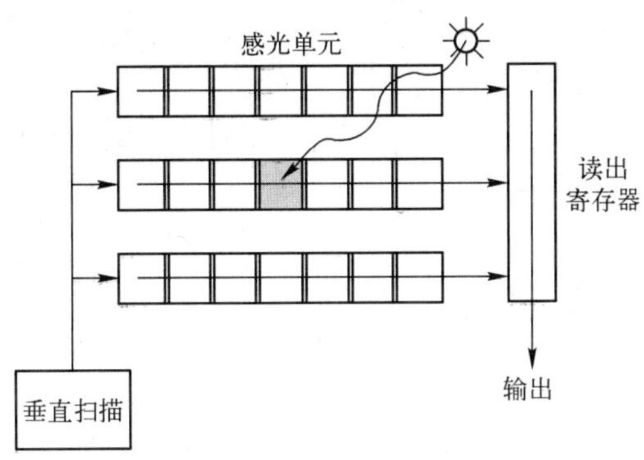

图 2-5　CCD 摄像机结构

图 2-6 描述了一个 CCD 像素单元结构，它包含 3 个相对于两个通道站垂直放置的多晶硅栅。在两个通道站中间，隔离了的每个光敏二极管形成一个 CCD 单元。如果中间电极的电势高于施加到每个其他两栅的电势，则中间栅极下方形成最低局部电位。当光子击中一个单元时，由于光电能量转换而产生电子 - 空穴对。在通道停止区域或基板下方产生的电子不被分散，并且可以被收集。在任何情况下，孔被分散并收集在 p 型基片上。收集在势阱中的每个电荷与光子流量（入射光强度）和曝光时间直接相关。

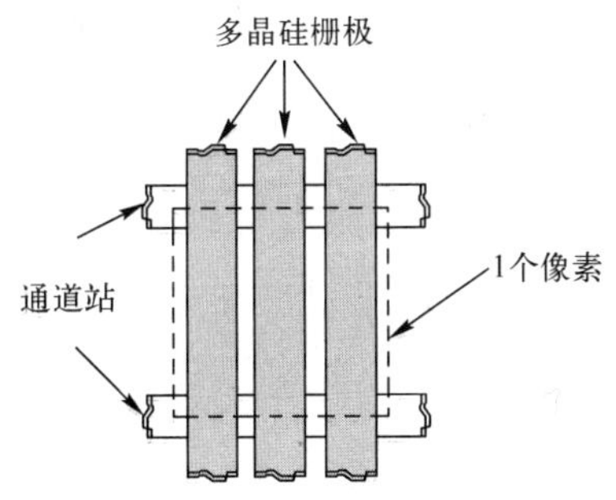

图 2-6　三相 CCD 像素

CCD 本质上是移位寄存器阵列。各种单元的电荷通过合适的时钟和势阱改变跨越单元并联移位。CCD 结构使用 1 ~4 个多晶硅栅定义一个像素。单元通常是方形的并被排列在矩形网格中。然而，有些 CCD 传感器的单元是八边形的，并排列在菱形格局中，如图 2-7 所示。

CMOS 摄像机一般比 CCD 摄像机便宜，因为 CMOS 摄像机能够在经典的硅生产

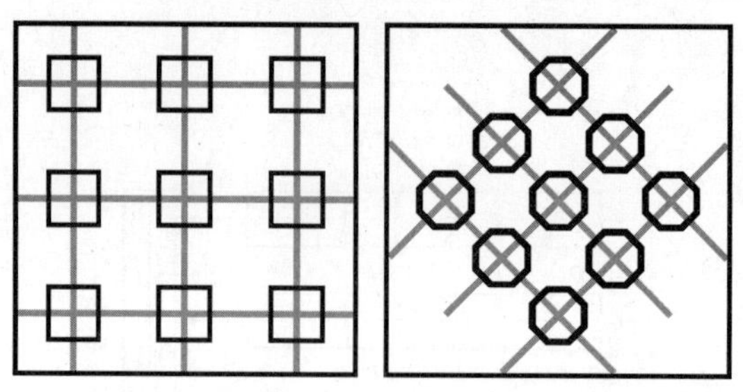

图 2-7　矩形和菱形 CCD 单元阵列

线上生产，但会产生更多的图像噪声且有较少的光敏感度，因为对于光照射到的不仅有 CMOS 图像传感器，还会照射到相邻的晶体管。不过现在已经出现了多种不同价格和质量的 CMOS 摄像机。

获取彩色数字图像需要 3 个 CCD 或（CMOS 有源像素）图像传感器。一个正确放置棱镜折射光线，不同波长激发这 3 个 CCD 传感器，因而产生非常高质量的 RGB 彩色图像。有的彩色摄像机有 1 个 CCD 传感器、3 个光学 RGB 滤镜，只是所拍摄的图像质量差一些。

网络摄像头和智能手机摄像头的镜头和电子部件较为便宜，因此它们拍摄的图像质量较低。但是，这些设备非常普及，尤其是手机摄像头，通常用来产生用户反馈的内容，如在社交网站上。专业摄像机装备有品质的镜头和其他支持设备，如取景器和用于控制摄像机运动的专用钻机。为了方便操作这种专业摄像机，可将其安装在三脚架、台车和吊车上。

不仅是物体的运动，摄像机的移动也可以产生视频序列。常用于摄影的摄像机一般有 3 种控制：平移（panning）是指摄像机水平旋转；倾斜（tilt）是指照相机垂直旋转；缩放（zooming）是指摄像机焦距的变化。

所记录的数字视频（压缩的或未压缩的）可以存储在本地或远程的不同的存储设备中。所需的存储空间较大，尤其是用于如电影制作之类的专业应用的高清未压缩视频，也有多种不同的数字视频格式。过去使用 D1 或 D2，以及 Betacam 数字格式。XDACM 和 XDACM 高清视频录像机使用多种非压缩的（DV）和压缩的（如 MPEG-2 和 MPEG-4）视频制式。IMX（DigiBeta 的下一代产品）使用的是 MPEG-2 编码，AVC - Intra 支持 MPEG-4 AVC 压缩视频存储，DVCPro 是一种记录 SDTV 的 DV 视频，HDCAM SR 支持 10 位 4:2:2 或 4:4:4 RGB 视频录制。本书第 7 章将介绍更多的压缩视频格式。

2.4　视频数字化

模拟视频信号是随时间变化的图像 $f(x,y,t)$，x、y 分别是水平和竖直坐标，t 是时间变量，如图 2-8 所示。

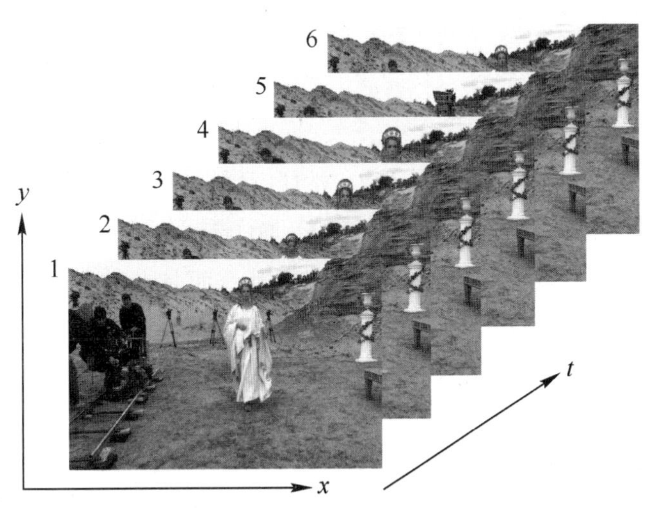

图 2-8　时空模拟视频信号

模拟视频信号通过采样随时间变化的图像亮度，沿纵轴 y 和时间 t。该采样是二维采样过程，称作视频扫描（第 1 章已经讲述）。实质上，该模拟视频信号沿 y 及 t 轴是离散的，而沿 x 轴是连续的。沿着每个扫描的图像水平线上的亮度信息被序列化为 1 个一维模拟信号，作为时间函数在单一的信道广播。

数字视频既可以通过沿水平扫描线，采样传统模拟视频获取，也可以通过使用离散的二维传感器格栅得到，如 CCD 芯片。采样几何定义沿各轴的采样间隔，Δx、Δy、Δt，如图 2-9 所示。空间采样间隔 Δx 和 Δy 定义了图像分辨率，对于同一个 CCD 物理尺寸，采样间隔 Δx 和 Δy 的值越小，像素的尺寸就越小，图像分辨率就越高。时间采样间隔 Δt 定义了视频帧速，如 24/25/30 帧/s（fps）。

最简单的数字化模拟视频信号的方法是使用所谓的逐行采样网格，这种方法会产生在 x，y 及 t 轴均匀分布的时空采样，如图 2-9a 所示，逐行数字视频由一系列视频帧组成。另一种模拟视频采样方法是 2:1 隔行视频采样，如图 2-9b 所示，产

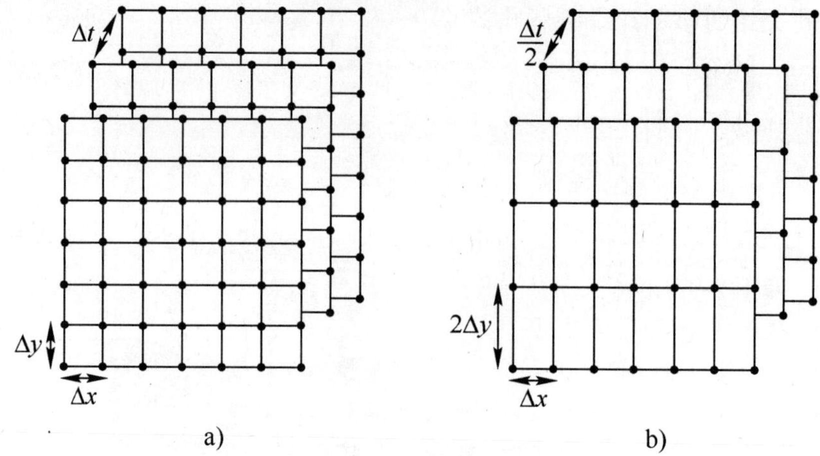

图 2-9 采样网格

a）逐行视频 b）隔行视频

生隔行 2:1 数字视频，该视频包含的不是视频帧，而是奇数/偶数场。还有图 2-10 所示的其他的视频采样网格，图中每个圆形表示一个像素的位置，圆形内部的数字表示奇数/偶数场抽样，这些场是 $\Delta t/2$ 的间隔。而图 2-9 是图 2-10a 和图 2-10b 中的网格的三维表示。

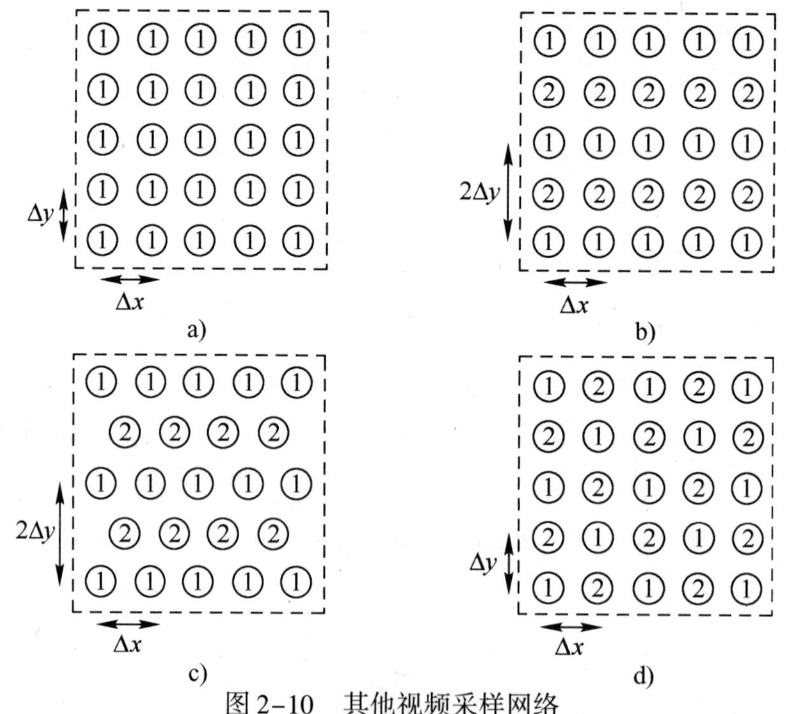

图 2-10 其他视频采样网络

a）矩形抽样格 b）垂直对齐的 2:1 网格 c）梅花网格 d）斜方网格

离散化之后，对图像像素值量化并以数字的形式存储在文件中。黑白像素通常使用 8 个比特位，有 256 种灰度级（0 表示黑色，255 表示白色）。彩色图像中，每个颜色通道使用 8 个比特位，这样每个像素共有 24 个比特位。有时，每个像素需要 36 个比特位以产生更高质量的彩色视频。

2.5 图像扭变

数字视频摄像机对移动的场景，在横轴、纵轴和时间轴上，使用固定的采样间隔 Δx、Δy、Δt，进行采样。如果采样频率 $Fx = 1/\Delta x$，$Fy = 1/\Delta y$，$Fz = 1/\Delta z$ 不够高，那么数字视频将会出现锯齿，因为高时空频率的内容将不再能被很好地可视化。

像素亮度对应于相应的传感器单元的一个给定的曝光时间周期内的平均照度。因此，如果曝光时间较长，则照相机所记录的视频将会模糊。即使曝光的时间较短，一个快速移动的物体的图像也会沿移动方向模糊（运动模糊），如图 2-11 所示。摄像机移动，也会导致图像模糊。运动模糊的程度与移动速度成正比。而且，由于摄像机缺陷或聚焦较差，每个图像像素的亮度基本上是在围绕该像素的小窗口（空间光圈）的入射光亮度的加权平均值。因此，镜头会呈现空间（同性）图像模糊，如散焦图像的情形。对多数相机而言，圆形的空间光圈会产生离焦模糊，对比如图 2-12 所示。离焦模糊与摄像机焦距成反比：焦距小的摄像机产生较低的聚焦深度，即只能对有限深度范围内的物体聚焦，且能够容易地记录散焦图像。研究发现，人眼对时空模糊更加敏感，而不是对锯齿。

球形镜头会产生几何图像失真。所谓的球面相差是击中球形镜头的光线比击中镜片中心的光线折射得更多。因此，这些光线不能在同一焦点聚焦，这就导致了图像模糊。非球面透镜表面尽量减少球面像差。

自由基失真扭曲了入射光的几何特征，它是径向对称的，且随着到图像中心的像素距离的平方的增加。鱼眼镜头采用这种失真以提供宽视场。最后，色差的产生是由于不同波长的光折射在照相机镜头的方式不同，因为波长的增加会导致折射率的降低，所以这些光不能在同一个焦点上聚焦。

光电转换产生非线性图像失真。CCD 图像传感器的简化模型的形式为 $i = b^{\gamma}$，

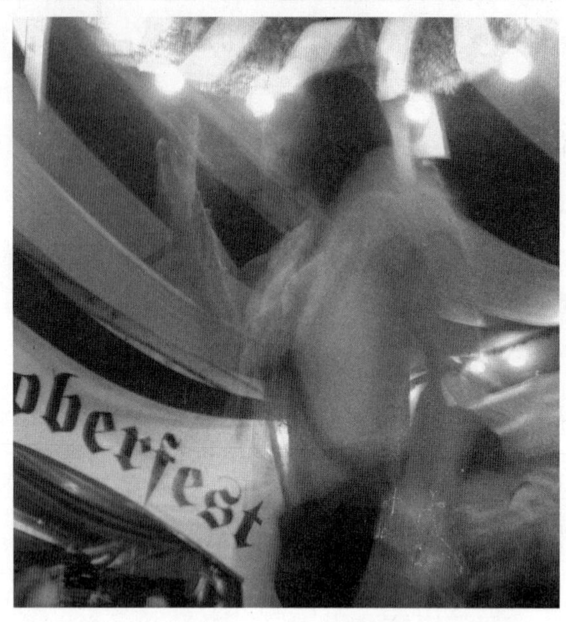

图 2-11　沿移动方向的图像运动模糊

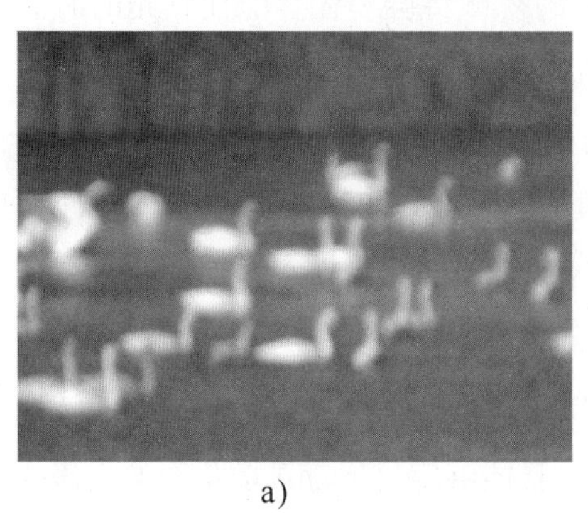

a)

b)

图 2-12　散焦图像与清晰图像对比

a）散焦图像　b）清晰图像

其中 b 是输入的亮度，i 是所记录的数字图像亮度，γ 是 gamma 传感器增益，它能自动调整。系数 r 的范围是 0.55 ~ 1。图 2-13 所示为一个 CCD 传感器的输入 - 输出曲线，该曲线的中间部分对应于 b^{γ}形式，γ 是该图中线性部分的斜率。对于非常低的入射光，会有所谓的暗电流影响。对每个非常高的输入亮度，会出现 CCD 传感器饱和。总体来说，CCD 传感器有很大的动态范围。

类似地，大多数显示设备也有数字像素亮度 i 和显示的亮度 $b = i^{\gamma'}$之间的非线

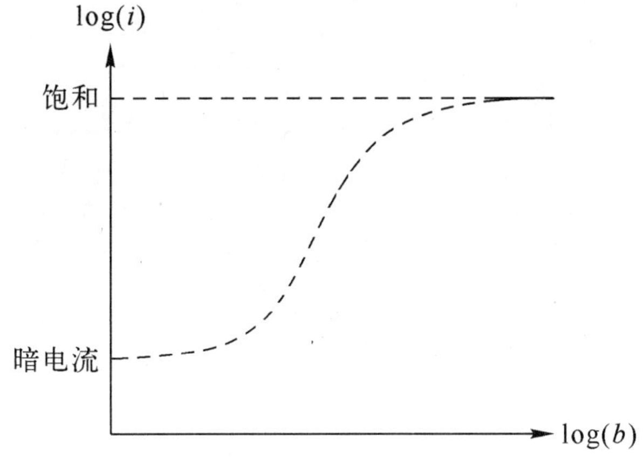

图 2-13　光传感器的输入/输出反应

性关系的问题。多数的显示器的 gamma 值 γ' 的范围是 2.2 ~ 2.5。因此，为了获得正确的像素值，摄像机的输出亮度 i 必须修正。而且，像素值在显示前也需要修正，以减少显示 gamma 问题的影响。

这一过程称为 gamma 修正。对于彩色图像而言，gamma 修正更为复杂，因为三个 RGB 通道都需要修正。如果数字图像的颜色需要进行坐标系统变换，如从 RGB 到 YC_bC_r，则情况将更加复杂。

由于光子随机地击中光电单元，因此数字图像会遇到光电噪声的问题。摄像机产生白噪声也会进一步影响其所拍摄图像的质量，图像噪声在微光条件或夜景下尤为显著。

像素的量化也会产生误差（噪声）。当用于存储图像像素的每种颜色的二进制位数较少时，量化噪声会很严重，当图像显示在大屏幕上时，这种噪声尤其明显。为减少量化噪声，高质量视频用于存储每个图像像素的空间通常能高达 36 个比特位。

第3章

人类视觉感知

3.1 引言

本章介绍人类对运动图像的视觉理解。首先介绍人类视觉建模方法，然后介绍颜色原理、人类对颜色的理解以及颜色在多种坐标系统中的表示。接着将讲述深度知觉和立体呈现，它们是3D电视（3DTV）中重要的研究课题。此外，分析人眼在不同时空频率的频率响应，该分析有助于理解人类对所感知视频得时空频率内容的认知。本章的最后部分将介绍衡量视频质量的不同方法。

3.2 人类视觉建模

在很多应用中，数字图像和视频处理的目的在于提高图像质量，使图像让人感觉愉悦或提供关于图像内容的更加可靠的信息。鉴于此，我们必须理解人类视觉，并构建其功能模型甚至是数学模型。当然，对人类视觉系统（HVS）进行建模是一件非常困难的事情，这是因为人眼和视觉皮层具有非常复杂的结构。

图3-1给出了人眼的示意剖面，它近似为一个直径约20 mm的球形。光从眼睛虹膜的瞳孔进入眼睛。根据光的条件，瞳孔直径的范围可在2 ~ 8 mm之间。光通过晶状体（透镜）和眼玻璃状液传递，玻璃体是透明的，主要由水构成；而超过90%的透镜蛋白质是可水解晶体。最后，光刺激视网膜上的光神经末梢（神经杆和视锥细胞）。针孔投影摄像机模型与人眼的工作原理的相似性是显而易见的。眼透镜由小睫状肌借助所谓的小带进行调节。因此，根据现场观看的要求，人眼的“摄像头”的焦距将进行相应的变化，这一过程称为自适应。视网膜与图像平面直接相关，该图像平面有时也称为视网膜平面，以强调它们的相似性。在图3-2中，我们可以看到透视投影在视网膜表面上。光线穿过眼睛的光学元件，在视网膜表面产生反转和左右颠倒的图像。我们也可以看到视觉刺激的透视投影到左、右眼视网膜。

视网膜包含两种类型的光探测元件：视锥细胞和杆细胞，它们都是光敏感的神经元。视锥细胞对颜色敏感，其数量是600万 ~ 700万，且大多分布在视网膜的中央部分。每个视锥细胞都与一个神经相连。视锥细胞的视力称为适光或高亮度的视野，其特点是：在低亮度的情况下，人类无法识别颜色。杆细胞使得人类对视野中

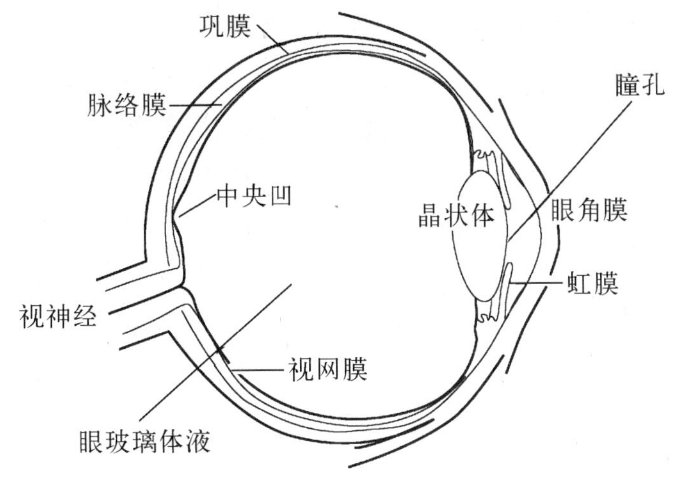

图 3–1　人眼示意图

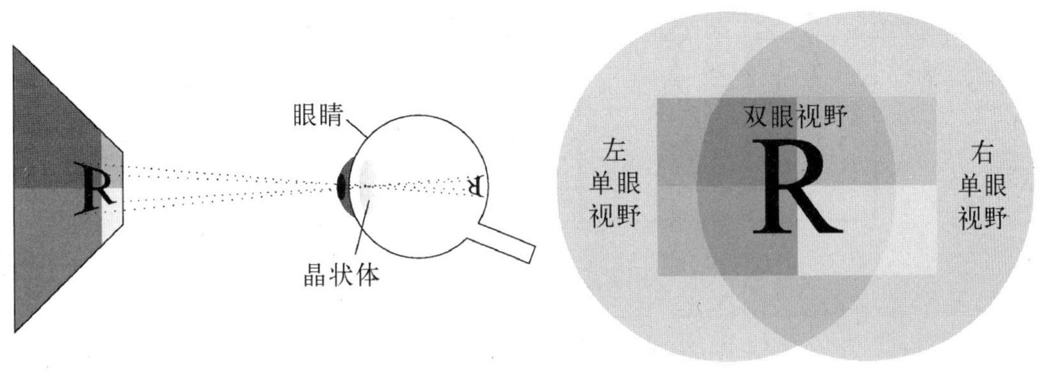

图 3–2　人眼的透视投影

的内容有总体了解。杆细胞对弱光敏感，但不能区分颜色。由于该原因，杆细胞支持暗（弱光）视觉。杆细胞的个数在 75 万 ~ 100 万之间，它们均匀分布在整个视网膜上。许多杆细胞都与一个神经终端相连，这解释了在暗视觉下低视觉分辨率的原因。视锥细胞和杆细胞都将视觉信息转换为电刺激并通过视神经传输至大脑做进一步的处理。然而，第一次的视觉信号处理在视网膜和视神经已经做出。根据上面的描述，图 3–3 给出了人眼的大概模型。

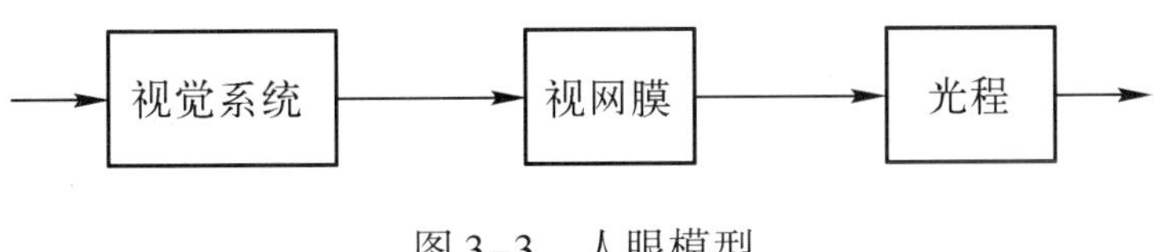

图 3–3　人眼模型

人类的视觉是非常复杂的，人类只深入研究了其中的一部分特征，例如，视觉灵敏度与图像对比度的关系对于人工视觉很重要。图 3-4 给出了一个具有恒定的背景强度 I 和一个位于其中心的、强度为 $I+\mathrm{d}I$ 的脉冲的图像。$\mathrm{d}I$ 的值从 0 一直增加到脉冲能够被观察者感知为止。分数 $\mathrm{d}I/I$ 称作韦伯比例，如图 3-4 右部分所示，对相当多的图像强度而言，该分数的值恒定在 2% 左右。即使实验更加复杂，基本的结论仍然成立，尽管会发生一些变化。事实上，韦伯比例是强度 I 的求对数后的导数，即 $\mathrm{d}[\log(I)]=\mathrm{d}I/I$。因而，图像强度的对数值的变化会导致观察到的图像强度相应地变化。该实验表明了人眼能够做到模拟的非线性（对数）图像变换。

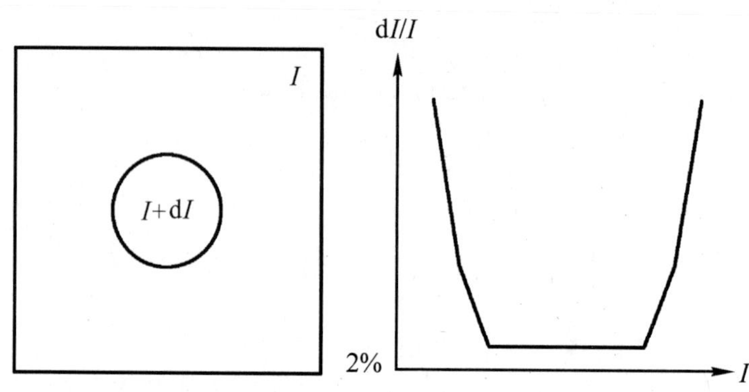

图 3-4 图像背景强度 I 的韦伯比例度量

人类视觉中另一个特别有用的现象是马赫带[㊀]（Mach band）。图 3-5a 包含不同灰色调的柱状图，从整个图的角度来看，每个柱状图在水平方向上似乎并没有恒定亮度；而事实上，每个柱状图的强度是恒定的，如图 3-5b 所示。尤其是我们单独观察每一个柱状图的同时掩盖住其他柱状图，就更容易观察到上述结论。马赫带说明了眼睛会加强边界处亮度的对比。因此，人们感知到的图像强度会如图 3-5c 所示，人们感知到的图像在水平方向上有更高的频率，这是因为在边界处的图像强度的不连续性增大了，而图像强度的不连续性越大，就越会呈现高的图像频率。由于马赫带，眼睛对高空间频率信息较敏感，如图像细节、线、轮廓和高对比度的图像区域。

人眼的很多功能都可以用视网膜上神经元的生理机能解释。图 3-6 给出了这种神经元的麦卡洛克 - 皮茨模型（McCullogh-Pitts）。神经元由其他神经元通过相应

㊀ 它是马赫发现的一种明度对比现象。——译者注

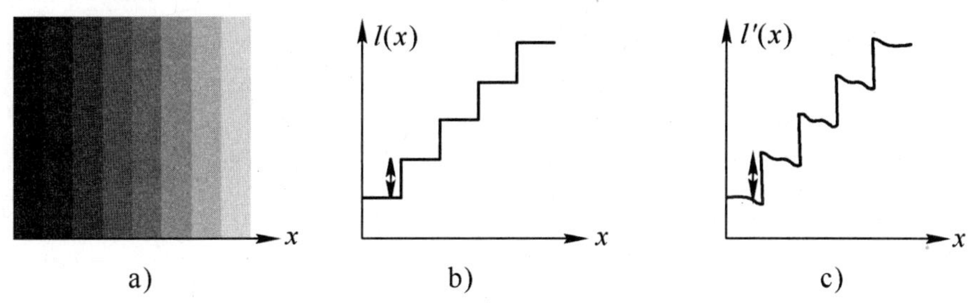

图 3-5　马赫带及图像强度示例

a）马赫带　b）沿水平方向的真实图像强度　c）感知的图像强度

的突触激发。这样，光信号由视神经传送至大脑中的视觉皮层。每一个神经元的输出本质上是视神经上该神经元前面的神经元的输入 x_1，x_2,…，x_n的加权和的非线性转换f，而权重 ω_1，ω_2,…，ω_n取决于突触的类型，这些权重可以是激发性的（即它们增大神经元输出），也可以是抑制性的（即它们减小神经元输出）。

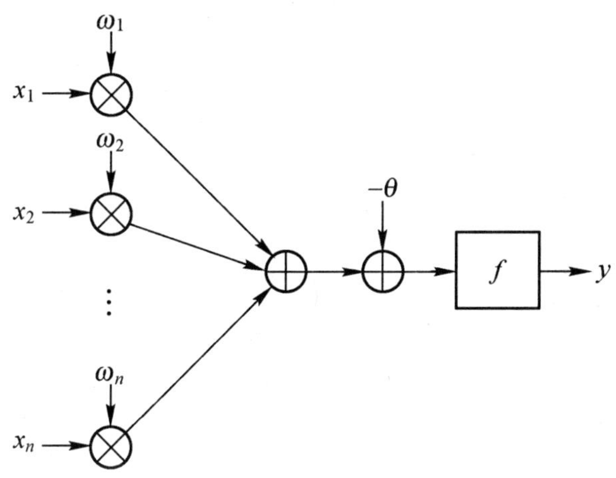

图 3-6　麦卡洛克 - 皮茨神经元模型

图 3-7 给出了使用该模型求解人类视觉的数学模型的示例。图中第 1 部分描述了眼睛的光学系统，它主要由其透镜组成。该光学系统是负面的且具有均匀低通特性，使得输入图像变得模糊。在有近视、老花眼等眼部疾病的情况下，这种模糊可以很严重，必须通过透镜矫正。原则上来说，该光学系统与人造透镜模型的差别不大。模型中的对数函数解释了一些现象，如韦伯法则（Weber Law）和对比敏感度（Contrast Sensitivity）。人们也提出了其他非线性模型 x^{γ}。系统的第三部分是高通滤波器，该部分增强图像细节并解释马赫带。如果没有这一部分，我们的视觉会更加

模糊，对比如图 3-8 所示。

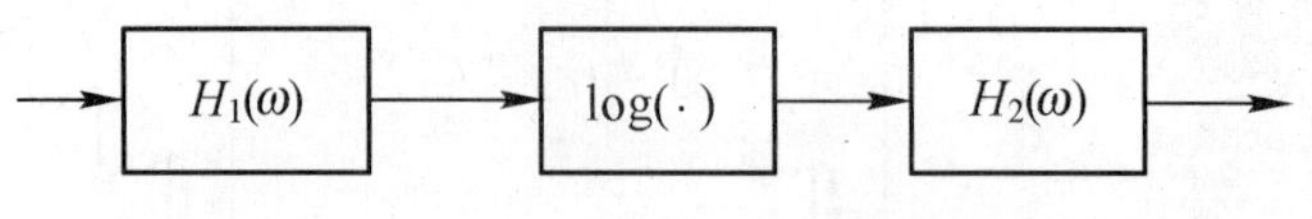

图 3-7　一个简单的人眼视觉模型

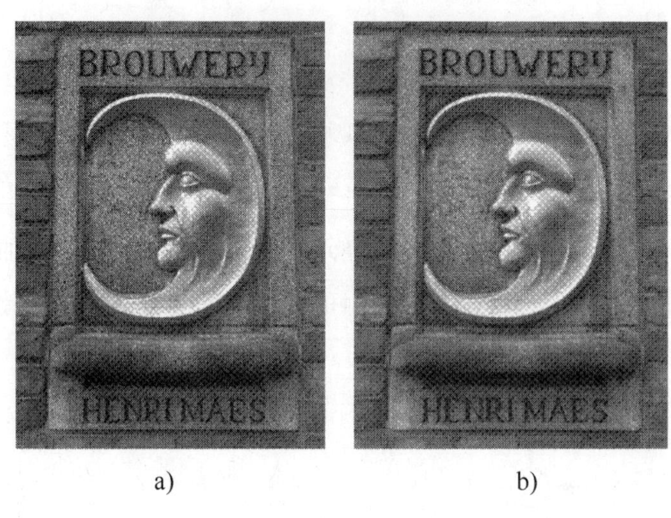

图 3-8　高通滤波器应用效果

a）原始图像　b）没有使用高通滤波器时感知的图像

如果忽略图 3-7 中的对数，可以看到人类视觉具有带通特征，即同时消减高通和低通内容。人们发现视觉系统第一部分的脉冲响应与高斯 - 拉普拉斯函数（Laplacian-of-Gaussian，LoG）相似。由于对周围视神经元的正突触加权和对较远的视神经元的负突触加权，LoG 的形状类似墨西哥帽。LoG 具有带通频率特性。它的建模与视神经元的任务有关：正突触系数有助于图像平滑，负突触系数提高边缘锐度。简言之，人类视觉系统，在观察静态图片时，会对高对比度和高频信息敏感。当处理图像以增强其视觉质量时，应该考虑这一特性。

上面所描述的人眼模型是非常简单的，也是静止的，但并未阐述视频理解，而视频是空时信号。为了对空时视觉建模，故必须使用复杂的神经元动力学模型，而不是静态的麦卡洛克 - 皮茨模型。神经元动力学模型是极其有难度的，它非常重要的原因在于眼睛也是动力系统：①瞳孔直径随光强变化；②人眼可以转动，由于附连到眼睛外部的肌肉，因此人眼也可以执行平稳跟随运动。由于这些难题，人类视觉系统的空时建模目前主要通过实验展开，在本章第 5 节将介绍相关内容。

3.3　色彩理论

可见光是波长范围为 380 ~ 780 nm 的电磁波，人眼对这个范围内的光较敏感。人们感知的颜色取决于光的光谱内容。因此，光的能量集中在 700 nm 附近的一个光信号显示为红色。类似地，如果光的能量均匀地分布在可见光谱范围内，则光显示为白色。从这方面说，具有窄的光谱内容的光称为单色光。

感知的光的颜色取决于光在不同波长上发射的热量。叠加法则为：在混合的光源上感知的颜色取决于源谱之和。正如第 2 章所述，反射面反射光，当光反射时，光在一些波长的能量被吸收了。而所感知的光对应于未被吸收的某些波长。所吸收的能量在不同波长上的比例 λ 取决于反射系数 $r(\lambda)$。减法规则为：反射后所感知的光取决于未被吸收的光的波长。在一个场景中的对象上反射的光强度通过人眼或照相机记录为图像。

人类的颜色感知依赖的是人眼的视锥（Retina cones）。视锥有三种类型，对光谱的红、绿、蓝部分敏感，图 3-9 给出了示意图。这 3 种颜色的组合使得人眼能感知任何颜色。这意味着，所感知的颜色仅取决于 C_r，C_g，C_b，而非取决于整个可见光的光谱 $f(\lambda)$。这就是三基色色觉原理。因此，尽管世界是全色彩的，人眼感知的仍是三基色。由于这一原理，人造光传感器（CCD）有 3 种类型的细胞，它们分别对红、绿、蓝三种颜色敏感。因此，基于这种传感器的摄像机所拍摄的图像是对现实世界的三基色成像。

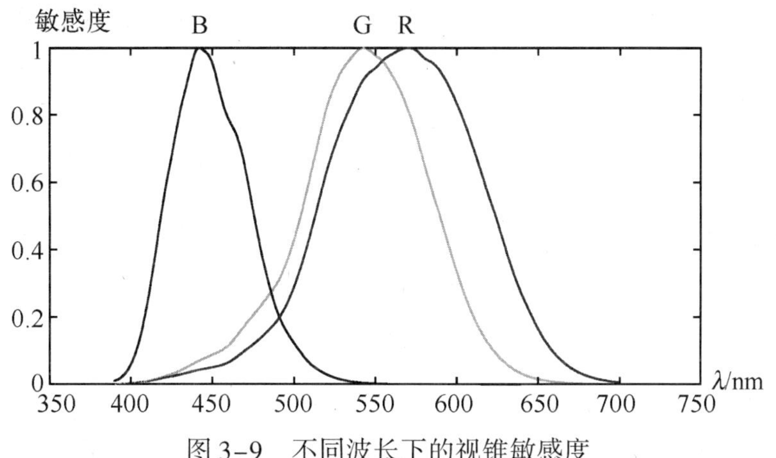

图 3-9　不同波长下的视锥敏感度

亮度（Brightness）和色度（Chromaticity）是描述人类色感的两种彩色图像特性。亮度指光强，与光带的总能量成比例。色度指所感知的光的色调和饱和度。亮度和色度本质上是所感知的彩色图像的亮度和色度。实验表明，人类视觉系统中有第二个处理阶段，将三种视锥输出转换为三个新值。第一个值与亮度成比例，另外两个值负责色度感知。人类视觉以对抗的方式处理彩色信号：红对绿，蓝对黄，白对黑，因为一个这样的色彩会产生兴奋作用，而对它的对手颜色产生抑制作用。这就是人类视觉的对手颜色模型（opponent color model）。该模型的结果是，数量相同、频率不同的能量产生不同的亮度。绿色波长对亮度感觉的贡献更大，随后是红色和蓝色。

彩色图像的视觉感比黑白图像更加丰富。因此，许多应用都优先选择彩色视频和彩色图像。因此，数字彩色图像的采集、处理和可视化对从打印业到高清电视的多种应用都是非常重要的。颜色表示是基于 T. Young（1802）的理论。该理论认为任何一种颜色 C 都能通过三原色 C_1，C_2，C_3 按照一定的比例混合表示，$C=aC_1+bC_2+cC_3$。该理论与人眼视网膜有三种不同类型的视锥细胞这一事实一致。因此，每种彩色图像像素能够用颜色空间（C_1，C_2，C_3）范围内的一个三元组（向量）（a，b，c）表示。

过去，人们提出了多种颜色坐标系统（color coordinate system）。国际照明委员会（CIE）提出了基本的光谱系统 RGB 以匹配单色基本色源 R_{CIE}（红，700 nm），G_{CIE}（绿，546.1 nm），B_{CIE}（蓝，435.8 nm）。白色定义为 $R_{CIE}=G_{CIE}=B_{CIE}=1$。CIE RGB 基本光谱系统不能描述所有出现的颜色。因此，CIE 提出了具有假想（非真实的）坐标 X，Y，Z 的 XYZ 坐标系统。XYZ 坐标系统与 RGB 坐标系统线性关联，表示如下：

$$X=0.49R_{CIE}+0.31G_{CIE}+0.2B_{CIE} \tag{3-1}$$

$$Y=0.177R_{CIE}+0.813G_{CIE}+0.011B_{CIE} \tag{3-2}$$

$$Z=0.01G_{CIE}+0.99B_{CIE} \tag{3-3}$$

白色表示为 $X=Y=Z=1$。颜色坐标为：

$$x=X/(X+Y+Z),\quad y=Y/(X+Y+Z) \tag{3-4}$$

颜色坐标可用于产生如图 3-10 所示的色度图（color diagram）。图中，椭圆对应人眼看不到的颜色。很明显，椭圆的角度和尺寸各不相同。因此，颜色的差异不能以统一的方式在(x,y)范围内定义。为了解决该问题，人们提出了多种颜色系统度量颜色的差异，较为知名的有 UCS、$U^*V^*W^*$、$L^*a^*b^*$ 和 $L^*u^*v^*$。

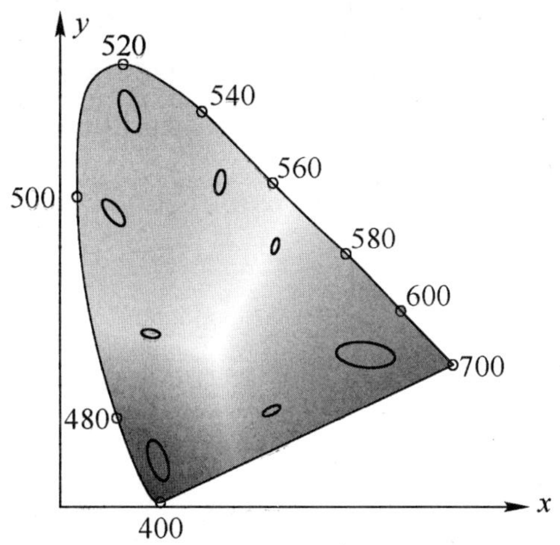

图 3-10　x，y 颜色坐标的色度图

所有上述的转换都能以数字的方式简单地计算出来，但是它们需要相当复杂的浮点数运算。因此，人们提出了更加简单的适用于电视的颜色系统。实验证明，人类视觉系统对颜色的敏感比对亮度的敏感要差。在 RGB 空间颜色内，三种颜色被认为同等重要，它们也以同样的比特位存储。然而，通过分配更高的空间分辨率给亮度通道，而不是色度通道，可以在亮度－色度域更加有效地表示一个彩色图像。为此，NTSC 电视广播中使用了 YIQ 颜色系统。NTSC RGB 到 YIQ 的转换关系如下：

$$Y = 0.299R + 0.587B + 0.114G \tag{3-5}$$

$$I = 0.596R - 0.274B - 0.322G \tag{3-6}$$

$$Q = 0.211R - 0.523B + 0.321G \tag{3-7}$$

Y 分量表示亮度，I、Q 分量编码图像灰度。上述所有转换都非常简单。YIQ 系统的主要优势在于：它能保证与黑白电视的向后兼容性，而且，发送色度信号 I、Q 比发送亮度 Y 信号的带宽要小得多。

YC_bC_r颜色空间及其变种，是一种在模拟电视（PAL，SECAM）和数字电视中广泛使用的彩色图像的高效表示方法。Y 是亮度通道，可以通过式（3-5）计算加权的 R、G、B 值而得到。前文提到，在对亮度的影响方面，绿色所起的作用更大，而蓝色是最不重要的颜色。色度信息可以表示为色差，其每个颜色分量正比于 R 或 B 和亮度 Y 之间的差：

$$C_b = B - Y, C_r = R - Y \tag{3-8}$$

ITU-R 发布的 BT. 601 标准中提出了另外一种 YC_bC_r颜色空间，Y、C_b、C_r的系数通过缩放 Y、U、V 分量的因子得到，使其范围在[0,255]之间：

$$Y = 0.257R + 0.504G + 0.098B + 16 \tag{3-9}$$

$$C_b = 0.148R - 0.291G + 0.439 + 128 \tag{3-10}$$

$$C_r = 0.439R - 0.368G - 0.071B + 128 \tag{3-11}$$

对比 RGB 颜色体系，YC_bC_r颜色体系的主要优势在于，色度分量可以用较低的分辨率表示，这是因为人类视觉系统对亮度比色度更敏感。在不给观看者带来显著的视觉差异的前提下，YC_bC_r颜色体系能够减少表示颜色信息的数据量。通常，为了压缩数据量，相对于亮度 Y，对色度分量二次采样。BT. 601 标准中最著名的二次采样系统是 4:2:0 和 4:2:2 系统，该部分已在第 1 章中的图 1-4 中给出。

另外，如图 3-11 中的 RGB 彩色立方体所示，彩色图像也可以通过各原色的减色，即青色（C），品红(M)和黄色(Y)表示，它们是红、绿和蓝三原色的互补色，$C=1-R$，$M=1-G$，$Y=1-B$。在图 3-11 中，3 个立方体顶点是基色 R(1,0,0)，G(0,1,0)，B(0,0,1)。顶点(0,0,0)和(1,1,1)分别表示黑色和白色，其他顶点表示原色的减色，即 CMY 颜色。CMY 颜色系统主要用于打印彩色图片。由于彩色墨水的缺陷，因此不能再现良好的黑色。为此，可以通过黑色坐标 $K=(C,M,Y)$ 补充，形成经典的 CMYK 四色打印系统。

设计所有上述颜色模型都是为了解决硬件问题（RGB，YIQ）或比色问题（XYZ，$L^*a^*b^*$，UCS，$U^*V^*W^*$，$L^*U^*V^*$）。这样的系统不能很好地接近人类视觉的直觉，特别是艺术直觉。人类颜色感知通常涉及色调、饱和度和亮度 3 个属性。色度表示了一个颜色与参照色（如红、黄、蓝）的相似性。本质上来说，色度决定了一个颜色有多红、多绿或多蓝。如果光源是单色的，则色调是光波长的一个指数/参照。色彩饱和度描述白光添加到一个纯色的比例。例如，纯红色是一种非常饱和的颜色，而粉红色是不那么饱和的颜色。颜色的亮度反映了所感知的一个对象发射/反射的光。图 3-12 所示给出了颜色的色度、饱和度和亮度坐标，它们形成一个柱面坐标系。亮度的变化范围是 0（纯黑色）~1（纯白色）；饱和度的变化范围是 0（纯灰色）~高度饱和值。色调是实际的颜色矢量和参考色彩向量之间的角度（如图 3-12 中以红色为参照的色调）。

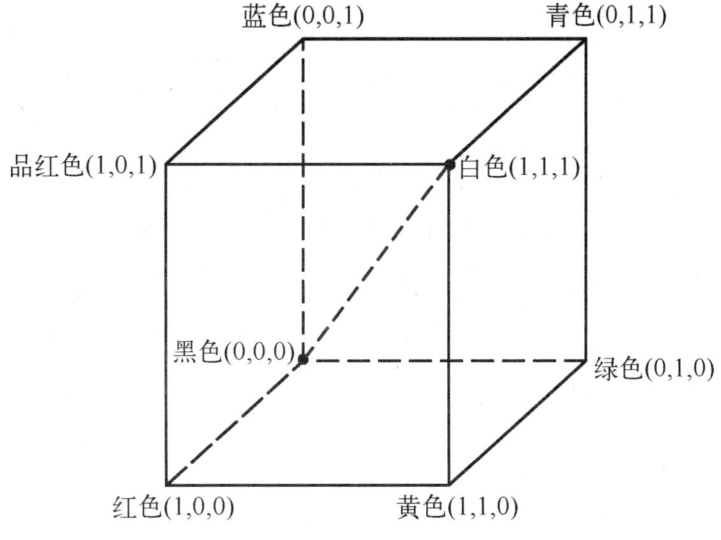

图 3-11　RGB 彩色立方体

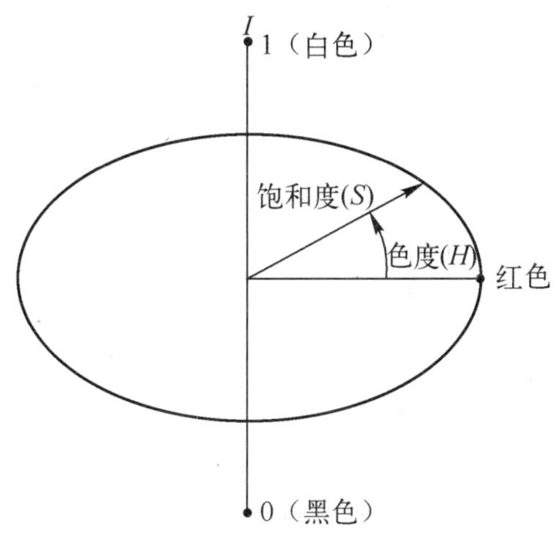

图 3-12　颜色的色度、饱和度和亮度定义

为了表示色度、饱和度和亮度，人们设计了很多颜色模型。HSI（色度、饱和度、强度）就是这样的一个模型。如图 3-13 所示，HSI 是一个圆筒形的坐标系，其轴是由线 $R=G=B$ 在 RGB 立方体上确定的，该立方体包含了 HSI 所能表示的颜色。因此，HSI 允许的每个非常亮或非常暗的图像的饱和度的范围是非常小的。

另外一个颜色模型是 HLS（色度 H、亮度 L、饱和度 S），它定义为一个双六角锥形的圆柱形颜色坐标系，如图 3-14 所示。颜色的色度是一个角度，红色对应的色度值为 0。如果以逆时针的方式遍历 HLS 颜色空间，则颜色出现的顺序为：红色，黄

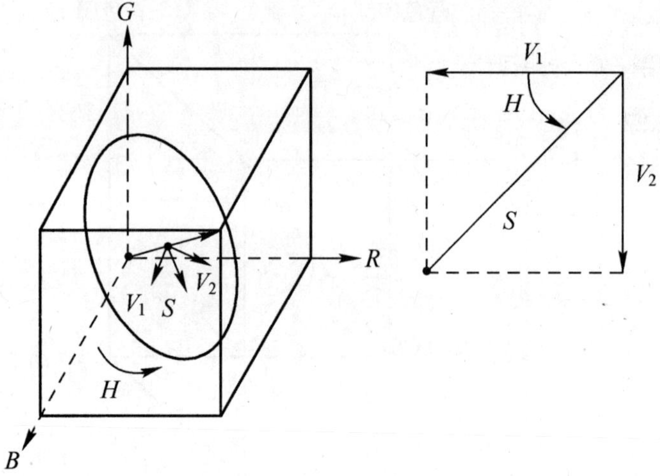

图 3-13　HSI 颜色空间

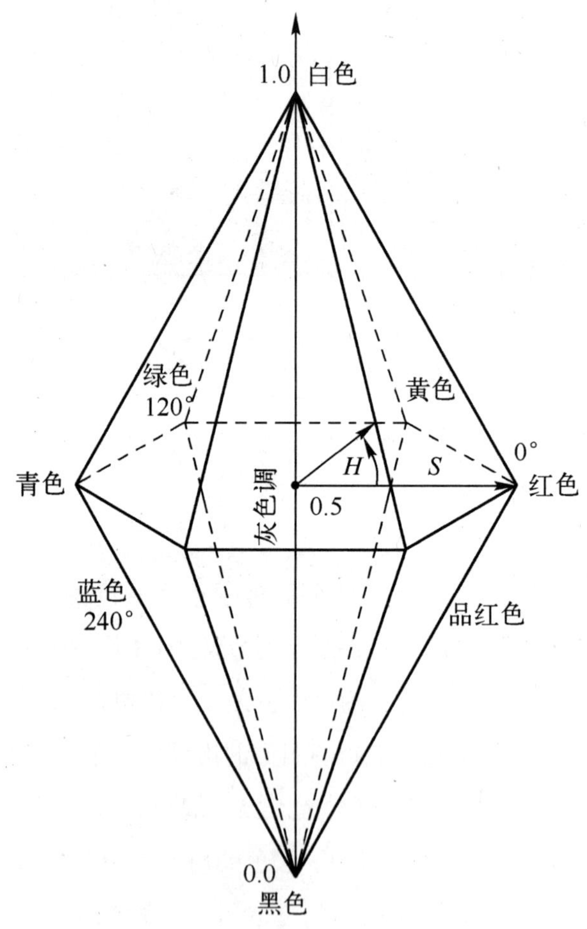

图 3-14　HLS 颜色空间

色，绿色，青色，蓝色和品红色。灰色光的饱和度是 $S=0$。当 $S=1$，且 $L=0.5$ 时，颜色的饱和度值最大。除了 HIS 和 HLS，还有 HSV（色度、饱和度、值）颜色模型，该模型也称作 HSB（色度、饱和度、亮度）颜色模型。

3.4　立体视觉

人类视觉通过眼睛获取图像，感知我们所生活的 3D 世界，人类使用两只眼睛处理立体视觉，以此来推断物体的三维特点。换言之，人类的大脑具备同时处理左右眼睛各自获取的两张图像的能力，以及从我们观察的场景中获取 3D 信息的能力，这种能力称为立体视觉。图 3-15 描述了所谓的“双眼视野”。图中也显示了视双目场投射到两个视网膜及其与光学神经的关系。在左视野(Ⓑ)双目部分中的点，投射在左眼的鼻视网膜和右眼的颞视网膜上。在右视野(Ⓒ)双目部分中的点，投射在右眼的鼻视网膜和左眼的颞视网膜上。

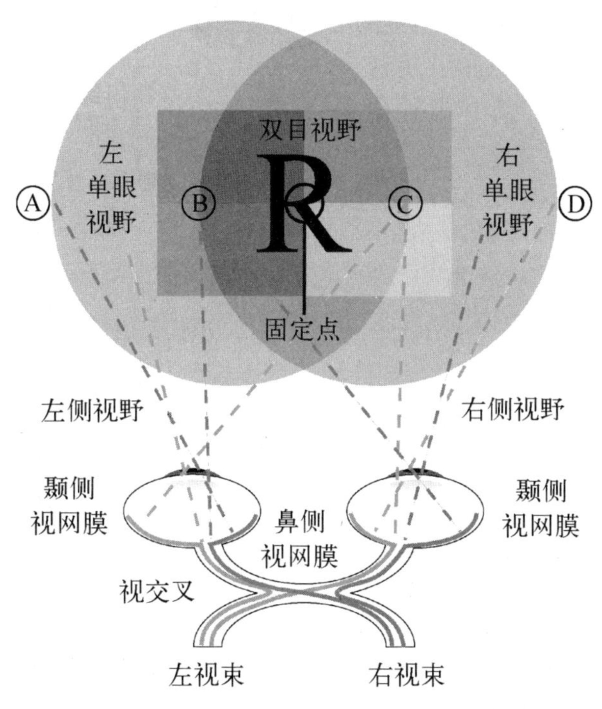

图 3-15　双目视野与视交叉

左右视野的单眼部分(Ⓐ和Ⓓ)，分别落在左、右鼻腔的视网膜上。在鼻视网膜的神经细胞轴突有视交叉，而那些颞视网膜上的神经细胞没有。其结果是，右视束中的信息是从左侧视野感知的信息，而左视束中的信息是从右侧视野感知的信息。

在立体显示的情况下，如图 3-16 所示，将左右两个图像投射在视频屏幕上以获得深度知觉。事实上，认为/感觉有深度是我们欺骗自己的眼睛和大脑的结果，而并没有事实上的深度。当深度知觉是一个有关眼部肌肉和眼睛移动的活动过程时，这种“欺骗”更加逼真，是“严重欺骗”。当这一过程不流畅时，人们会有视觉不适。产生这种视觉不适的最相关的因素是过高的调焦冲突，过高的双目视差和双眼串扰。

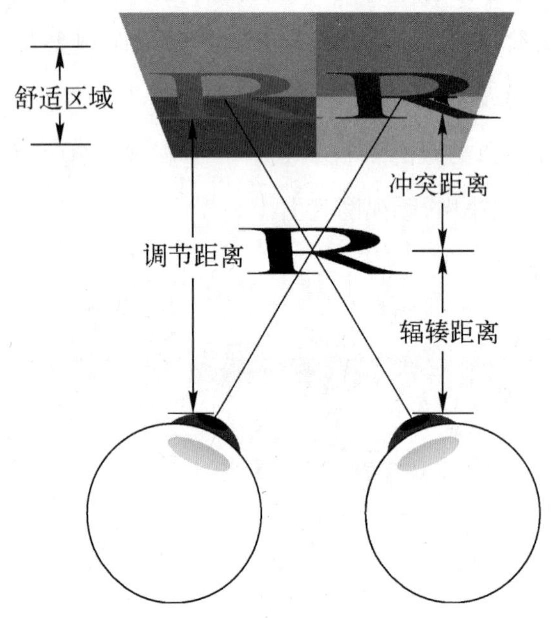

图 3-16　眼睛调节与辐辏冲突

在人类的立体视觉中，眼睛调节（accommodation）和辐辏（vergence）是很难分开的两个动眼神经机制。眼睛调节，是因为眼焦点的变化，它要么是反射，要么是自觉控制行动。眼睛的调节能力随年龄递减。年轻的时候，人眼可以在350 nm 内聚焦在眼睛 7 cm 之内的范围。辐辏是眼对准的变化，由双眼在相反方向上的同时运动引起，以保持双眼单视，如图 3-16所示。当我们试图越来越近地看一个物体时，眼睛在相向转动（收敛）。相反的现象称作发散。

在自然环境下，人眼交汇的距离与人眼聚焦的距离相等。假设我们投影一个应该在屏幕前面显示的 3D 对象，我们的左、右眼睛会转动，以查看该对象的左、右图像。我们的眼睛会聚，仿佛对象存在于屏幕的前面；当眼睛交汇时，大脑向眼睛发送指令，使眼睛按照对位于交汇处真实对象的聚焦方式聚焦。但在 3D 电影中，对象在交汇点的后面，这就产生了所谓的聚焦反射。因此，3D 电影最好在屏幕附近的舒适区放映。

由于视点改变，左右眼中的图像具有一定的差异。左右图像通过视差连接起来，双眼视差必须保持在一定的限度内，而过大的双目视差可导致复视。为了避免复视，人脑有时可以忽略一只眼睛中的图像。对于大脑而言，这无疑是一件非常令人疲倦的过程。

观看不适的另一个来源是串扰。理想情况下，左右眼图像只能分别被左、右眼观察到，而不会产生串扰（串视）。串扰产生灵异的鬼影或模糊，是眼睛疲劳和头痛的一个潜在原因。这些问题都是 3D 电视在内容制作和后期制作需要面对和解决的问题，以避免视觉不适，本书第 6 章将会详细介绍相关内容。如果没有合适的解决方案，3D 电视的观看者将会感到视觉不适，如头晕、恶心、头疼等。

立体视觉的另一个问题是双眼竞争。当单目图像呈现给两只眼睛时，左右眼竞争感知的主导优势。因此，每次只能有一只眼睛感知一个单目图像，而另一只眼睛则被抑制。尤其当占主导地位的图像从一只眼睛交替到另一只眼睛时，双眼竞争的干扰影响尤甚。双眼竞争取决于多种因素，如图像尺寸、清晰度和亮度的差异。双眼竞争可用于立体电视的编码中，其中，只有占主导地位的图像在编码中的粒度才会更细。

3.5 人类视觉系统的空时敏感性

几乎所有的视频处理与显示系统最终都是在迎合观看者。因此，理解人类视觉系统如何感知视频信号是非常重要的，以便制定视频显示的标准。在本节中，我们将专注于人类感知的图像亮度在空间和时间上的变化。下面将会介绍人的视觉系统（HVS）对光学图像的敏感度取决于该图像在空间和时间上的频率。人类视觉系统的光学敏感度在某个中间的时空频率上最高，它随着空间和时间上的频率的增加而急剧降低，当频率超过某个阈值后，人类会失去光学敏感度，此时，人类将感受不到视频内容的空时变化。在设计视频系统时，理解人类视觉系统对频率的反应是非常重要的。例如，在电影院或电视上播放视频时，空时频率的截止阈值是确定扫描模式（逐行、隔行）、帧速、空间分辨率的基础和依据。

人类视觉系统的时间频率响应（灵敏度）指对视频内容时间频率的敏感度。Kelly 在 20 世纪 60 年代做了很多实验来确定人类视觉系统的时间频率响应，目的是研究屏幕闪烁和确定电视电影所需的帧速。对比敏感度是视频时间频率 F_t 和平均屏幕亮度 C（度量单位是特罗兰）的函数，如图 3-17 所示。特罗兰（Troland），是描述常规视网膜照度的单位。观察发现，人类视觉系统的时间反应与带通滤波器类似，在某个中间时间频率上达到峰值，并从某个截止频率（约为峰值频率的 4.5 倍）开始急剧下降。峰值频率随图象平均亮度的增加而增加。

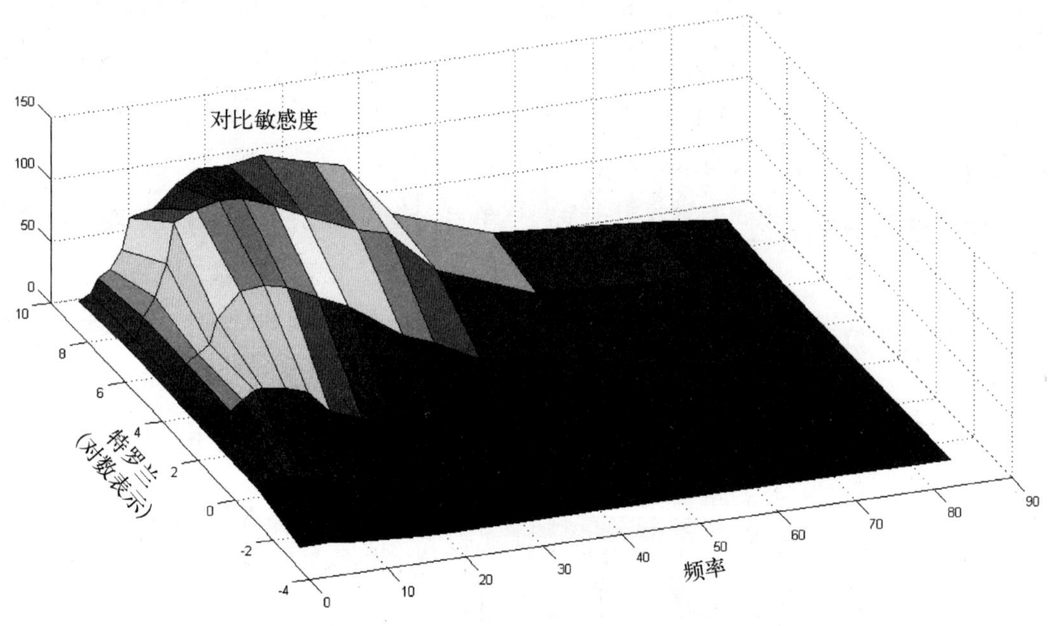

图 3-17　人类视觉系统的对比敏感度

最小显示频率，是人眼无法察觉的闪烁，称为临界闪烁频率，根据不同的屏幕亮度，其值在 20 ~ 80 Hz 之间。视频的显示速率必须在临界闪烁频率之上。由于电影屏幕较暗，因此电影播放的帧速选在 24 f/s（即每秒显示的帧数为 24）。如果电影播放的帧速低于 15 fps，则明显的图像闪烁就会发生。另一方面，由于屏幕亮度较高，因此电视视频播放的帧速也较高（PAL/NSTC 制式的速度分别为 50 场/s 和 60

场/s)。而计算机的最小显示频率（也称作刷新率）更高，至少为 70 Hz，因为用户离屏幕很近，所以所感知的屏幕亮度更高。

眼睛对高时间频率敏感度低的一个原因是眼睛有短暂的视觉暂留，即使物体被移走后。这种现象称为视觉暂留，它产生的原因是由入射光能量的时间整合。块定律指出，整合期与光强成反比。光源越亮，整合期越短。因此，对比敏感度随屏幕亮度的增加而增加。

人类视觉系统的空间频率响应指人眼在不同的空间频率下观察静态空间图案、描述图像细节水平的视觉敏感度。假定空间敏感度与空间变化的方向相同，空间频率响应能用任一空间坐标度量。通常使用的是水平和垂直坐标，尽管人们知道在这些坐标上人眼的空间敏度比在其他坐标上更高。为了规范化观看距离，可采用角空间频率（使用周/度衡量)，这将在第 4 章做介绍。Kelly 做了很多衡量空间频率响应的实验，实验发现，人类视觉系统的空间频率响应与带通滤波器类似。图 3-18 所示描述了人类视觉系统的空间频率响应特征，在 2 ~ 5 周/度上空间敏感度达到峰值，截止空间频率是 30 周/度。图中给出了两种情形，一种是不受限制的、转动的眼睛，另一种是不能转动的眼睛。眼睛运动会影响其空间敏感度，眼睛的扫视非常有助于其空间敏感度的增加，不过它将峰值频率从 5 周/度降低到约 2 周/度。本章前述的人类视觉系统模型可以解释空间频率响应的带通特性。

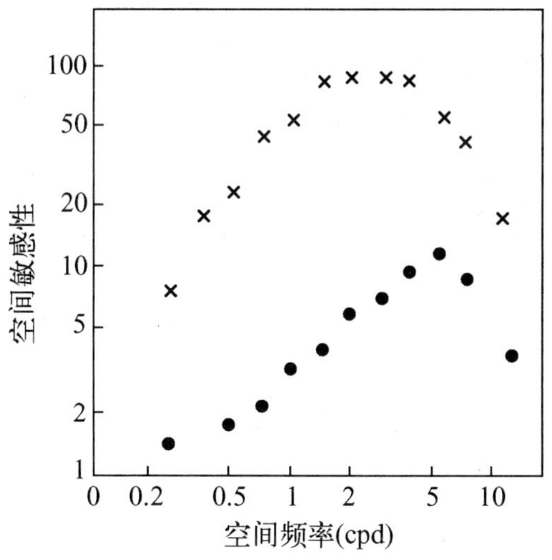

图 3-18　人类视觉系统的空间频率响应（o 有眼球跳动；x 无眼球跳动）

当视频内容在空间和时间上都在变化时，视频感知的变化较大。图 3-19 可视化了所得的对比敏感度，对于不受限制的眼睛转动而言，它与空间频率 F_x 和时间频率 F_t 成函数关系。可以看到，当时间（空间）频率接近0时，空间（时间）频率响应分别具有带通特性。当时间（空间）频率很高时，空间（时间）频率响应分别具有低通特性；当时间（空间）频率增加时，峰值响应频率降低。这说明了，当图案非常快速地移动时，眼睛将不能够区分其非常高的空间频率（图像细节）。而当图案静止时，眼睛辨别图像细节要好得多。

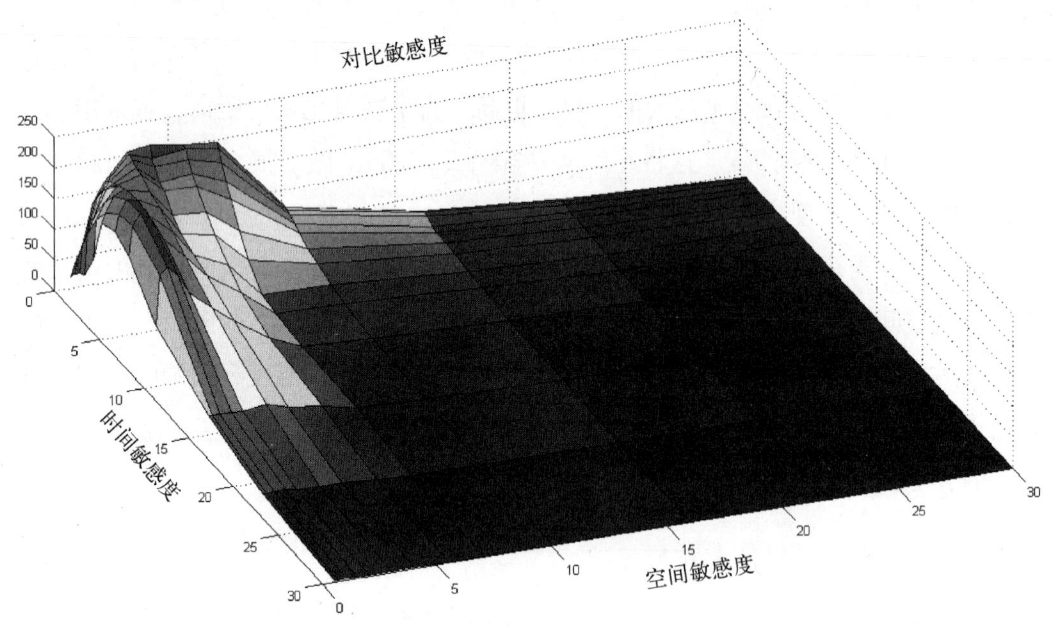

图 3-19　人类视觉系统的时空频率响应

空间敏感度和时间敏感度的反比关系的意义是，人们可以用空间视频分辨率交换时间分辨率，反之亦然。模拟电视系统中的隔行扫描就利用了这个规律。隔行扫描时，使用两个时间上相邻的场且每个场拥有分帧线数的一半，快速移动的场景的可视化显示率将翻倍。另一方面，如果可视化的场景是静止的，两个连续场的分帧线感知为一个高空间分辨率的视频帧，因而允许在静态场景中感知高空间分辨率（图像细节）。

空间敏感度和时间敏感度的反比关系也阐明了当近距离观看电视时，我们感到屏幕闪烁。这种情况下，感知到的角空间频率较低，此时，人眼具有更高的时间敏感度，因此，更容易感知到闪烁。

人眼的空时频率响应也说明了，对于快速移动的物体，人类的空间敏感度有限。事实上，当眼睛跟着物体的轨迹移动时，人们可以看清楚快速移动物体的细节，这称作眼平稳随意眼动（smooth pursuit eye movement）。例如，当人眼跟随高空的飞机轨迹时，人们能分辨出飞机的一些细节。这是因为，当眼睛跟随物体的轨迹时，在视网膜上的相对物体（飞机）运动变小，甚至为零。

3.6 视频质量评估

近年来，视频应用快速增加，包括数字电视、视频会议、流媒体、社交媒体。在多数情况下，人是这些应用的最终用户。因而，需要视频质量评估（Video Quality Assessment，VQA），即量化人所感知的视频的质量。相关的算法几乎在视频处理和显示的每一方面都具有重要作用。视频质量的影响因素有压缩、噪声、传输错误和延迟等。视频质量评估有助于满足视频存储和传输的质量要求。录像/录音设备（如数码摄像机）和视频处理算法（如视频编解码器、过滤器）的视频质量可以使用质量评估算法自动评定，以优化视频获取和处理系统。

视频评估唯一可靠的方法是请观众观看视频，并以数字、定量的方式评定视频的质量，这种方法称作主观视频质量评估。然而，这种主观的视频评估是劳动密集型的，代价很高，需要大量的观众来涵盖人工质量评估易变性，并需要保证实际视频质量的统计确定性。此种情况下，评估取决于多种因素，如视频显示的屏幕尺寸，观看者距离屏幕的距离，视频内容，观看者与视频处理的熟悉程度等。而且，在视频播放或交付前是不可能主观评估所有视频的。主观评价可为客观或自动的视频质量评估方法提供参考基准。

客观视频质量评估方法（不使用观众的方法）分为三类。全基准VQA算法适合失真的视频，并使用原始视频对其进行比较。由于比较原始视频和失真视频的简单性，大多数视频评估方法都属于该类。均方误差和峰值信噪比（度量单位是分贝）是两种计算原始视频和失真视频相似度的方法。由于其简单性和数学上的方便性，上述两种方法已被广泛用于视频质量评估。均方误差越小，峰值信噪比越大，视频的失真就越小。然而，众所周知，这两种视频质量评估方法与主观视觉质量至多是大致相关，产生这种缺陷的主要原因是没有考虑到人类视觉系统的特点。

降基准 VQA 算法不需要使用原始基准视频，只使用了部分原始视频信息，尽管这类方法也使用了失真视频。这类算法可以使用诸如原始基准视频的局部时空活动和边沿位置。降基准 VQA 算法使用其他的视频失真过程的常识，如由于过滤的视频压缩引入的失真、图像模糊特性等。

盲 VQA 算法（无基准）只使用失真视频评定视频质量。这种方法无先验知识，也没有失真视频和基准视频的信息。在实际应用中，这种评估被证明是十分困难的。尽管如此，基于普通观众能够近乎实时地评估视频质量这一事实，该方向未来将有进一步的研究空间。

第4章

视频处理

4.1 引言

视频处理系统中，其输入和输出都是具有不同特征的视频流，如低噪声、高质量的视频。为了理解这类系统的功能，我们需要引入频域和图像视频传输的概念。在很多应用中视频质量非常重要，尤其当有观看者时。视频处理提供了多种视频质量增强的工具，尤其是对比增强和去噪的工具。还有其他几个话题也属于视频处理的范围，如格式转换，将一个 480i 的 NTSC 制式的普清视频转成 576i 的 PAL/SECAM 制式的视频，或一个 1080p 的高清电视视频。格式转换的一个特例是隔行扫描，即当我们将隔行（interlaced）扫描视频转为逐行（progressive）扫描视频时。

视频处理与图像处理在很多方面都有重合，尤其是帧内处理的部分。因此，了解图像处理有助于理解视频处理的原理。而且，视频处理，尤其是信号/图像/视频转换，本质上是非常数学的问题。为了理解这些数学模型，人们需要简化而又准确的描述和示例。因此，本章主要介绍这些数学工具的物理含义，而非其数学描述。

4.2 信号、图像和视频的转换

4.2.1 一维信号转换

频率对信号、图像及视频的处理和分析而言是非常基础的概念。一维信号可以用 $x(t)$ 表示，t 是时间。如在音频和音乐信号中，傅里叶变换 $X(\Omega)$ 描述频率为 F 的信号，$\Omega=2\pi F$。频率 F 描述了随时间变化的信号，其度量单位是每秒的周期数，也称作赫兹（Hz）。$y=\sin x$ 是典型的周期性信号，其单位是 Hz。傅里叶转换本质上是将一个信号分解成加权周期信号（一般是复杂的指数函数）的叠加，它产生的复数为 $X(\Omega)$，幅度为 $|X(\Omega)|$，相位为 $\phi(X(\Omega))$。低频音频信号的大部分能量集中在低频部分（如在 1 ~ 120 Hz 之间），高频音频信号的大部分能量集中在高频部分，如高于 10 kHz。DC 术语，或当 $\Omega=0$ 时的 DC 频率 $X(0)$，它本质上是平均信号能量。数字信号 $x(n)$ 的傅里叶变换 $X(\Omega)$ 有 N 个样本，$x(0)$，…，$x(N-1)$ 可以

通过离散傅里叶变换（DFT）得到：

$$X(k) = \sum_{n=0}^{N-1} x(n)\exp\left(-i\frac{2\pi nk}{N}\right) = \\ = \sum_{n=0}^{N-1} x(n)\left(\cos\left(-i\frac{2\pi nk}{N}\right) - \sin\left(-i\frac{2\pi nk}{N}\right)\right) \tag{4-1}$$

$\sum$ 表示求和。N 个 DFT 系数 $X(k), k=1,\cdots,N$ 是复杂的数值。幅值（DFT 系数大小）$|X(k)|$ 形成周期图，它是功率谱 $X(\Omega)$ 的估计。图 4-1 给出了一个短乐曲的周期图示例。K 较小时（约为 0），DFT 系数 $X(k)$ 对应低频；k 较大时（约为 $N/2$），$X(k)$ 对应高频。而 DFT 系数 $X(0)$ 是 DC 频率。通过快速傅里叶（FFT）变换，式（4-1）中的 DFT 可以很容易地计算出来（其计算复杂度为 O（$N\text{lb}N$））。

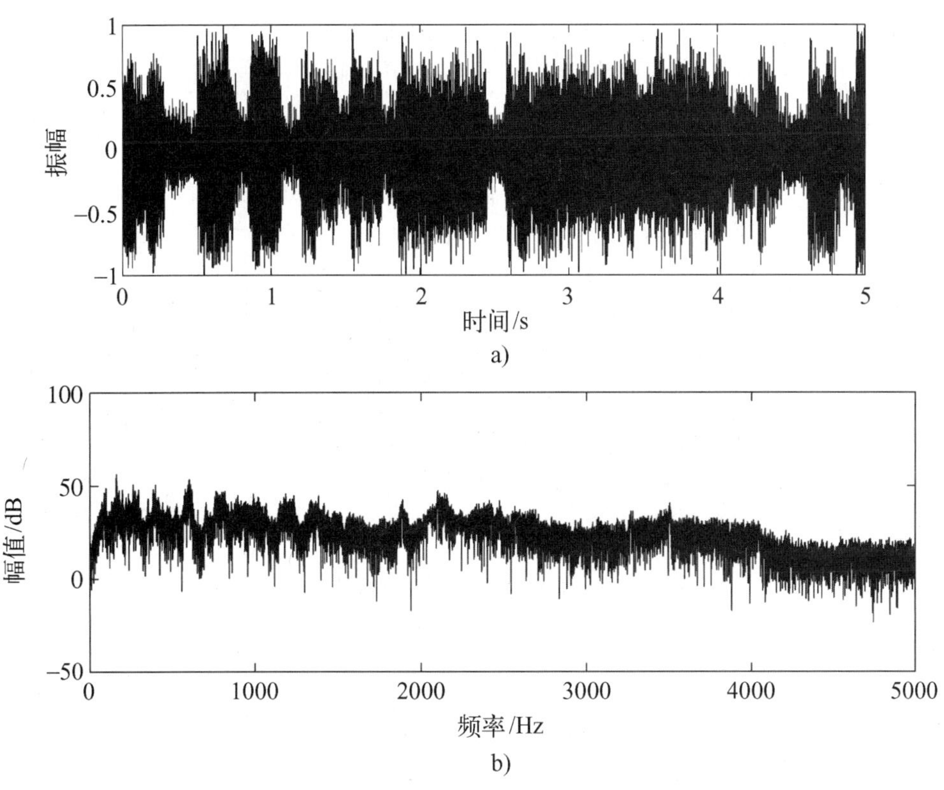

图 4-1　短乐曲的周期图示例

a）时间域上的短乐曲段　b）DFT 的幅值

4.2.2　图像转换与频率成分

频域的概念，可以很好地扩展到图像的情况。图像表示为二维信号 $f(x,y)$，x

和 y 是两个空间坐标值，$f(x,y)$ 表示图像在 (x,y) 坐标点的亮度。二维傅里叶变换 $F(\Omega_x,\Omega_y)$ 表示在频域 (Ω_x,Ω_y) 的图像。频率 (Ω_x,Ω_y) 描述的是空间图像变换。在高频 Ω_x 或 Ω_y 水平/垂直边缘上，图像内容沿着 x，y 轴快速变化。在低频 Ω_x 或 Ω_y，如相同内容的图像区域，图像内容沿着 x，y 轴变化很小，或没有变化。二维傅里叶变换 $F(\Omega_x,\Omega_y)$ 本质上是将一副图像分解为多个周期信号的叠加。这是一个复杂的转换过程，产生了的幅度为 $|F(\Omega_x,\Omega_y)|$、相位为 $\phi(F(\Omega_x,\Omega_y))$ 的复杂数值。一个 $N_1\times N_2$ 像素的数字图像 $f(n_1,n_2)$ 的二维傅里叶变换 $F(\Omega_x,\Omega_y)$，可以通过二维离散傅里叶变换（2D Discrete Fourier Transform，DFT）得到，

$$F(k_1,k_2) = \sum_{n_1=0}^{N_1-1}\sum_{n_2=0}^{N_2-1} f(n_1,n_2)\exp\left(-i\frac{2\pi n_1 k_1}{N_1} - i\frac{2\pi n_2 k_2}{N_2}\right) \tag{4-2}$$

在式（4-2）中，当 k_1，k_2 值较小时，二维傅里叶系数 $F(k_1,k_2)$ 对应低频；当 k_1，k_2 值较大时，二维傅里叶系数 $F(k_1,k_2)$ 对应高频。DFT 系数 $F(0,0)$ 是 DC 频率。必须说明的是，共有 $N_1\times N_2$ 个 DFT 系数 $F(k_1,k_2)$，$k_1=0$，…，N_1-1，$k_2=0$，…，N_2-1。在式（4-2）中，DFT 能够很容易地通过二维傅里叶变换计算出来。一个数字图像的二维幅值 $|F(k_1,k_2)|$ 在图 4-2 中给出。DC 频率 $F(0,0)$ 在图

a)

b)

图 4-2 一个数字图像的二维幅值

a）数字图像 b）该图像的幅值

像的中央，低频在图像中心附近。可以清楚地观察到，图像的能量大多集中在中低频 DCT 系数上。基于变换的图像编码就是基于这一原理，高度量化或舍弃高频转换系数，因为它们所包含的信息量很少。这将有助于大幅压缩数字图像。图 4-3 所示分别给出了具有水平边和竖直边的定向图像，它们对应的二维 DFT 波谱也是定向的，只在与边垂直的方向上有非零的 DFT 系数。

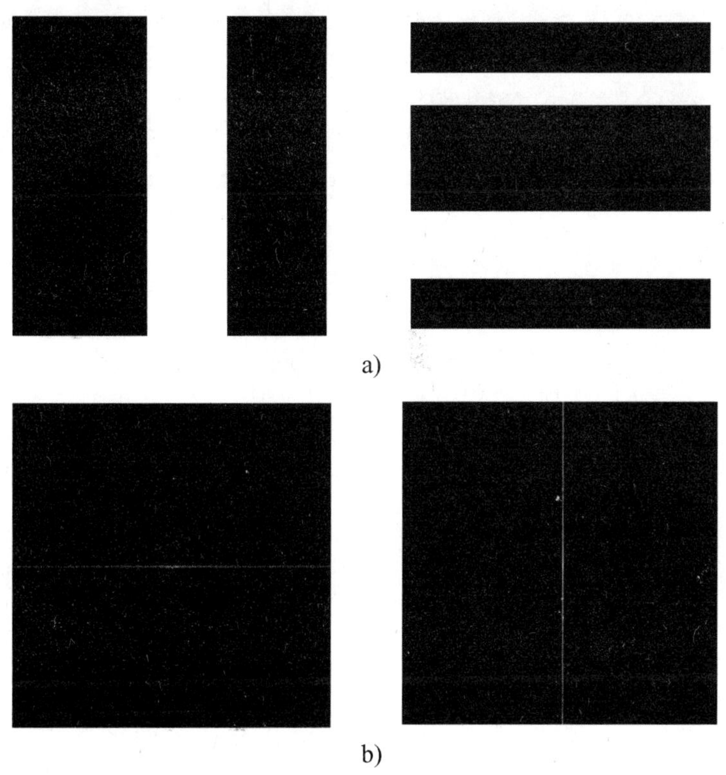

a)

b)

图 4-3　具有水平边和竖直边的定向图像

a）定向图像　b）该图像的幅值

二维空间频率 F_x，F_y（$\Omega_x = 2\pi F_x, \Omega_y = 2\pi F_y$）是衡量图像亮度在图像平面上变化快慢程度的一种方法。可以在不同的正交坐标系中衡量空间频率，在给定的坐标轴上，空间频率等于单位长度的周期数。具体而言，在公制测量系统中，使用每米上的周期数（circles per meter，cpm）。例如，正弦空间模式 $f(x,y) = \sin(12\pi y)$ 的频率是（0，6），说明在垂直方向上每个单位长度上是 6 个周期，而在水平方向上恒定不变。而正弦波 $f(x,y) = \sin(20\pi x + 8\pi y)$ 的频率是（10，4），表示水平和垂直方向单位长度上的周期数分别为 10 和 4。图 4-4 所示给出了这两个正弦波。

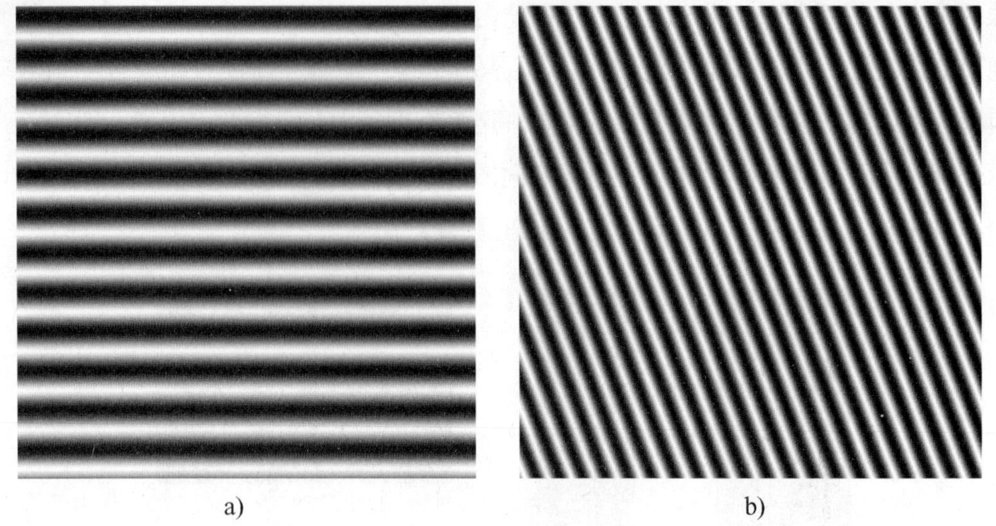

图 4-4　二维正弦图像

a) $(F_x,F_y)=(0,6)$　b) $(F_x,F_y)=(10,4)$

空间频率 F_x，F_y决定了在 x，y 坐标轴上，图像亮度变化的快慢程度。由于观察到的图像频谱取决于观察距离和屏幕大小，因此空间频率并不总是有用。例如，当观察一张图像时，近距离观察时的频谱低于远距离观察时的频谱。显示图像时，一个对空间频率更加有用的衡量方法是角空间频率，计算方法是观察角度上的每单位角度的周期数（circles per degree，cpd）。图 4-5 所示给出了一个高度为 H 的显示

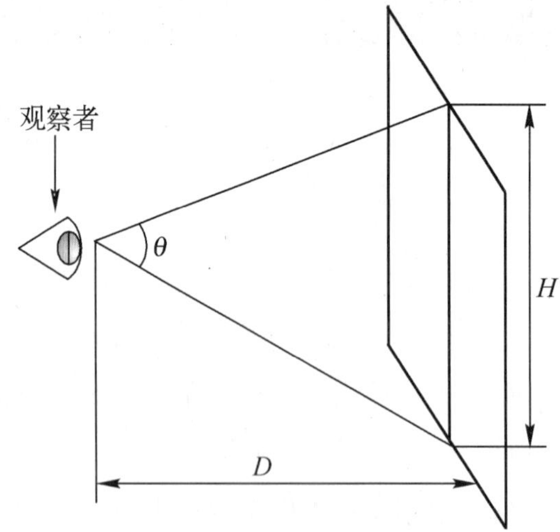

图 4-5　观察角度与观察距离的关系

屏，观察者的角度为 θ，其距离显示屏的垂直距离为 D。如果每单位图像高度上有 F_y 个周期，则每单位角度的周期数（竖直角空间频率）能够很容易得出。类似地，可以定义水平角空间频率。对于固定的观察距离，屏幕高度 H 越大，角空间频率越小。这些观察与我们的直觉吻合，当观察者离开图像时，同一张图像似乎变化得更快；而屏幕尺寸越大时，图像的变化越慢。

由于 DFT 是一个复杂的转换，而且，DFT 不能提供很好的能量压缩，因此人们又提出了其他的有利于图像压缩的方法，尤其是离散余弦变换（DCT）。$N_1 \times N_2$ 的 DCT 的定义如下：

$$C(k_1,k_2) = \sum_{n_1=0}^{N_1-1}\sum_{n_2=0}^{N_2-1} 4f(n_1,n_2)\cos\frac{(2n_1+1)k_1\pi}{2N_1}\cos\frac{(2n_2+1)k_2\pi}{2N_2} \tag{4-3}$$

式中，$0 \leqslant k_1 \leqslant N_1-1$；$0 \leqslant k_2 \leqslant N_2-1$。DCT 系数是实数（不是复数），图 4-6 给出了一个二维 DCT 变换的例子。

a)　　　　b)

图 4-6　二维 DCT 变换示例

a）数字图像　b）该图像的 DCT 系数

本质上，二维 DCT 变换将一个图像分解成若干加权的余弦函数之和。我们继续沿用频率这一术语来描述 DCT 系数，尽管这个术语必须转化为傅里叶变换系数。DC 项 $C(0,0)$ 对应于平均图像强度，它位于图 4-6b 的左上角，在该图中，多数的图像能量集中在靠近 DC 频率的中低频范围内。基于转换的图像编码正是利用这一特征，强度量化或舍弃高频 DCT 系数，因为它们包含的信息量很小。这一过程极大地压缩了数字图像，通常用于 JPEG 图像压缩和 MPEG-1/2/4 视频压缩标准中。

4.2.3 视频信号的空时频率

频率和转换的概念可以很容易地拓展到视频，视频是三维信号 $f(x,y,t)$，x 和 y 是空间图像坐标，t 是时间。三维傅里叶转换 $F(\Omega_x,\Omega_y,\Omega_t)$ 描述了三维空时域 $(\Omega_x,\Omega_y,\Omega_t)$ 上的视频。(Ω_x,Ω_y) 上的频率描述的是空间频率变化，如图像细节和边，Ω_t 描述的是视频在时间上的变化，如对象的运动。视频内容沿 x，y 轴快速变化时，如图像细节，水平/垂直边缘对应高空间频率 (Ω_x,Ω_y)。而当视频内容沿 x，y 轴缓慢变化或无变化时，如相同的视频帧区域，水平/垂直边缘对应于低空间频率 (Ω_x,Ω_y)。快速的物体运动对应高时间频率 Ω_t；缓慢的物体运动或几乎静止的视频对应低时间频率 Ω_t。DC 项 $F(0,0)$ 描述了平均视频强度。三维傅里叶变换 $F(\Omega_x,\Omega_y,\Omega_t)$ 本质上将一个视频分解为若干周期信号之和，其幅度为 $|F(\Omega_x,\Omega_y,\Omega_t)|$，并有一个相位值。具有 $N_1 \times N_2 \times N_3$ 个像素的数字视频 $f(n_1,n_2,n_t)$ 的三维傅里叶变换可以通过三维离散傅里叶变换得出，而三维离散傅里叶变换是式（4-2）的一个简单延伸。

对于一维时间函数 $f(t)$，时间频率 $F(\Omega_t)$ 的含义是清晰的，它以 Hz 为单位，计算随时间变化的信号数量。在由二维随时间变化的视频帧组成的视频信号中，时间频率取决于空时视频内容和位置 (x,y,t)，如物体移动。总体来说，由于摄像机或物体运动的原因产生的视频内容的移动，时间频率取决于这种移动。一个场景中拥有多个具有不同运动模式的物体是常见的。因此，将视频内容运动与时间频率直接关联不是简单的事情。尽管如此，人们有如下两个定性观察：

1）如果一个视频帧的对象区域具有均匀亮度，那么将观察不到视频内容的时间变化，即使物体在移动。

2）如图 4-7 所示，当局部运动矢量 (v_x,v_y) 与空间频率矢量 $\boldsymbol{\Omega}$ 正交时，时间频率 $\Omega_t=0$。如果在对角方向，有一张尺寸无限大的纸张，矢量 $\boldsymbol{\Omega}$ 与纸张的边界垂直，当纸张沿着边沿移动时，这种移动是观察不到的，也不会产生时间频率，因为移动向量 $\boldsymbol{v}$ 与矢量 $\boldsymbol{\Omega}$ 垂直。相反地，如果纸张以 $\boldsymbol{v}'$ 的速度沿着垂直于纸张边沿的方向移动时，则亮度随时间的变化被最大化，也产生了时间频率。当纸张最后移动到白色区域覆盖了整个图像区域的时候，我们将再次观察不到移动。

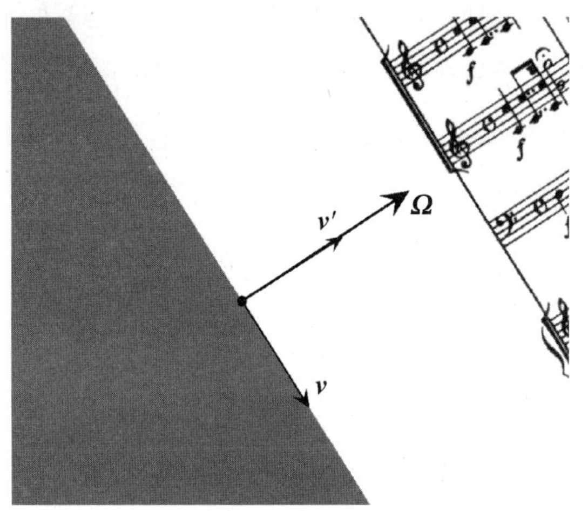

图 4-7　一个无限大的移动纸张

4.3　视频滤波和增强

视频是由光电传感器（如 CCD）采集的。正如第 2 章所述，由于运动或摄像机散焦，感知设备可能会降低数字图像的质量，如有噪声、几何变形或模糊。数字视频处理中的一个主要关注点在于增强图像质量，缓解由视频捕捉设备引起的图像质量下降。视频恢复技术主要是关于重建或恢复由于运动模糊等原因产生的质量不好的视频。在视频质量下降方面的先验知识可用于视频恢复技术中。数字视频增强技术通过锐化图像的某些特征（边缘、细节、边界）、增加对比度、减少噪声等手段，使主观感受到的图像质量得到增强。

可以通过一维（时间）、二维（空间）和三维（空时）的数字滤波器实现图像增强和恢复。当我们对一个数字图像的像素在时间上的近邻进行操作时，我们使用了一维数字滤波器；当我们独立操作每个视频帧时，我们使用了二维数字滤波器；当我们在独立操作每个视频帧的同时，使用了相邻视频帧（前后帧）的信息，那么就使用了三维数字滤波器。数字滤波器可以区分为两大类：线性数字滤波器和非线性数字滤波器。线性数字滤波器可以在空间域（空间操作）或频域（转换操作）中设计、实现。很多滤波器都是线性的，而且是在频域实现的。当然，也有一些非线性数字图像恢复技术。空间操作（线性或非线性）主要用于数字图像增强。有一些数字滤波器是基于单个像素（点操作）或像素邻域（本地操作）的窗口区域。这种邻域可以是空间的（在同一个视频帧内），也可以是时间的和空时的（包括了当前视频帧和相邻帧），通过在时间上的像素轨迹来描述。

由于数字视频采集和记录的系统并不是完美的，所记录的视频可能包含噪声，因此，需要过滤视频以消除或减少噪声。在很多情况下，噪声是，或可以建模为可加的、白色的。由于噪声通常出现在高频域，而图像内容包含在中低频域，因此人们使用低通滤波器去除这样的噪声。在本部分中，我们假定一个简单、可加的白噪模型 $f(n_1,n_2,t)=s(n_1,n_2,t)+w(n_1,n_2,t)$，三者分别表示有噪声的视频、原始（理想）视频、所记录的噪声。

去噪滤波器可以分为时间的，空间的（在帧内）和空时的（在帧间）三种。总体来说，当视频信号进行一维或二维过滤时，降低了计算复杂度和次优过滤性能，因为人们不能利用滤波设计中所有可能的自由度，如真正的空时滤波器的情形。然而，实际应用中人们在视频中使用了时间和空间滤波器，因为它们可以降低计算复杂度。

时间滤波器是一维的，因为这类滤波器只用于时间维上。一个简单的时间滤波器可以计算时间加权了的前后视频帧的均值：

$$\hat{s}(n_1,n_2,t) = \sum_{l=-v}^{v} w(l) f(n_1 s,n_2,t-l) \tag{4-4}$$

式中，$w(l)$是 $2v+1$ 个连续视频帧的滤波系数（权重）；Σ 表示求和。如果所有的帧同样重要，则滤波系数可等于 $\alpha(l)=1/2v+1$，产生出一维滑动的平均时间滤波。由于内存和计算复杂度的因素，很多情况下只使用前视频帧 $f(n_1,n_2,t-1)$ 和后视频帧 $f(n_1,n_2,t+1)$，过滤当前视频帧 $f(n_1,n_2,t)$，也即此时 $v=1$。下面的一维滤波器也能够用于视频的简单时间过滤：

$$g(n_1,n_2,t)=\alpha g(n_1,n_2,t-1)+(1-\alpha)f(n_1,n_2,t) \tag{4-5}$$

对沿移动轨迹分布的像素使用滤波器，可以显著减少运动伪影。那么，式(4-4)即变成了运动补偿的时间滤波器：

$$\hat{f}(n_1,n_2,t) = \sum_{l=-v}^{v} = w(l) f(n_1-\mathrm{d}x,n_2-\mathrm{d}y,t-l) \tag{4-6}$$

式中，$(\mathrm{d}x,\mathrm{d}y)$是在 t 和 $t-l$ 之间的视频帧上计算到的像素位置(n_1,n_2)上的移动向量。在较长的时间窗口上的这种滤波器用于在天文视频观测中减少噪声。在长度为 $2v+1$ 的时间滤波窗口上，降噪和运动预测产生了相互竞争（矛盾）的需求。如果滤波长度增加，降噪的性能也会增加；但在时间上相对较远的视频帧之间的运动预测错误也会随之增加。

空间滤波的操作用于一个视频帧的二维窗口中。由于空间滤波与经典的静止图像滤波器并无差别，因此此处不再详述。

空时滤波器作用于空时窗口上，通常至少扩展到前一帧、当前帧和下一帧。图 4-8所示给出了这种 3×3×3 的窗口。一个非常简单的三维低通滤波器是三维 $L_1 \times L_2 \times L_3$ 滑动平均滤波器。如果三维窗口的大小是奇数，即 $L_i = 2v_i + 1$，$i = 1, 2, 3$，那么，滤波器的定义如下：

$$g(n_1, n_2, n_3) = \frac{1}{L_1 L_2 L_3} \sum_{k_1=-v_1}^{v_1} \sum_{k_2=-v_2}^{v_2} \sum_{k_3=-v_3}^{v_3} f(n_1 - k_1, n_2 - k_2, n_3 - k_3) \tag{4-7}$$

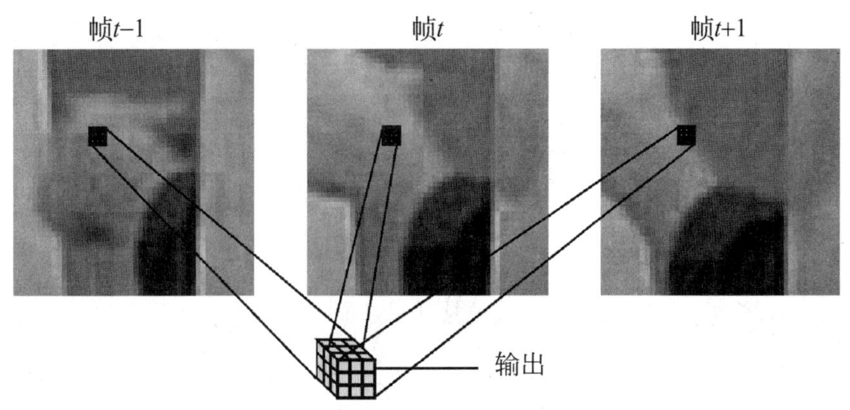

图 4-8　一个的 3×3×3 的时空滤波窗口

滑动平均滤波器是低通的，被广泛用于视频处理和三维图像处理，如医学图像。三维非线性滤波器是三维 $L_1 \times L_2 \times L_3$ 中的值滤波：

$$g(n_1, n_2, n_3) = \underset{k_1, k_2, k_3}{med} \{ f(n_1 - k_1, n_2 - k_2, n_3 - k_3) \} \tag{4-8}$$

式中，$(k_1, k_2, k_3) \in [-v_1, v_1] \times [-v_2, v_2] \times [-v_3, v_3]$；*med* 是在局部滤波窗口中的像素中值，该中值的求解方法为：对局部中值滤波窗口中的 $L_1 \times L_2 \times L_3$ 像素进行排序，然后求出其中值。三维中值滤波器被广泛应用于视频去噪，并且能够保留空时图像边缘。相反，滑动平均滤波器会模糊空时图像的边缘。

滑动平均滤波器能够很好地去除可加的噪声，它在去除可加高斯噪声方面具有较佳的性能。不好的地方是，这类滤波器会平滑空间边沿，在静止或移动的物体边界上产生空时模糊。而三维中值滤波器能够很好地去除脉冲噪声，保持空时物体边界，但会破坏空时视频细节。由于上述原因，理想的是使用自适应的空时滤波器，通过改变空间窗口的大小，根据帧的局部亮度分布，为不同的视频帧选择不同的窗口大小。这种自适应的空时滤波器也会改变当前帧前后使用的帧数，使得滤波器适应视频局部亮度分布特征。

根据亮度沿着任意轨迹改变主要是由于噪声这一假设，可以使用运动补偿降噪。根据下面因素的不同，运动补偿滤波器的结构也会不同：

1）运动估计方法。

2）滤波窗口（时间 VS 空时）。

3）滤波器结构，如自适应的还是非自适应的。

假定拟过滤一个图像序列的第 t 个视频帧，使用 N 个视频帧，$t-v$，…，t，…，$t+v$，$N=2v+1$。第 1 步对第 t 帧的每一个像素(n_1,n_2)，评估不同的运动轨迹 $\mathrm{d}(n_1,n_2,t,l)$，$l=t-v$，…，t，…，$t+v$。这一评估过程通过第 5 章中介绍的运动估计完成。估计出的运动向量表示了第 t 帧的像素与第 l 帧的对应像素的位移关系。图 4-9 展示了这一运动轨迹，如 $N=5$（5 个帧）。空时运动补偿滤波器的窗口包含了所有以移动轨迹上的点为中心的空间近邻（如 3×3 像素的大小）。

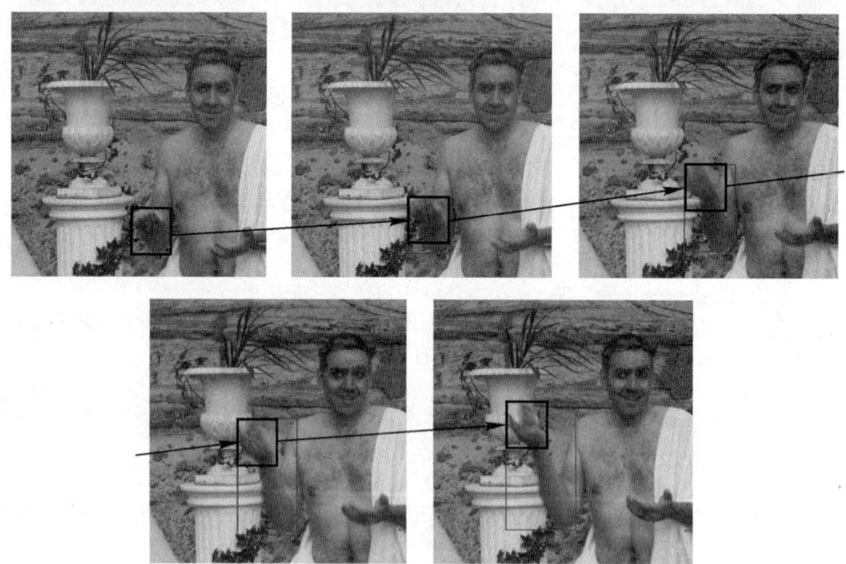

图 4-9　5 个连续视频帧上的运动轨迹

很多滤波技术都可以通过运动补偿来使用这类滤波窗口。例如，前面的章节中提到的，二维滑动平均滤波器或中值滤波器可以用于降噪。式（4-5）中的滤波器是一维时间运动补偿滤波器的特例，每个视频帧的空间近邻只包含一个像素。当运动估计是完美的情况时，沿着运动轨迹的图像亮度的算术平均值能够有效地用于降噪。而如果运动估计失效了，算术平均值会造成视频模糊。在空时过滤的情况下，过滤窗口中沿着运动轨迹，可能会发生空间改变，即不同帧中的空间近邻会不同，取决于$(n_1-\mathrm{d}x, n_2-\mathrm{d}y, t-l)$位置周围的图像内容。例如，当位置$(n_1-\mathrm{d}x, n_2-\mathrm{d}y, t-l)$周围的同类空间的图像亮度没有显著不同于$f(n_1, n_2, t)$时，滤波窗口可以增大。由于该原因，因此最好能结合运动补偿和自适应滤波结构。

传统的视频内容可能由于褪色或移位，灰尘，划痕和水泽，产生老化的数字影片。在这种情况下，高级空时视频过滤可用于影片恢复。例如，颜色可以矫正，对比度可以加强，划痕可以填充，水泽可以消除。由于小幅度的视频帧不对齐而产生的视频帧抖动可以减少。最后，影片颗粒噪声可以过滤掉。

4.4　视频格式转换

格式转换是一个重要的议题，如将传统的视频从 480i（NTSC）转为 576i（PAL/SECAM）制式。帧速率转换也属于这一范畴。格式转换的一个特例是当需要将隔行视频转换为逐行视频时去隔行。

时间内插，或帧速率上转换，指的是视频帧速的增加，如从 24 帧/s 增加到 50 或 60 帧/s。视频帧速的增加可以帮助人们达到更佳的运动可视化，或减少视频播放中的闪烁。增加帧速的最简单技术是对每个像素位置进行独立的时间重采样。当需要将视频的时间采样周期从 Δt_1变为 Δt_2时，可以使用线性的插值滤波器。插值像素可以通过 sinc 核或其他插值核，尤其是多项式核，如零阶、一阶、样条核。总体来说，高阶多项式插值给出了非常好的插值性能，但是由于计算复杂度的增加，该方法并不常用。多数情况下，人们使用低阶多项式插值内核，如零阶和线性插值内核。总体说来，当运动较少或没有运动时，简单的插值内核能达到较好的性能。当运动增多时，上述类型的内核会导致视频模糊。最后，当需要丢弃一些视频帧以降低过多的视频帧速，而视频的获取、传输和显示不能支持该帧速时，使用帧速率下的变频技术（frame rate downcoversion）。

如第 2 章中的图 2-9 所示，每个数字视频格式有其自身的采样格，它定义了空时域（x，y，t）的采样位置。空时视频差值保证了从三维空时采样格到另一种采样格的视频采样转换，如从 480i 到 1080p。图 4-10 所示给出了一个将初始格 Λ_1 转换为最终格 Λ_2 的采样格转换系统，初始时，在格 $\Lambda_1 \cup \Lambda_2$ 上（格上的点要么来自输入格 Λ_1，要么来自最终输出格 Λ_2）对输入视频过采样。未知的像素值以零填充。经过合适的插值滤波，视频下采样到输出格 Λ_2。

图 4-10　采样格式转换

视频去隔行指视频转换从隔行采样网格（输入）为逐行采样网格（输出），图 2-9a 和 2-9b 分别给出。当两者的帧速相同时，逐行采样的密度是隔行采样的两倍。因此，需要进行两倍的空时插值，这可以通过对隔行视频网格进行零填充，然后再进行低通插值滤波。将 2∶1 隔行视频转为逐行视频的最简单的方法是，对每个视频帧中空缺的奇数/偶数线填充上最近视频场的线。场编织（field weaving）本质上是一个零阶插值。另外，连续场混合（平均）可用于产生视频帧。

总体说来，当运动较少或没有运动时，简单的插值可产生好的去隔行效果。当运动增加时，严重的去隔行伪影就会出现。如图 4-11 所示，场编织受组合伪影（combing artifacts）的干扰很大。很多其他方法可以用在这里，主要是使用运动估计和补偿以提高去隔行的性能。

图 4-11　去隔行中产生的组合伪影

4.5 对比增强

图像对比度是视频质量的一个重要方面。因此，当图像对比度较低时，如图像/视频太暗或太亮时，可以进行对比增强。图像强度的经验概率分布称为直方图，包含了图像对比度的重要信息。假定数字图像有 L 个离散的灰度级（通常是 0 ~ 255），n_k是强度为 k 的像素个数，$k=0$，…，$L-1$。直方图是相对像素亮度频率分布，$p_f(f_k)=n_k/n, n$ 是像素的总数。图像的直方图可以很容易地得到。直方图可以在视频帧的层面上，也可以在视频片段上。

与视频内容相关的重要信息可以从图像直方图中获取。如图 4-12a 所示，较暗的图像的像素值集中分布在直方图的低图像强度部分。另一方面，较亮的图像的直方图更可能分布在高图像强度部分，如图 4-12b 所示。图 4-12c 中的图像包含了两个具有不同强度的对象（或是一个与背景色对比度很高的对象）。

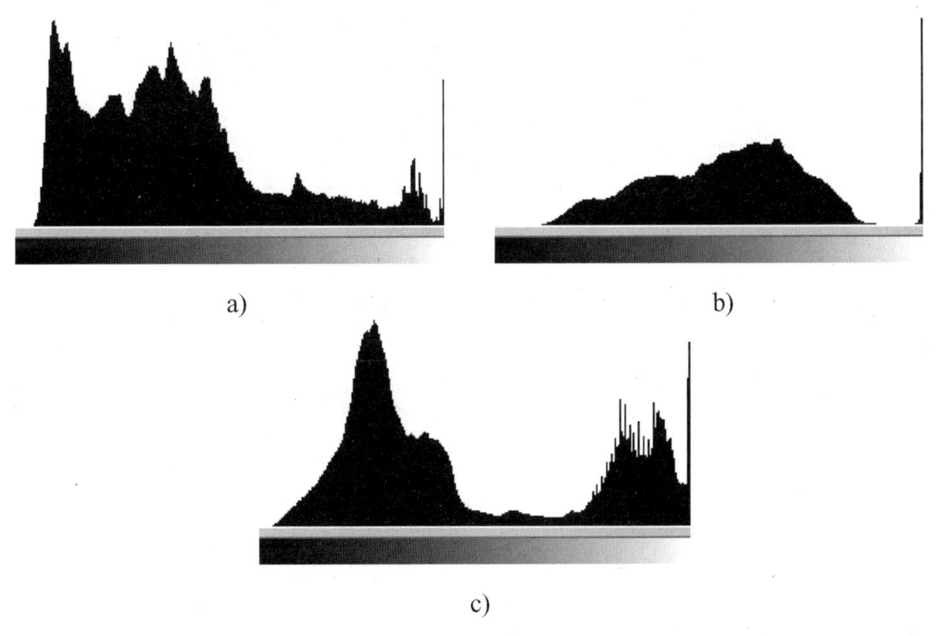

图 4-12 图像的直方图

a）深度图像的直方图 b）明亮图像的直方图 c）包含两种不同图像强度区域的直方图

如果图像的直方图集中在一个较小的强度区域，则对象的对比度就会很差，主观感受到的图像质量也会较差。图像质量可以通过修改其直方图进行加强。可以进行直方图均衡化，图 4-13a 给出了一个对比度较差的图像，直方图均衡化之后的图像对比度得到提高，如图 4-13b 所示。

a)

b)

图 4-13　直方图均衡化前后效果对比

a）对比度较差的图像　b）直方图均衡化之后的图像效果

在一些情况下，更期望使用的是直方图修改而非直方图均衡化。例如，有时需要匹配 3DTV 视频中的左右频道的对比度。在这种情况下，直方图为 $p_f(f)$ 的图像 f 必须转换为直方图预定义为 $p_g(g)$ 的图像 g。这一过程可以分两步完成，使用一种类似于直方图均衡化的方法。

第5章

视频分析

5.1 引言

数字视频分析是非常重要的课题，因为它可以从各种运动（尤其是对象和相机的运动）的图像中抽取定量的、语义相关的信息。运动估计是视频分析的核心任务，它提供了描述物体或摄像机运动的运动场。运动估计不但对视频描述很重要，它对视频编码也十分重要，因为多数视频压缩方法都使用运动场，通过运动补偿帧预测来减少空时冗余。运动场也可用于基于运动补偿的噪声过滤。而且，使用运动信息，也可以进行基于运动补偿的去隔行和视频格式转换。

人是重要的语义实体，因为多数视频包含人的连续图像，这些图像描述了人们的活动，状态，以及他们之间的互动和行为。因此，视频中人的检测和跟踪在很多应用中都是非常有用的，这些应用包括人机交互界面、视频监控、视频语义检索（如“找出演员 X 说话和微笑的那些视频”）。一旦检测、追踪到人脸或人的身体，就能识别人的身份（如通过人脸识别）。而且，人脸图像分析也能进一步发展到表情识别和可视对讲系统中的识别（visible speech detection）。至于身体，可以检测身体的姿势，识别人的动作或姿势。以人为中心的视频分析可以带来所谓的以人为中心的（anthropocentric）视频内容描述（希腊语中，anthropos 指人类）。

视频分析的另一个重要任务是目标检测。由于从不同的角度观察时，一个目标具有不同的外观，因此目标检测是比较困难的。总体来说，有关节的（articulated）或变形的（deformable）目标检测比刚体目标检测更加困难（rigid object recognition）。人脸和身体就属于那种可变形的或有关节的物体（目标）。目标检测通常与目标的空间定位有关，也与区域分割有关，而区域分割旨在找到感兴趣的区域（Region Of Interest，ROI）。进行运动区域分割时，可以得到一个运动的空时对象的 ROI。当追踪算法追踪一个目标时，可以得到目标随时间变化的轨迹。而目标追踪不同于目标检测，因为目标追踪会在前后视频帧中关联被检测对象的感兴趣的区域。

5.2 运动估计

运动估计是数字视频处理和分析中的一个重要问题，学术界对运动估计已有大量的研究。它在视频分析、视频压缩和视频滤波领域均有诸多应用。本节先讨论二维运动和三维运动的区别，然后简要介绍运动场模型。最后引入块匹配技术，它是最简单的运动估计方法之一。

二维运动，也称作投影运动，本质上是三维目标运动在二维图像平面上的投影。三维运动是3D 对象在三个维度上的位移。图 5-1 描述了时刻 t 到时刻 $t+\Delta t$ 之间的二维、三维位移向量（displacement vectors）。图中，目标对象从 t 时刻的 P 位置移动到 t'时刻的 $\boldsymbol{P}'$位置。在图像平面上，投影点 $\boldsymbol{P}$，$\boldsymbol{P}'$定义了二维位移向量 $\boldsymbol{d}$，这种向量有两个分量$(\mathrm{d}x,\mathrm{d}y)$，表示点 $\boldsymbol{P}=(x,y)$在图像平面的 x 轴、y 轴上的投影位置。当视频$f(x,y,t)$中有一个移动的目标时，对于图像平面中的一个从时刻 t 的(x,y)位置移动到时刻 t'时的(x',y')位置的特征点，通常可以匹配具有相似亮度的$f(x,y,t)$和$f(x',y',t')$。这种对应向量（correspondence vector），是对位移向量从时刻 t 的(x,y)位置移动到时刻 t'的(x',y')位置的估计。这种对应向量或光流矢量决定了视运动。有时，光流场可能与二维的位移场不同。

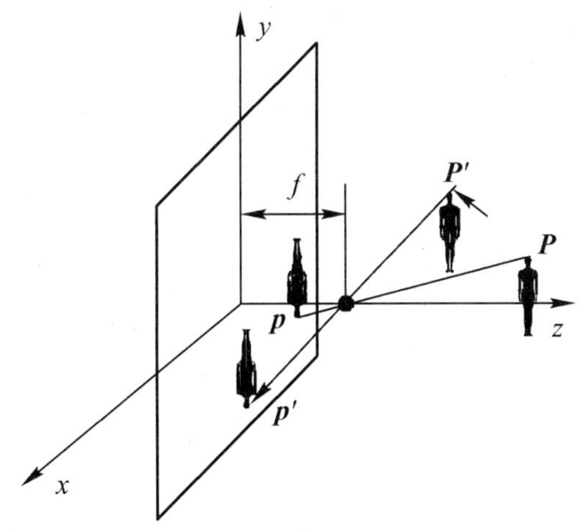

图 5-1　二维和三维位移向量

例如，当光源移动而目标不动，可以看到表面的运动（optical flow，光流），但并不是真正的运动，如图 5-2 所示。其他情况下，如果目标图像的细节不足，例如，图像是均匀的白色，那么，即使图像移动，这种移动也不会产生光流。

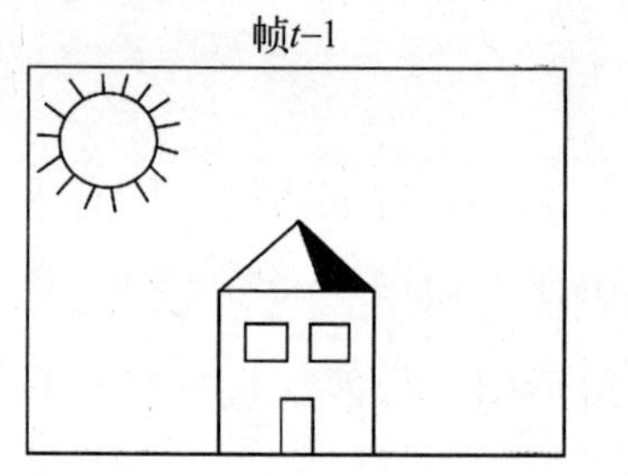

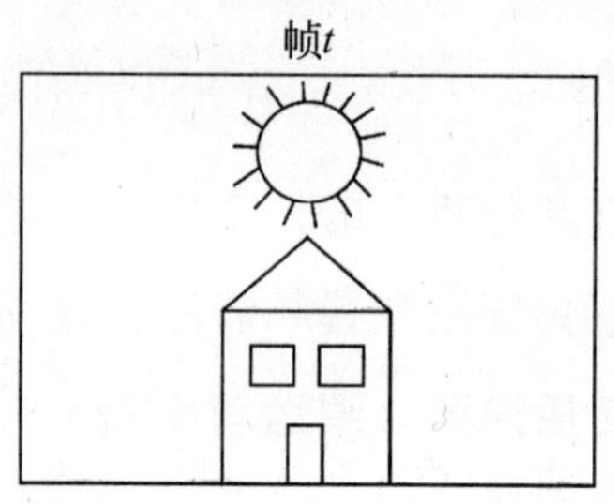

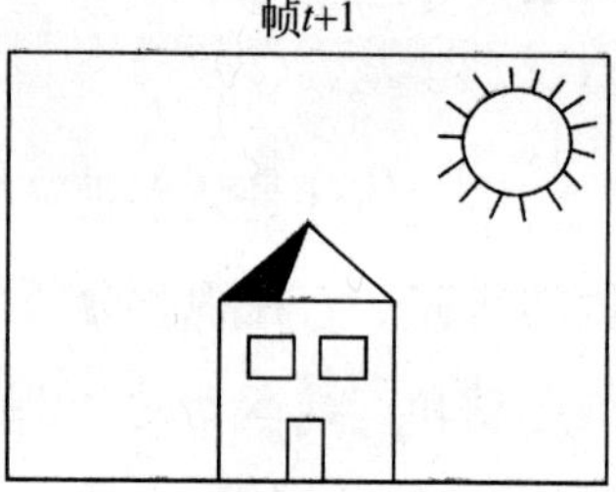

图 5-2　光照变化引起的光流

5.2.1　二维对应向量的估计

数字视频中，运动估计旨在通过估计 t（t 表示帧数）和 $t+1$ 之间的视频帧中的像素(x,y)的对应向量 $\boldsymbol{d}=(\mathrm{d}x,\mathrm{d}y)$，寻找二维位移向量。对应向量的估计，如图 5-3 所示，要么是前向运动估计，位移向量在 t 到 $t+1$ 之间视频帧；要么是后向运动估计，位移向量在 t 到 $t-1$ 视频帧。对于视频压缩与预测而言，后向运动估计比前向运动估计更加方便。因为后向运动估计通过运动补偿预测视频帧 t 时，t 时刻之前的视频帧已经存在了。

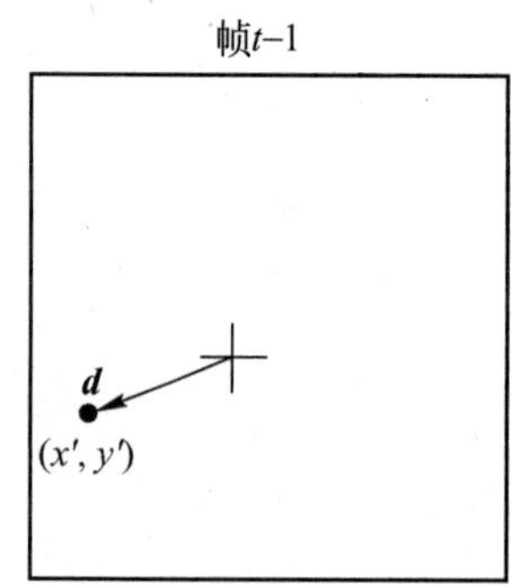

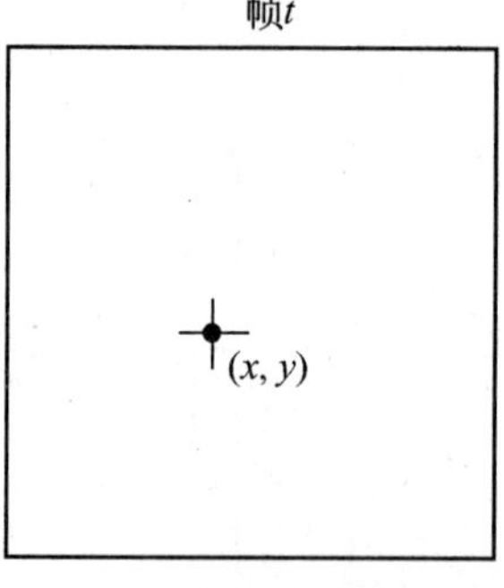

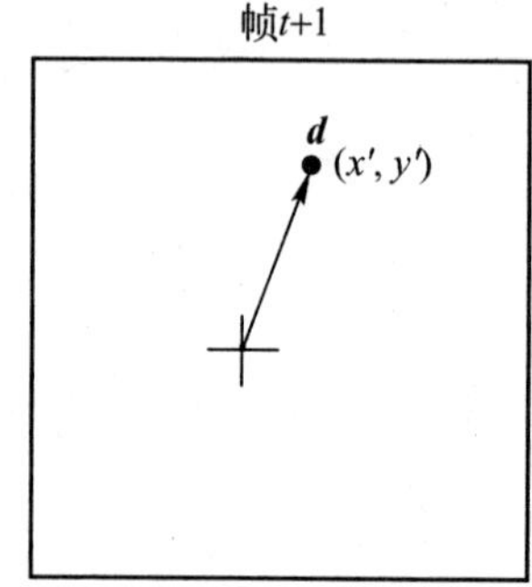

图 5-3　前向和后向运动估计

运动估计受到多种因素的影响。如图 5-4 所示，遮挡问题是由于物体运动，找不到遮挡部分和未被遮挡部分/背景区域的对应关系。在寻找对应向量时，$t+1$ 时刻时，视频帧中将要被覆盖或出现的背景区域，不能与视频帧 t 的对应区域匹配起来。

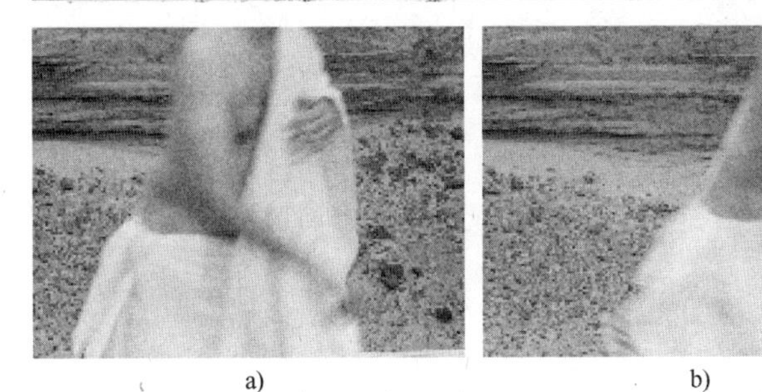
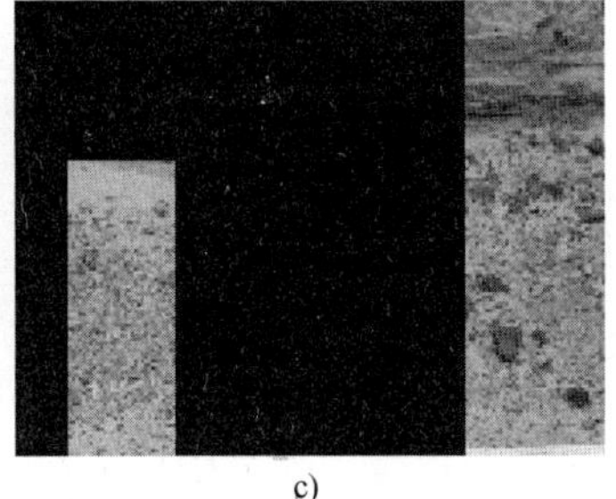

a) b) c)

图 5-4 遮挡问题

a）视频帧 t b）视频帧 $t+1$ c）未遮挡部分（左）和遮挡部分（右）

光圈问题是由于只有局部空间信息可用于运动估计，如图 5-5 所示。假设一个目标向左上移动，如果我们基于局部窗口“孔径 1”估计其运动，则不可能正确估计出目标真正的移动，而只能估计出正常光流，即垂直于物体边缘的运动。相反，如果使用局部窗口“孔径 2”，就能正确估计出位移向量。

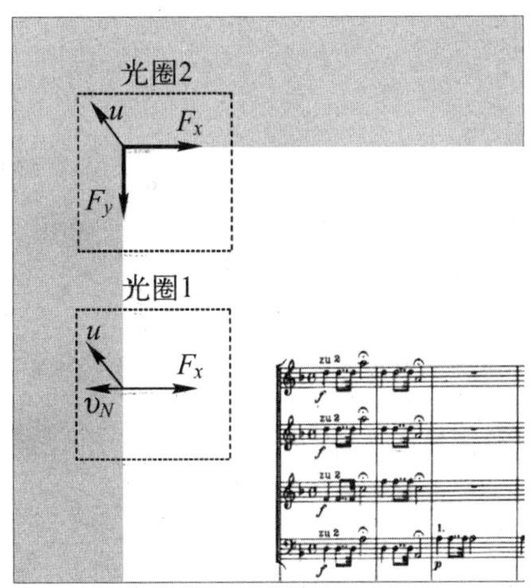

图 5-5 光圈问题

衡量运动估计质量的方法是非常有必要的。一种衡量方法是峰值信噪比（PSNR），它本质上计算了目标帧 t 与参照帧 $t-1$ 之间的位移帧差（DFD）。如果运动估计是正确的，那么 DFD 通常较小而 PSNR 的值较大。如果在视频压缩中使用了运动补偿，期望的是 PSNR 应该较大，这样用于 DFD 编码的位数就会较少；而且，还期望有平滑、无噪的位移场，以便更容易地压缩传输。

5.2.2 块匹配

假定一个视频帧由多个运动块组成，这些运动块属于运动的物体。我们首先研究二维块平移，视频帧 t 中一个 $m\times m$ 的块可以描述为由视频帧 $t-1$ 中相同的尺寸的块，位移之后的结果。基于块的运动估计旨在为每个块 B 找到位移矢量 $\boldsymbol{d}=(\mathrm{d}x,\mathrm{d}y)$，使得对应块之间的差别最小。视频帧 t 中的块可以是不交叠的或交叠的，如图 5-6 所示。当块不交叠时，一个位移矢量对应于一个块；当两个块完全交叠时，每个像素上产生一个运动矢量（即密集运动场）。

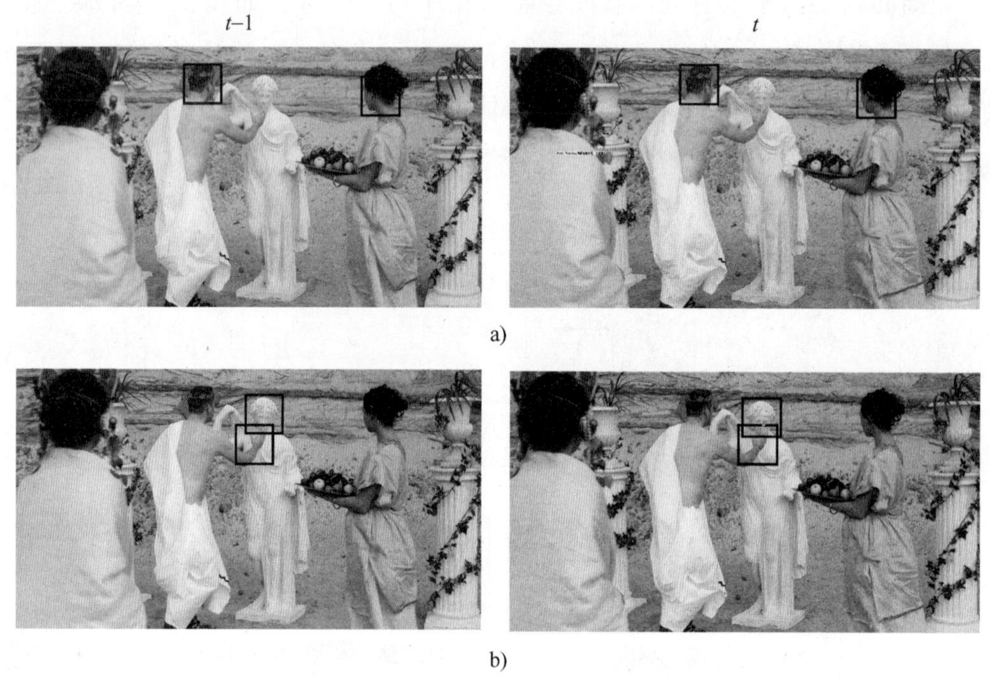

图 5-6　不交叠块与交叠块

a）不交叠块　b）交叠块

块匹配是通过穷举搜索所有候选位移矢量而完成的。定义一个视频帧 t 中，以像素点 (x,y) 为中心的 $m\times m$ 像素块，前一帧 $t-1$ 中的搜索区域是一个 $D\times D$ 尺寸的块。那么，在 $D\times D$ 区域内进行搜索，直到找到一个位移块差最小的块。图 5-7 所示给出了基于块匹配的运动估计的结果。

a)

b)

图 5-7　基于块匹配的运动估计的结果

a）使用块匹配得到的运动场　b）移动速度的可视化

如果块 B 中有图像边缘，那么基于块匹配的运动估计效果会较好。相反，在均匀图像区域中，块匹配可能会带来噪声运动场。在视频压缩中，位移矢量估计用于预测图像编码中一个图像块的像素值。不好的位移矢量运动估计会产生较大的DFD，相应地，图像压缩的质量就会较差。

基于块的运动估计的优点在于，寻找满足 DFD 最小的位移矢量比较容易。其另一个优点是，它对一个或多个对象的复杂运动模式能够很好地近似，即使以位移帧差相对较大为代价。不过，基于块的运动估计也有一些缺点，如在缩进、旋转、局部图像变形等情况下，这种方法可能会失效，它会产生噪声运动场。而且，这种方法的计算复杂度相对较大。

基于块的运动估计假定位移矢量在一个二维图像块中是恒定不变的。当块同时包含运动的目标和背景时，或向不同方向移动对象区域时（如铰接对象），就会出现问题。为了解决上述问题，可以减小块的大小（$m \times m$ px）。

基于穷举搜索的块匹配方法的计算复杂度较大，有时效果不理想，因此学术界又提出了其他运动估计的算法，相关内容本书不再详述。

5.3　运动信息的使用

在视频压缩、处理、分析和描述中，运动信息是非常重要的。本书将第 7 章中给出运动信息在视频压缩中的用途。位移矢量可基于历史帧或参照帧，预测当前的视频帧块，于是，只需要编码和传输位移帧差。因此，可以利用时间视频冗余得到较大的压缩比。运动场的另外一个用途是基于运动补偿的视频过滤。在此种情况下，视频过滤只发生在沿着运动轨迹的边框内，如第4章中的图4-9所示。

在视频序列中，当相机运动时，会出现一种特殊的全局运动。视频中的相机运动可能是真实的相机运动（相机平移或倾斜将在第6章中介绍），或相机镜头的缩进/缩出。图5-8所示给出了这种运动场的示例。

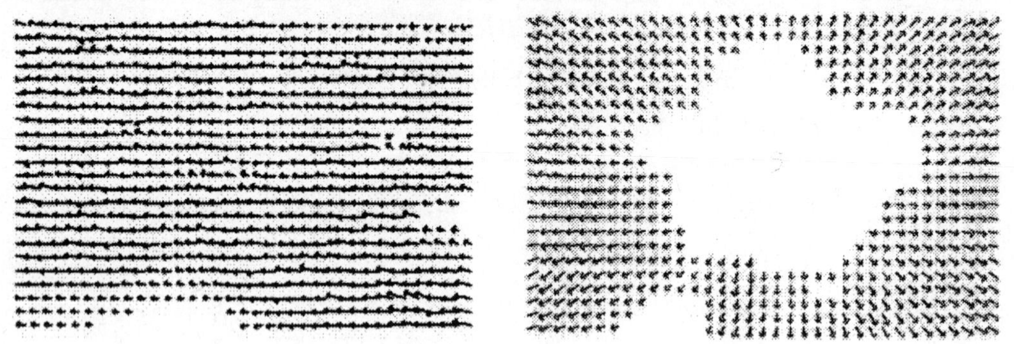

图5-8　相机平移和缩进/缩出产生的光流

运动场也能提供有用的视频内容描述。较强的运动场通常表示动作/运动镜头。目标的运动轨迹对于描述目标运动方向（如向左/向右运动以及向帧中心运动）和空间物体间的关系（如相互靠近的两个人）是非常重要的。

5.4　以人为中心的视频分析

在过去的20年中，学术界越来越多的研究都聚焦在以人为中心的视频分析上，这是由于所提取出来的信息（如人的存在与否，身份，身体姿势，情感，活动）可用于许多应用中，其中的一个应用是电影后期制作。以人为中心的视频分析的结果，如分割出的人的身体，可用于创作现实的计算机生成的图像。它还能用于视频标注，以及对视听内容的索引与检索，如检索包含“两个边走边交谈的演员”的视频。

5.4.1　脸部和人体检测

场景中人的检测对于影片后期制作的自动化有帮助作用，也有助于提供场景的语义信息。人的检测目前已有大量的研究。

人的存在检测可以通过检测人脸、头部和身体来完成。人脸检测的技术已经取得了重要突破。一种快速、有效的人脸检测方法是基于Haar特征的级联剔除方法，其本质上是测试一个矩形框中的图像是否比剩余图像更亮或更暗。为了快速计算出Haar特征，上述方法使用积分图像表示。一个积分图像是一个矩阵A，其中的元素描述了像素左上方的图像窗口中像素的整体亮度（像素亮度和）。Haar特征能够高效和容易地计算出来。级联剔除方法是若干简单的弱分类器的分层集成，拒绝多数样本的分类器在分层中会置于靠近顶部的层上。一个样本需要被所有的弱分类器接受，才能被最终接受，这样一来，很容易被区分的样本在分层的前几层上都已经被排除了。对于预测中的假正类预测（false positive），由于每个样本必须经过每一个弱分类器且被接受，因此假正类率得到了指数级的下降。可以再使用皮肤颜色检测器进一步降低假正类率。图5-9所示给出了一个人脸检测的示例。今天，商用的数码相机已经包含了人脸检测功能。

图5-9 人脸检测示例

学术界提出了梯度方向直方图（HOG）用于检测人的身体，或身体上部。HOG已经被证明是强大的描述工具，它与已有分类方法组合，提供了良好的检测效果。在HOG方法中，图像被分为不相交的正方形网格单元。在每个网格单元中，计算边缘梯度的角度并将该值加到直方图中对应的颜色区间（bin）上。将网格单元收集到方形的、重叠的块中，这些块又标准化为统一的和。一个图像窗口中的特征向量是该窗口中图像块连接成的向量。然后使用支持向量机（SVM）对该特征向量进行分类。这种方法起初用于行人和人体检测，如图 5-10 所示。

图 5-10 人的身体检测

HOG 的一个扩展方法先使用形状匹配，以发现与图像匹配的剪影模板。只有在剪影模板上的那些块才会被连接成特征向量。这样一来，分类器就不会受到人体/身体上部外观变化的影响，进而带来更佳的分类效果。

5.4.2 人脸识别

在视频帧中检测到人脸之后，下一步就是识别这个人。人脸识别的研究较为成熟，人们提出了很多方法，其中包括利用子空间的方法，例如，主成分分析（PCA）、线性判别分析（LDA）、非负矩阵分解（NMF）。上述方法将图像数据投影到一个维度较低的特征空间中，称作基准图像。如图 5-11 所示，基准图像捕获了人脸图像的特征。少数几个，如 K 个基准图像就足以捕获脸部信息。这些基准图像可以通过训练脸部图像得到。它们称作特征脸（在 PCA 的情况下），或 Fisherfaces（在 LDA 的情况下）。通常，所需的基准图像比 $N \times M$ 脸部图像中的像素数要少很多，即 $K \ll NM$。因此，基准图像形成了一个非常低维度的空间，脸部图像在这些空间上投影。人们一般把人脸分解为基准图像的加权和。在低维空间中，人脸可以通过分解权值表示，在该空间中，属于同一个人的脸部图像能够更加容易地同另外一个人的脸部图像区分开来。当需要识别一个新的脸部图像时，首先将其投影在基准图像上，然后使用诸如 SVM 的高性能分类算法对其进行分类识别。当训练图像和测试图像完全对齐时，其对应的脸部特征点的位置重合，此时，子空间方法在人脸识别中的效果良好。

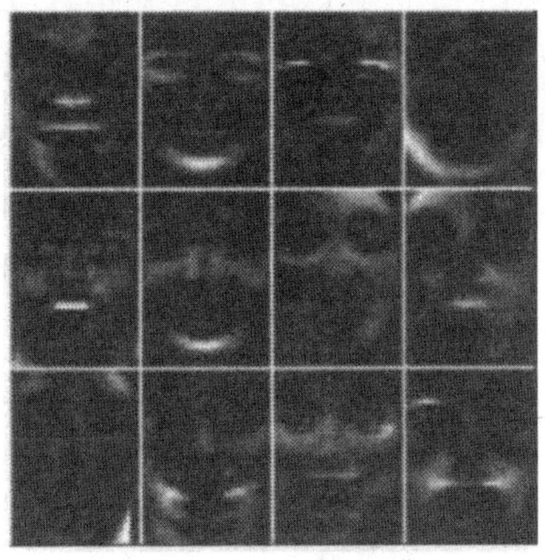

图 5-11　非负矩阵分解得到（NMF）的基准图形

人脸识别的另一种方法是弹性图匹配方法（Elastic Graph Matching，EGM）。如图 5-12 所示，一个脸部图像表示为一个变形图，变形图中的网格结点在射流矢量（jet vector）中包含局部图像信息。当要查看一张参照人脸图像和一张新的人脸图像是否属于同一个人时，将参照的人脸图像网格投射到新的人脸图像上，并开始变形。如果经过变形后，参照射流矢量和测试射流矢量匹配良好，且网格没有过度变形，则认为两个人脸图像匹配。否则，人脸识别失败。EGM 方法非常强大，且已

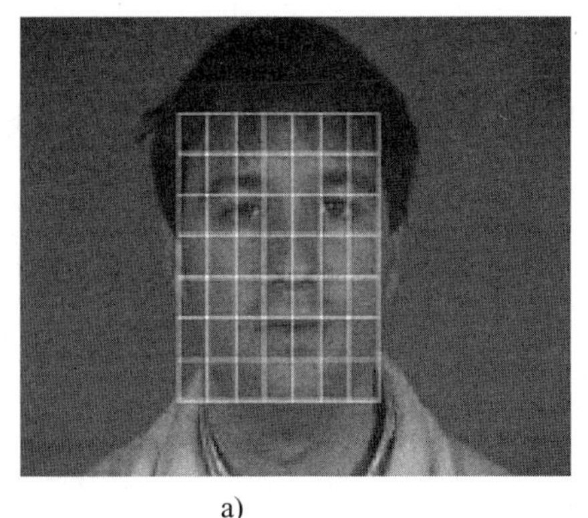

a)

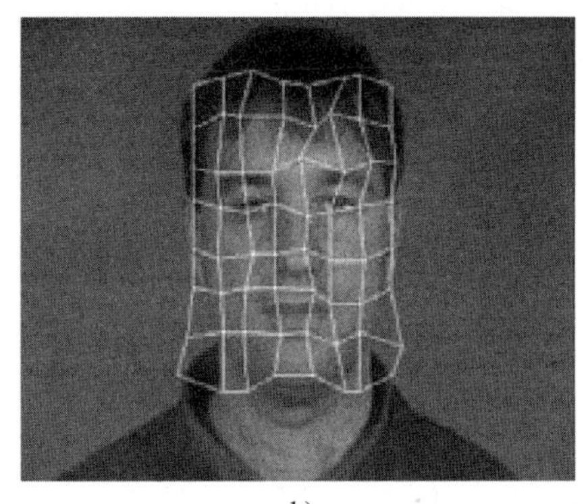

b)

图 5-12　弹性图匹配方法

a）原始人脸网格　b）变形后的人脸网格

被广泛用于安全系统中。然而，该方法需要很大的计算量，因为网格变形和匹配是一个开销非常大的迭代操作。

人脸图像聚类不同于人脸识别。人脸图像聚类的目标在于聚集所有属于同一个演员 X 的图像，而非辨识演员的身份。可以使用聚类方法，如模糊聚类，进行人脸图像聚类；也可以使用诸如互信息（mutual information）的方法来计算两个图像间的相似度。因此，图像之间可以通过相似图连接起来。可使用图聚类技术，如 N-cuts，进行脸部图像聚类，所得到的人脸图像聚类结果如图 5-13 所示。进行脸部图像聚类之后，可以再进行人脸识别，将一个标签赋给一个聚类中的所有脸部图像。

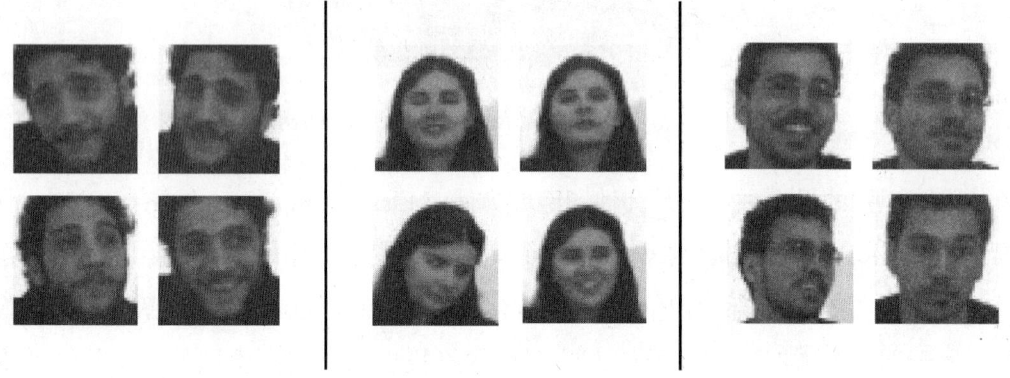

图 5-13　三个人脸聚类

5.4.3 脸部表情识别

脸部表情识别是情感计算和人机交互中的重要任务。例如，微笑识别可以在拍摄图像时帮助新手。在视频检索中，好看的表情，如面带微笑的演员和政治家的图像是往往是人们想要的。可以使用可变形的脸部模型识别表情，因为脸部表情是脸部肌肉形变的结果。例如，免冠照片的场景中，可以使用如图 5-14 所示的 Candide 人脸模型。我们可以使用该模型拟合人的面部头像，通过水平、竖直拉伸脸部模型，使该模型分别符合面部头像眼睛间的距离、嘴与眼睛之间的距离。接着，可以进行模型变形，使之更好地适应所有重要的脸部特征。然后，模型中的结点可以在脸部表情形成的过程中跟踪人脸基准标识点（如嘴角、颌）。通过分析这些脸部基准标识点的位置，可以进行脸部表情的识别。

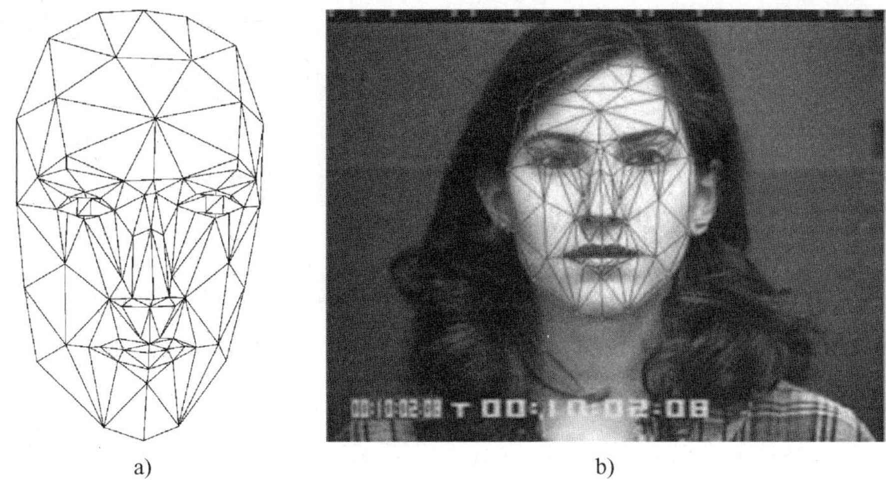

图 5-14　Candide 人脸模型及拟合效果

a）Candide 人脸模型　b）将该模型拟合在一张人脸图像上

活动单元（Action Unit，AU）模型描述的是脸部表情，它是专门针对脸部模型提出的。图 5-15 给出了使用 AU 编码的脸部表情。活动单元模型来自脸部活动编码系统（FACS），它是由心理学家设计的。FACS 系统旨在辨别所有在视觉上可以辨别的面部形变。FACS 系统结合了面部形变，因为活动单元描述面部表情变化时，

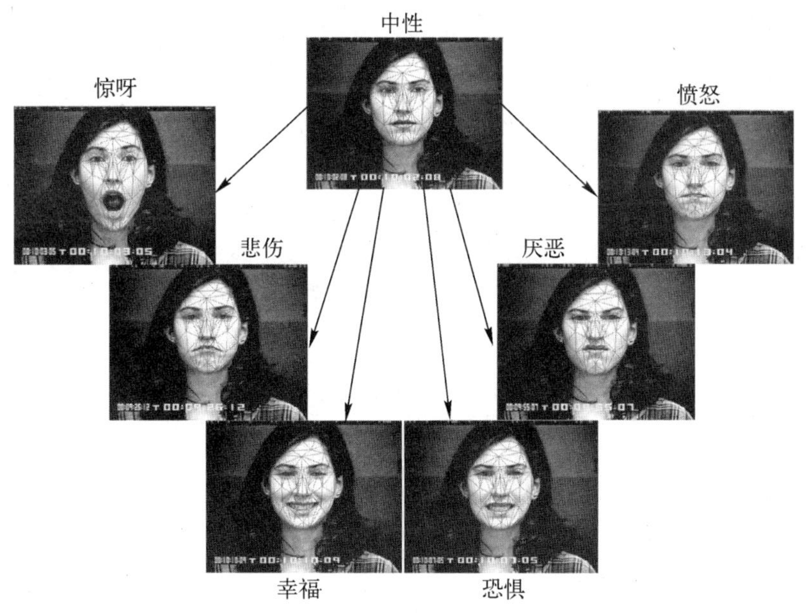

图 5-15　面部表情

面部肌肉收缩超过一次。共有 46 个活动单元描述面部表情的变化，12 个活动单元描述凝视方向和头部姿势。如果能在面部图像和视频中自动识别这些活动单元，就能用它们做表情识别。

针对脸部表情识别，人们提出了其他使用子空间图像表征的技术，如 PCA、LDA、NMF。这些技术没有使用网格形变，它们较快，但是在表情识别的过程中存在图像错位的问题。因此，需要在脸部表情识别之前，进行正确的人脸图像配准。

其他的人体和脸部表征

FACS 系统是基于人类心理学的以及其他方法定义的脸部特征点，称作人脸定义参数（Facial Definition Parameters，FDP）。使用所谓的人脸动画参数（FAP），FDP 可以动态移动。FDP 与 Candide 网格结点相关。图 5-16 所示给出了用于定义

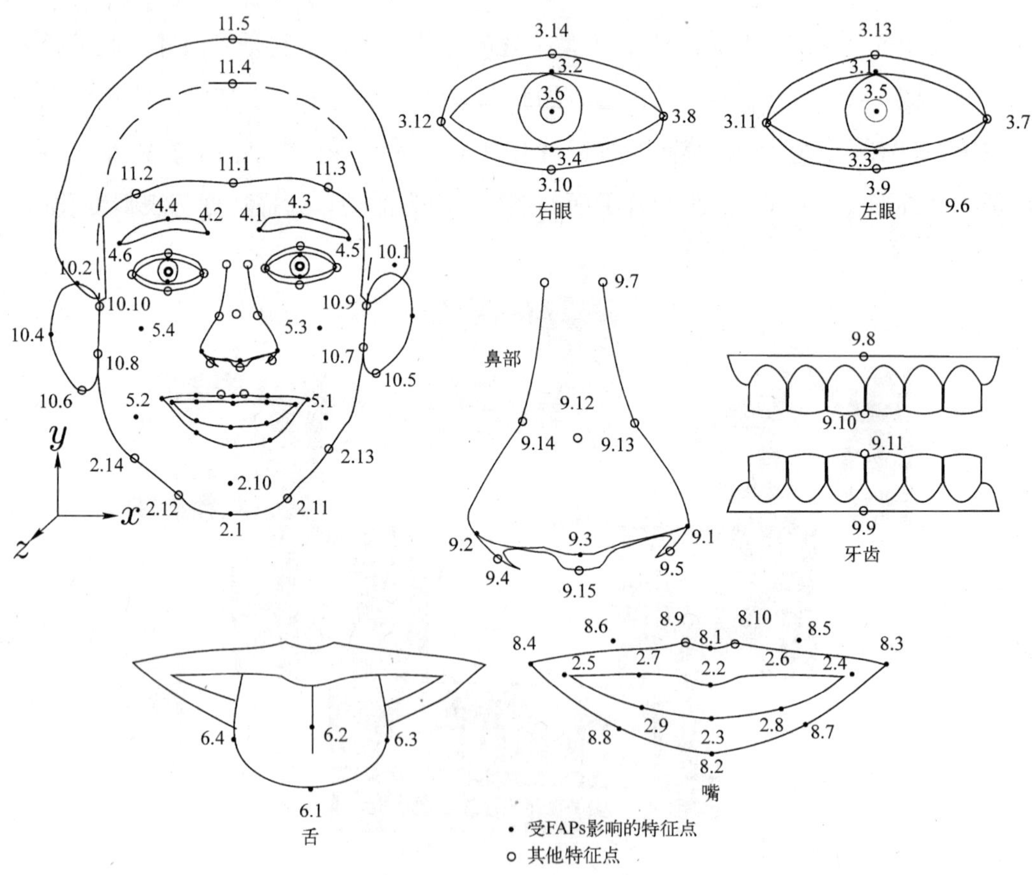

图 5-16　人脸定义参数

头型和脸部特征点的位置点。MPEG-4 编码中所用的 68 个人脸动画参数与肌肉形变和活动单元紧密相关。FAP 脸部运动参数表示一套完整的基本头部运动，如脸部、舌、眼睛和嘴部的活动。因此，FAP 脸部运动参数能够表示人脸的自然表情。MPEG-4 中为人体几何描述（Body Definition Parameters，BDP）和身体运动描述（Body Animation Parameters，BAP）定义了类似的参数。总体来说，人脸图像中的 FDP 定位并非易事。然而，如果 FDP 定位能够正确进行且描述人脸活动的 FAP 参数能够正确地估计，那么，我们可以准确地对面部几何和活动，包括脸部表情，进行高效地编码。同样的结论也适用于 BDP 和 BAP 估计，以对人体几何、姿势和活动进行描述。

5.4.4 人的活动识别

人的活动识别近些年来一直是研究的热点。许多工作围绕分割前景/背景图像展开，如图 5-17 所示，人的活动与背景独立。活动识别通常取决于训练阶段和相关的训练数据。当预测新的活动序列时，分类器须从有限的活动集数据中进行选择。

   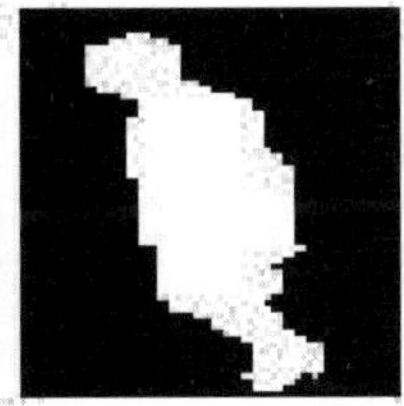 

图 5-17 二值身体轮廓

其中的一种方法，如图 5-17 中所示的，训练图像轮廓的一个数据库分别表示人体的姿势，称为 Dynemes（人体简单、基本的动作序列）。每个 Dyneme 可以看作外观相似的若干个身体姿势的平均值。图 5-18 给出了 Dynemes 的例子。训练阶段得到了 Dyneme 向量，然后，每个身体轮廓可以通过它与不同的 Dyneme 间的距离表示，因此，每个身体轮廓得到一个 Dyneme 空间表征。对于训练阶段的每个图像，先计算它与所有 Dynemes 的距离，然后将得到的距离向量作为分类问题的输入。

图 5-18 人体的运动图像序列（Dynemes）

在识别阶段，测试的新二值身体轮廓与训练阶段的身体轮廓的预处理相同，即找到它在 Dyneme 空间中的特征向量。最后，计算该特征向量与训练阶段中已有动作的 Dyneme 向量的最小距离，预测身体轮廓的标签与 Dyneme 空间中离它最近的动作类的标签相同。该方法在知道相机和身体位置，且以该位置在实验中不变的前提下，能够取得较好的识别结果；否则，就需要借助其他的多视图或与视图无关的动作识别方法。

5.5 视频对象分割

视频分析中非常重要的一步是视频对象分割，将一个视频帧分割为包含不同场景元素的区域。前景和背景的区分是最基本的，以将 CGI 背景无缝地插入视频帧中。还有更多的前景分割技术，如多个演员和道具的情形，当虚拟的演员被放置在某人或某物前面时，遮挡可以保持。视频对象分割技术也是 3D 角色重构中非常重要的一步。

背景分割中最流行也是最简单的技术是，在单色背景下拍摄场景，并使用色度键控（chroma-keying）来确定背景像素。尽管用什么颜色都可以，但最流行的是使用蓝色或绿色背景。色度键控本质上是将“太绿”或“太蓝”的像素标记为背景色。蓝色和绿色屏幕的优势在于，人类看到的自然色都有低蓝色组分在其中。相反，金发（blonde hair）有相对高的蓝色组分，增加了前景像素被误标为背景色的可能性。当然，如果部分前景色需要是蓝色的，那么倾向于使用绿色屏幕。使用蓝色或绿色屏幕拍摄场景时的照明需要仔细设计，以避免/最小化溢出（spill），即背景色对前景主题的反射。

学术界提出了一些更高级的图像分割算法，以在非单色、杂乱的背景下确定背景像素。为了更好地发挥作用，这些方法需要不同程度的人工参与。全自动的方法抽样图像外边界的背景颜色分布，抽样图像中间区域的前景颜色分布，然后根据像素的位置、颜色和近邻信息将其划归为背景和前景。另外一些方法采用用户初始化。例如，一个用户需要勾勒出前景目标的粗轮廓，或大概标记它们的内部。图 5-19 所示给出了视频对象标注的一个例子，这个视频来自在欧盟 i3DPost 项目，是对《国王迈达斯的故事》（The story of King Midas）的后期制作。后期制作目标是使用 CGI 来演示女王转变为金尊的过程。由于影片制作业有极其高的质量标准，自动分割技术不太可能完美地工作。因此，用户指导和干预是必须的。

图 5-19　视频对象分割

a）原始图像　b）分割出的图像

有时，如在视频编码中，需要分割移动对象。这种情况下，移动对象描述为 VideoObjects（视频对象），它们一般是连续视频帧中的对象轮廓。移动对象分割既可以基于视频对象内部的纹理/颜色相似性，也可以基于对象的形状和随时间的位置连续性。

5.6 目标追踪

在很多情况下，人们只对一个目标或人的运动感兴趣，而不是整个视频帧的整体运动场，这可以通过多种二维、三维的目标追踪技术实现。在这种背景下，目标指一个人或场景道具。如果使用二维目标追踪，三维信息可以通过每个相机的二维追踪结果进行推断。从定义来说，目标追踪算法需要初始化之后才能开始追踪。初始化可以手动地完成，也可以通过人脸检测器或目标检测器完成。

窗口追踪是最简单的目标追踪。给定第一个视频帧的一个初始的对象 ROI 位置（如矩形窗口或椭圆窗口），窗口追踪算法搜索后续帧，以期找到与初始窗口或最后追踪结果最相似的那些窗口。这种相似度的度量有许多不同的方法，最常见的是互相关（cross-correlation）或平方差的总和。在新的视频帧中的搜索空间可以限定在前一个结果的周围。图 5-20 给出了一个这样的追踪示例。

图 5-20　人脸检测与追踪

特征点追踪使用几何图形特征，如边缘线、角、SIFT 点、椭圆等。这些特征聚合起来，就形成了追踪目标的表征。通过在视频帧中计算这些特征并将每个特征与下一帧的对应特征匹配起来，我们能找出一些新特征集合，以捕获目标在下一帧中的位置。

如果有追踪目标的先验知识，如该对象可以通过一组纹理来表示，那么，可以通过旋转、扭曲合适的纹理，并与视频帧匹配的方法（如互相关）实现追踪。

也可以使用蛇形曲线追踪目标或演员的轮廓。轮廓（蛇形曲线）初始化为目标的周围。在后续帧中，轮廓会根据新的视频帧的边缘图进行变形，同时仍保留某些弹性或刚性约束。这项工作可以通过类似 B 样条（B－splines）的技术完成。最后，还可以使用变形模板，不过，这种情况下，必须事先使用模板对目标建模。

多数追踪算法的限制在于误差累加。由于每个追踪结果都不是完美的，非目标的特征或区域可能被包含在追踪窗口中并随着时间的推移弱化跟踪器，以至于追踪前景或另外一个目标。因此，目标检测和关联的概念正在兴起。它不同于传统的在视频帧中追踪目标的方法，而是在每个帧中使用目标检测算法，将最新帧检测出来的窗口与前一帧检测出来的窗口进行匹配。这种方法的优势在于，不能与前后帧匹配的窗口可以去除，减少了检测假正率的数量。而且，漏检的结果可以通过前后帧中相关联的检测中插值（修正）出来，弥补了检测器的假阴性（假负率）。

在离线追踪的任务中，如后期制作，所有的视频序列都是可用的。因此，我们可以同时使用前景和背景追踪，以建立检测的关联性。而且，在多视点视频中，多视点下的检测可以关联起来以提高检测性能。

如果拟追踪的目标是有关节的，如人的身体，则使用模型跟踪会更加方便。首先建立一个有关节的二维或三维人体模型，如图 5-21 所示，该模型一般包含头部、上臂、躯干、两上臂、两前臂、两大腿和两小腿。这些身体的部件按照人体解剖学的方式连接起来。模型的姿势允许双肢连接点在小范围内不相交。然后，用它确定人体的 3D 姿势。当使用新的视频帧测试人体追踪时，通过修改当前模型的配置参数、旋转和拉伸四肢，会产生若干可能的姿势。所产生的 3D 姿势，通过投影在图像平面上，同图像进行匹配。这种匹配包括边、背景/前景分割、颜色分布等。也可以在 3D 姿势上附加一些限制，以避免常见的基于模型的跟踪方法的缺陷，包括两只手臂或两条腿最终组合在一起，成为一个实际的人肢的情形。这种情形可以通过考虑 3D 姿势先验概率进行处理，引入对称性限制或增加一个互斥的属性以将其成对的四肢分开。一种更快但精度稍低的方法是为人体的姿势创建外形模板数据库，将其组织成树状数据结构，并使用模板匹配技术估计目标姿势。

目前已有若干 3D 追踪方法，根据任务的不同，这些方法可以选择不同的复杂度。为了追踪演员的头部，只需在 3D 重建的过程中寻找一个盈满的且被第 2 个更大的或空的立方体包围的立方体，且其底部边与第 1 个立方体在同一平面上。当虚拟的演员同真实的演员讲话且必须注视着真实演员的头部时，追踪头部和 3D 姿势是有用的，以使渲染的场景更加真实。为了在体素重建空间中跟踪身体部件，其中

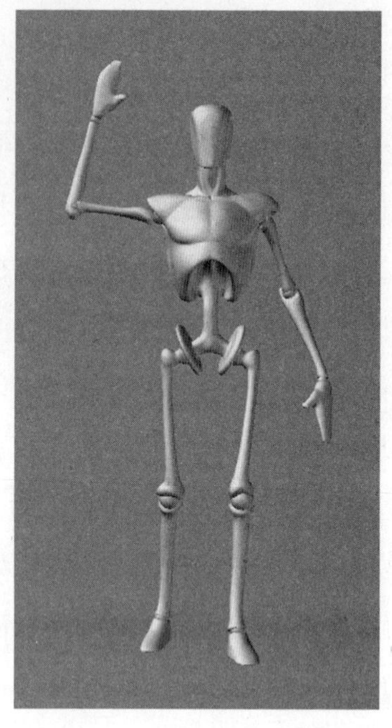

图 5-21　铰接式人体模型

一个方法是建立人体的骨架。然后调整该模型，直到匹配重建的 3D 体素块（blob）。

5.7　目标检测与识别

目标检测可以使用与人脸和身体检测类似的方式处理，使用基于 Haar 特征的级联剔除方法或基于 HOG 描述的分类器。然而，目标检测显著有别于计算机视觉中的其他任务，如人脸识别、人的检测、情感识别等。这是因为一类对象可能包括一个庞大、繁多的，本体意义上或视觉上不同的实体，如图 5-22 所示。而且，对于物体而言，识别（哪一个）与归类（哪一类）的界线其实很模糊。这是因为，不同于人，物体没有一个独一无二的标识，而且很多物体可以有多个近乎完全相同的复制品（如同一款汽车）。目标识别的另外一个特征是，除了少数几类径向对称的物体，不同的物体从不同的角度呈现出不同的视觉效果。

关键词装袋方法（bag of keywords）是目标识别的一种方法，它是符合计算机视觉当前的发展趋势的。该方法使用局部图像特征点作为对象的描述，然后使用诸

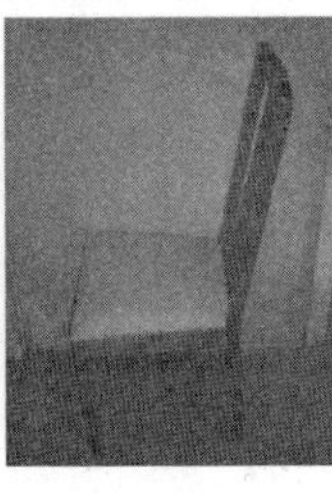

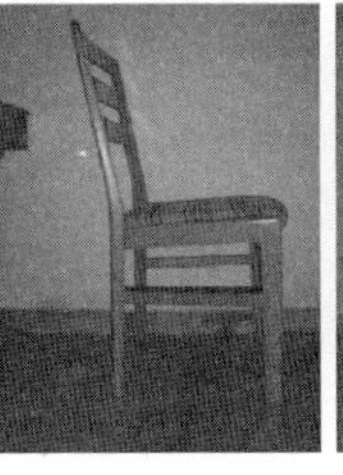
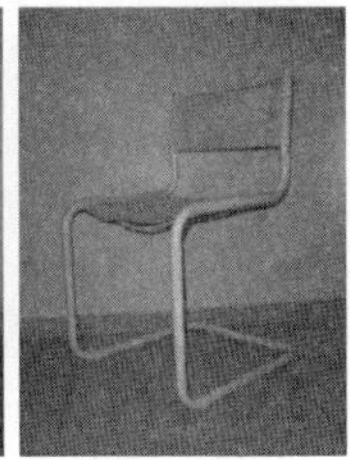

训练集　　测试图像

图 5-22　椅子识别所用的图像集合

如 SVM 之类的高性能分类算法对其进行分类。在有标签的图像训练数据中，局部特征点的抽取包含两个独立的模块：特征点检测器和特征点描述。一种较好的组合是：①使用 Harris 类的特征点检测器，它在几何转换方面很健壮；②使用 SIFT 作为特征点描述，它包括一个在 4×4 图像网格的 8 向平面上计算出的高斯导数集合。对这些局部特征描述进行聚类，得到若干类别。聚类的目标在于提取特征点的概率分布。将一个特征点归类到某聚类的特征称为 SIFT 描述。聚类之后，保留各聚类的中心。计算训练数据中每个图像的特征向量，该特征向量是一个归类到不同聚类中心的特征点数量的直方图。

然后，使用所有图像的特征向量，训练一个分类器（如 SVM）。根据训练图像样本分类情况的不同，分类可以产生目标识别、目标类别识别和目标验证。

为了判定图像中所描述的是哪一个对象（物体），可以采用类似的步骤：检测 Harris 特征点，抽取 SIFT 特征描述，然后将该特征描述归类到之前计算的聚类中心，划归到不同聚类的特征点的数量将形成一个直方图，最后输入到之前训练的分类器（如 SVM）中进行分类。

第6章

视频制作

6.1 引言

几十年来，电影电视制作一直是数百万美元的产业规模。大型电影制作工作室在现代电影的制作和市场上投入了巨额资金。电影制作使用了昂贵的设备和最新的技术。艺术家需要投入无数个小时的时间以取得高品质的电影视觉效果。本章将介绍电影制作过程，尤其是重点介绍与数字视频相关的内容。规模较小的电影，由于预算的限制，其制作的过程与电视制作的过程类似。

在实际的电影制作之前，有一个启动的阶段，称为写作和开发阶段。这一阶段决定电影的基本想法、故事、人物、意境。制片人会聘请一个或多个编剧使得故事变得充实，然后提交给投资人。一旦资金落实或得到“绿灯”之后，电影制作就可以开始了。电影制作基本上有三个步骤：前期准备阶段，为开机做必要的准备；在制作阶段，进行主要的影片拍摄，以及对话配音和音效的制作；最后，在后期制作阶段，进一步处理拍摄好的镜头，增加视觉效果，提高审美度，并由电影编辑最终合成影片。图 6-1 所示给出了电影制作流程图。

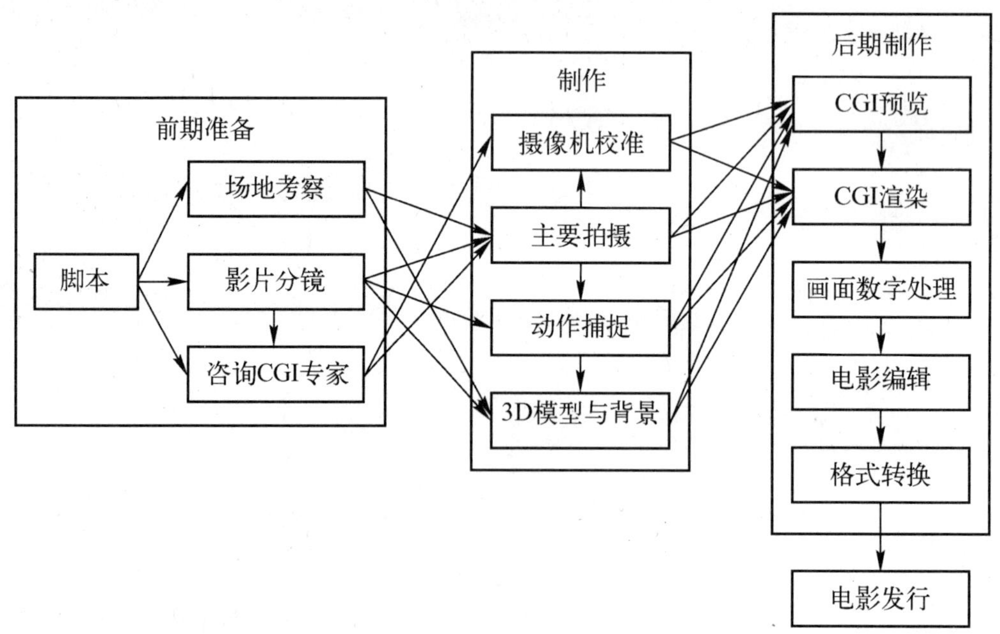

图 6-1　电影制作流程图

6.2 前期准备

前期准备是筹划阶段，以尽量保证拍摄的顺利开展。导演负责将电影的概念变得栩栩如生。导演通常会有一个制作经费预算，聘请剧组人员，包括摄像机操作人员、摄像导演、音乐作曲人、编舞、服装道具设计师，以及其他人员。剧本由艺术家进行影片分镜（storyboard，以图表方式，将连续画面以一次运镜为单位分解，并标注运镜方式、时间段长、独白、特效等），以便导演和其他工作人员对将要拍摄的内容有大体的了解。有必要时，还可以搭建场景。选角导演为电影的每一部分寻找合适的演员。导演还需要选择拍摄地点，进行相关的安排，并组织制作，确定拍摄的计划。

如果在影片制作的过程中需要计算机合成图像（CGI），还需要制订更多的计划。咨询图 CGI 团队的专家，以确保在电影制作过程中 CGI 图像的插入能够简单、平滑。现代的 CGI 效果是高分辨率地进行渲染，这需要很多的时间和计算资源。因此，提早规划 CGI 制作是非常重要的，以便 CGI 专家提前对摄影人员提出一些要求，以制作好的、效果佳的 CGI。

6.3 制作

制作，也称为拍摄，演员站在构建的场地中间，或在蓝色屏幕前，或位于摄像机正在录制的地方。除非是因为预算限制或为了某种艺术效果，否则主要拍摄的每个点上都需使用多个摄像机。例如，每个人物都有摄像机对准，演员周围甚至会有多个摄像机覆盖不同的拍摄角度。电影的现场动作片段被记录的同时，另一个制作团队有可能会处理所获取的动作捕捉相关的数据，以用于视频后期制作。下文将主要介绍视频制作方面的内容。

6.3.1 摄像机安装

专业制作时，根据场景的需要，摄像机通常放置在摄像机安装设备上。不过，在极少数的情况下，摄像机是完全手持的。最简单的摄像机安装很类似于三脚架，使摄像机稳定。图 6-2 所示展示了放置在三脚架上的多个摄像机。摄像机也可以安装在车上。有轮的摄像机座可以保证固定摄像机的高度和竖直角度，同时允许在水平面上的移动和转弯，在现场电视转播中，这种摄像机很常见。当对摄像机运动的精度要求较高时，摄像机可以安装在沿轨道行进的车厢上，如图 6-3 所示。需要摄像机竖直运动时，摄像机可以安装在摇臂上。如果一个场景要求的摄像机运动极其复杂，则可以在具有多关节的机械臂上安装摄像机。还有很多不同种类的放在人身上的摄像机支架，一个简单例子是头盔或肩膀支架。还有更复杂的放在人身上的支架，它们通常包括一个背心，用于将铰接臂固定在放置摄像机的操作者身上。这样，摄像机的重量加在了操作者的躯干上，所以手臂就不会累。为了摄像机更加稳定，也会使用弹簧和陀螺仪。最后，也有有轮的、手动操作的机械臂摄像机支架。

图 6-2　户外拍摄场地中放置在三脚架上的 3 个摄像机

图 6-3　安装在沿直轨道行进的车厢上的摄像机

6.3.2 摄像机移动与镜头

摄像机的运动有 6 种自由度。而且，很多摄像机镜头参数可以根据制作需要进行调整。摄像师已经为摄像机的各种动作开发了一套术语，如图 6-4 所示，这套术语被频繁地用在他们的业务中。当摄像机原地向左/向右转向时，这种运动称作摄像机摇移（camera pan）。不增高或降低摄像机、将摄像机视角上下运动时，称为摄像机俯仰（camera tilt）。在水平面上沿着直线，平滑的摄像机运动称作摄像机小车（camera dolly）。需要说明的是，小车前进时，摄像机的视角与摄像机行进的方向是独立的，当摄像机沿着围绕着演员的一个轨道上移动时，这种运动称作摄像机车（camera truck）。

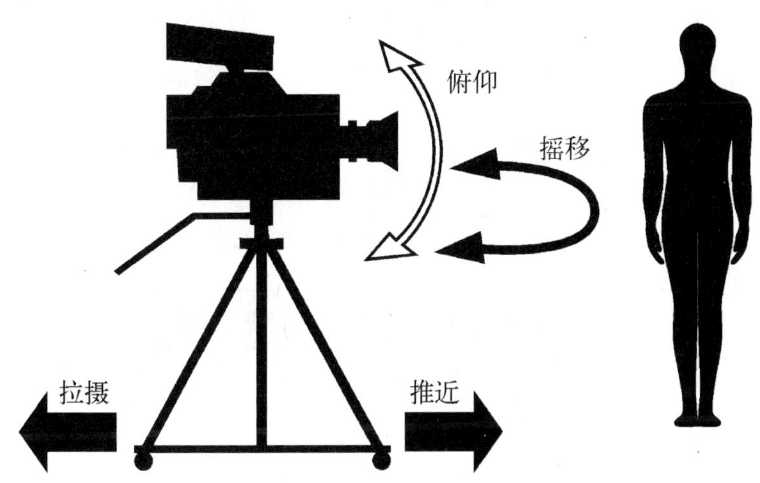

图 6-4　摄像机摇移/俯仰/平滑运动

摄像机镜头的改变也会影响到所捕获的图像。摄像机变焦会改变镜头的放大倍数。放大图像称作放大（zoom-in），相反，称作缩小（zoom-out）。摄像机焦距的改变会影响拍摄的焦点，而焦点本质上决定了拍摄主题与摄像机的最优距离，以更容易地捕获主题。离摄像机太近或太远的对象成像时将会模糊。导演有时将拍摄的焦点从前景变到背景，或从背景变到前景，也可以将镜头的缩进/缩出与摄像机的运动结合起来，产生所谓的小车变焦效应（dolly-zoom effect）。在这个效应中，摄像机平滑前进的同时，放大主题或在靠近主题时缩小焦距，这会产生演员在拍摄过程中不动，而背景似乎在放大或缩小的效果。

6.3.3 拍摄类型

镜头是一个不间断的录像中的一段视频序列。如果一个镜头拍摄多次，则每个镜头的实例称作“带”（take）。摄像机的位置、方向和镜头参数（如焦距）决定了拍摄的类型。

镜头的种类并没有严格的分类标准，大致可以分为以下几种类型的镜头：广角镜头（wide shot）或远镜头（long shot），它们在帧中完整地包含整个目标或主题；中景镜头（medium shot），包括演员的上半身；特写镜头（close-up shot），重点突出一个演员的头部和肩膀；反向特写镜头，特写其他演员的头部和肩膀。当两个演员对话时，特写镜头和反向特写镜头通常会进行交替切换。由于时间和预算的限制，这种交替切换也是电视中的首选方法。深度特写镜头用于进一步拉近镜头，突出演员的详细信息。切入的镜头（cut-in shots）用于展现演员头部之外的其他部分，如手部，以吸引观众注意手势。切出的镜头用于拍摄主题之外的其他内容，以告知观众其他场景相关的信息。视点镜头（point-of-view shots）用于从主题的角度进行拍摄。过肩镜头（over-shoulder shots）用于从主题的后上部进行拍摄。图6-5所示给出了广角镜头和特写镜头的示例。

a)

b)

图6-5　镜头示例

a）广角镜头　b）特写镜头

6.3.4 灯光

场景的照明条件在镜头的艺术和技术质量上起着重要作用。从艺术上来说，照明多数时候应该是现实的，也就是说，它应该来自于场景的光源，且不会导致多个反差阴影。在少数情况下，可以使用更有创意的灯光，以向观众传达心情和情绪。从技术上来说，当照明变换时，摄像机在拍摄每个镜头前应该进行白平衡（white-balanced）调节。这是因为，尽管看上去一样，同样的白色可以有不同的温度。例如，阳光白明显比一些人造光源的白色的温度要高。根据白平衡错误所在的一侧的不同，不正确的白平衡会导致偏蓝或偏红的镜头。数码摄像机能够自动进行白平衡，通过在所需的照明条件下使用白卡（white card），以及使用合适的白平衡控制。

实际应用中，有两种基本类型的光照设备，即聚光灯和泛光灯。聚光灯通过透镜或椭圆形反射镜提供窄波束的照明。而泛光灯照亮的空间范围更广阔。聚光灯的光源是高度各向异性的、定向的。泛光灯由两个或更多的灯组成网状，以更好地散射辐射光，得到不同于聚光灯的非定向光。泛光灯可以用于减少聚光灯投射带来的目标阴影。根据设置的不同，泛光灯可以提供环境光（ambient light）。

6.3.5 动作捕捉

动作捕捉（motion capture）是获取演员动作数据的过程。它可以用于构建虚拟3D 人物或目标模型动画的基础。这种动画通常是由 CGI 工具在后期制作时生成的。当使用 CGI 描述人或人形主体时，保证目标按照自然的、跟人相似的移动是很重要的。手动勾画这些动画是非常费时的，而且会导致不自然的移动，让观众感到不舒服。在此情形下，需要使用动作捕捉，以快速、简单地得到自然衔接的动作数据。动作捕捉有几种不同的方法，需要不同的设备和不同程度的用户参与。可以使用机械捕捉器、磁捕捉器、超声捕捉器或视频捕捉器。演员通常穿戴氨纶套装和表情产生器，如图6-6 所示。设备片（pieces of equipments）通常放置在演员的关节上，因为它们包含了演员身体姿势最有关的信息。演员开始移动，并捕捉其动作，其身体姿势数据也映射在一个人体骨架模型上。该骨架模型可以部署在 3D 的 CGI 人体模型上，达到与人相似的运动效果。

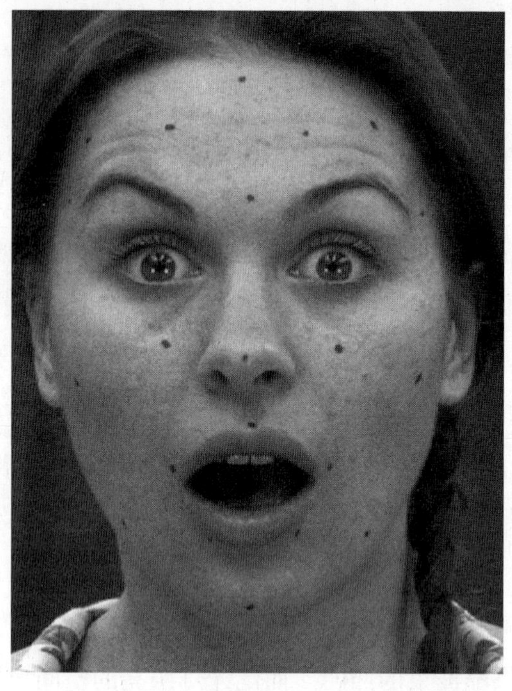

图 6-6 饰有面部视觉标记的女演员

捕捉的数据的质量好坏由 4 个因素进行衡量：准确度、抖动、漂移和延迟。准确度衡量了捕捉的数据与真实的数据的总体偏差；抖动衡量了捕捉数据的噪声，表示待捕获的点事实上是静止的，但在捕获时造成了其位置轻微波动的程度。漂移指捕捉的动作数据的质量随时间下降的程度；延迟指捕捉系统捕捉演员动作的反应时间，以及捕捉的动作数据的更新速度。

作为第一代动作捕捉系统，机械跟踪器（Mechanical trackers）使用连接两个直线刚性载体的传感接头。这些传感接头直接测量两个邻接载体的两个角度：它们的弯曲角度和扭转角。通过获取载体和它们的相对角度，可以分级地取回所捕获的人体姿势。表演时，演员在四肢、胸部和臀部穿戴具有传感接头的刚性载体。机械跟踪器高度准确，且没有视觉遮挡问题；但是相比其他追踪器，机械跟踪器显得相对笨重，会带来额外的惯性或摩擦，这些会干扰演员的动作。

机械跟踪器还提供了一个有趣的、用于非人形动画模型的计算机程序，在每个关节上穿戴传感接头，就可以按照一定的比例建立目标的真实模型。这个真实模型可以手动调整，与停止运动的方法类似。然后，可以从传感器获取关节的角度并用于制作非人形的骨骼动画。

由于演员的活动自由对于动作捕捉是相当重要的，人们发明了不需要附着在演员身上的非接触式追踪器，以替代机械跟踪器。磁跟踪器（Magnetic trackers）通过发送结点和两个接收结点的三个正交线圈，计算相关的角度和位置。这些线圈用于衡量发送结点和接收结点的磁场变化。正确校准后，这些结点组成的系统可以从磁场测量、推断相对位置和角度。由于磁跟踪器不附着在身上，故它们很容易被其他磁场干扰。为此，人们又发明了超声波跟踪器（Ultrasonic trackers），它使用一个静态发射器来推断移动接收器的位置。发射器在一个小的等边三角形的顶点上放置三个扬声器。每个接收器在更小的等边三角形上放置三个传声器。发射器发送三个超声波，这些超声波在不同的时刻到达每个接收器的传声器端。这些接收的时间延迟可用于计算发射端扬声器和接收端传声器之间的9种距离。通过三角测量，这些角度可以用来解方程系统，根据发射器的位置推断接收器的位置。

任何视觉标记的方法都需要捕捉演员动作的多个镜头的同步。视觉标记分为主动和被动两种类型。在被动情况下，在演员身上合适的地方涂有反光涂料，在捕捉位置的摄像机的对面都有明亮的灯光。演员按要求进行表演，并由多视角摄像机录制。录像之后，建立每个标记及其在多个摄像机上的不同视图的对应关系。这一过程可以手动完成，或通过特征匹配算法完成。根据标记在多个视频帧中的二维位置和摄像机的校准参数，可以通过三角测量计算该标记在三维空间中的位置。视图越多，结果就越准确。然后将该三维标记映射到人体骨骼模型上。主动标记的工作方式与被动标记类似，唯一的不同之处在于，标记点自己会发光，而不是使用反射光。其他步骤与被动标记相同。也可以同步主动标记，同一时刻只有一个标记发光，各标记顺序点亮。此时，在每个摄像机上关联标记点的二维位置就变得很简单了，不需要之前的人工干预和处理。但摄像机的帧速需要足够高，这样，同一个标记点的两个连续被捕捉的位置在空间上才不会离得太远。

类似地，也可以捕捉演员脸部的实时表情，并使用捕捉到的数据直接生成CGI人物的表情，或用于生成非人脸的表情。可以通过摄像机拍摄演员的脸部，且视觉标记点放置在脸部的关键点之上来完成上述功能。

较新的身体特征点跟踪器并不需要将视觉标记点放置在人体身上，它使用自然特征点（如嘴角、眼角特征点）进行检测和追踪。然而，这种追踪器存在特征点丢失和追踪不准确的问题，需要不时地半自动初始化。

6.3.6 动作和场景录制

在胶片时代，影片的摄制使用的是一个主摄像机并保存在胶卷上；2000 年之后，电影被数字化以便后期制作；从 2010 年开始，数码摄像机用于电影和电视录制。而且，除了主摄像机之外，其他的多种数码摄像机也用于动作和场景录制，同时使用其他设备捕捉视觉纹理和几何特征，以进行 3D 场景和动作建模，以在后期制作中取得更好的 CGI 视觉效果。总体来说，现在期望的是捕捉整个 4D（3D 加时间）世界。这相对于几年前还在使用的镜头捕捉来说，是一个大的飞跃。

为了实现上述目标（捕捉 4D 世界），可以使用多个摄像机录制动作，而不只是一个主摄像机。而且，可以使用若干高分辨率的见证摄像机（witness camera）从不同角度录制动作。立体摄像机也可以用于动作录制，尤其是制作 3D 电视和 3D 电影的内容时，以进行动作、物体、场景的 3D 重建。深度摄像机（depth camera）可获取深度信息，并创建演员身体或三维场景的深度图。Kinect 是这种流行的经济摄像机的一个典型代表。1000 frame/s 的高速摄像机用于记录慢动作。动作捕捉摄像机或系统可用于记录、追踪演员的动作。在一些情况下，也会记录摄像机校准、动作和镜头信息以及光源信息。

使用高清晰的单反数码摄像机（DSLR）拍摄场景中成百上千张图像，使用下面将要介绍的未校准的 3D 场景重建技术，捕获 3D 对象集合的几何结构和视觉质感。这些图像可用于制作高动态范围（High Dynamic Range，HDR）马赛克背景图像。HDR 摄像机比普通相机能提供更大的强度范围，能够更好地同时显示黑暗和明亮的图像区域。可用于对 3D 对象进行 360°扫描，以获取真实世界的光度数据。飞行时间传感器（Time-Of-Flight sensors，TOF sensors）可用于获得三维实物非常具体的深度图像。三维激光扫描仪（3D laser scanners）能够提供描述实体几何结构的点云（point clouds）。如图 6-7 所示，激光雷达（LIDAR）扫描仪使用激光照亮 3D 实物，并记录后向散射光，创建 3D 几何信息。3D 信息有多种来源，如 TOF 传感器、三维激光扫描仪、基于单反数码摄像机图像的 3D 几何重建、立体视差映射的 3D 信息，都能为 3D 实物对象集合创建更加准确的 3D 模型，包括对象和背景。

图 6-7 基于多激光雷达扫描仪的 3D 几何重建

图 6-8 描述了用于动作和三维实物录制的整体系统架构。整个动作和三维实物

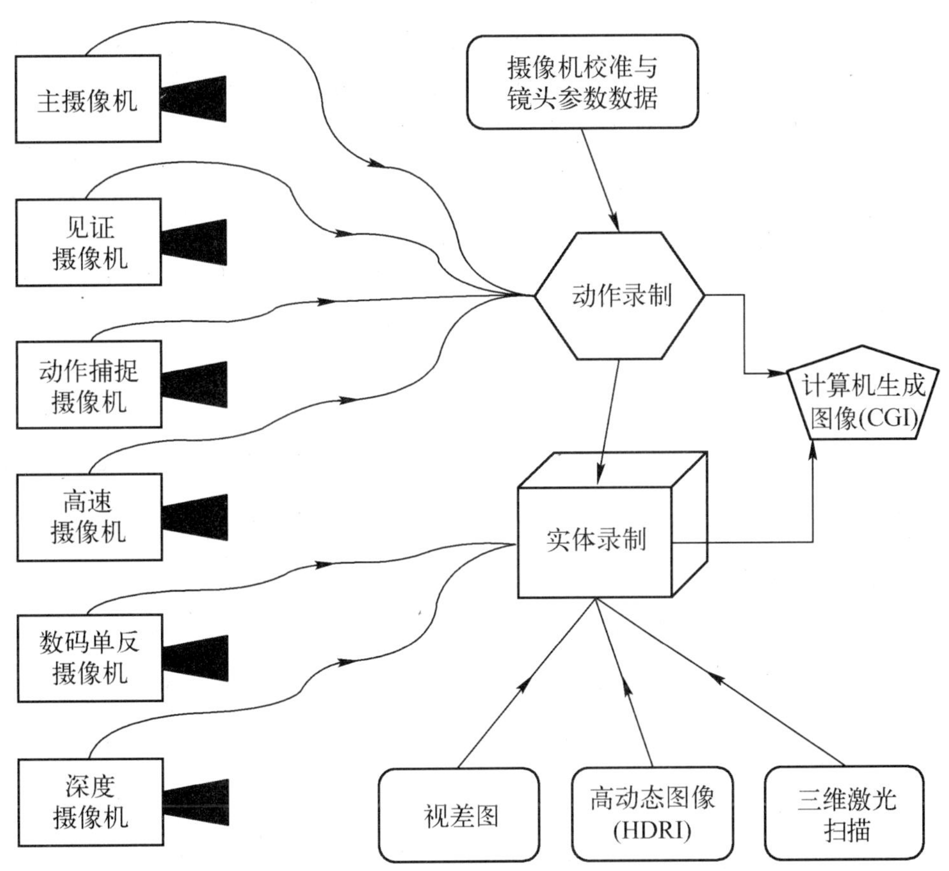

图 6-8 动作和三维实体录制的整体系统架构

录制的过程非常复杂、异步、异构，且产生了巨量的多模态数据（不同分辨率的视频、静态图像、轨迹、点云、深度图、3D 表面模型）。它为一个视频镜头动辄便产生数百 TB 的数据。一个两小时的电影可能需要对每个动作录制超过 2000 min（平均每天拍摄 20 min）。使用一个主摄像机和若干见证摄像机拍摄的电影每小时能产生数十 TB 的数据。压缩的 4 KB 视频帧速超过 40 Mbit/s。8 个高清见证摄像机采集的 4:2:2 视频每小时能够达到 6 TB 数据。例如，在作者参与的欧盟 FP7 项目——i3DPost 中，一个使用了一台主摄像机和若干见证摄像机的实验中，在 3 天的拍摄过程中产生了 60 TB 的视频。这种海量的数据获取要求现场使用大容量、高速率、高可靠的存储系统。而且，所捕获的数据还将移交给负责影片后期制作的工作室。

因为不是为具有多模特征的数据而设计的，已有的媒体管理系统（Media Asset Management System）基本上不能满足生产需要。这种数据量级的数据在拍摄过程中不可能被可视化。其后果是，在后期制作过程中发现的同步、错位或其他类型的错误，能恶化、破坏前面录制的数据。质量保证机制在这类错误的早期发现和纠正方面很有帮助。相关视频元数据（镜头中的演员身份和活动，视频质量指数）的自动抽取能够对捕捉的视频进行快速检索。快速视频预览，以及视频元数据，能够极大地帮助导演和制作人员及早发现错误。这些视频元数据也可以在后期制作过程中帮助查找、浏览所录制的视频。因此，智能的视频内容摘要、检索、浏览和可视化问题是非常重要的研究课题。欧盟项目 IMP-ART 研究的就是这样的问题。

6.4 后期制作

后期制作是电影制作过程的最后一步，一般发生在主要的摄制完成之后。数字制作技术帮助电影升级为发行版。导演/剧组也会聘请艺术家在场景中加入特效或在计算机上制作全新的场景，甚至矫正一些不想要的效果，如去掉摄影师的反射或特技演员使用的线或绳子。

如果已经在电影制作中使用了一个 35 mm 的赛璐珞胶片摄像机，则需要扫描原底片并转为数字视频。电影扫描仪能够直接将胶卷中的内容导入计算机中，且中间不需要打印胶卷中的影片。扫描得到的视频文件格式是 DPX（Digital Picture Exchange）格式。

6.4.1　计算机生成图像

在过去的几十年中，计算机生成图像（CGI）在电视电影制作中一直很流行。CGI 流行的原因是它的诸多优点。它可用于构造那些很昂贵的或真实生活中不可能拍摄到的场景，操作摄像机的视图，并最终达到导演想要的艺术效果（也包括真实效果和场景）。CGI 也使得在工作室内的摄影成为可能，而不用去考察地点、交通和恶劣气候条件。

在 CGI 技术能投入使用之前，电影制作人设计了多种其他技术以使得观众产生好奇。壮观的背景其实是玻璃上的磨砂画，其缺陷在于既不能运动又没有深度。用橡胶衣和人工彩妆的人或木偶，去描绘外星人或畸形的生物。胶片的部分曝光可以让演员在同一个场景中出现多次。在场景中需要使用大量的微型设备和道具。使用叠加图表示真人动作、停止动作，包括为一个单一帧布置道具，并在下面的每一个帧中稍稍改变每个道具的位置，生成动画序列。有时，对于摄像机的巧妙使用，如强制透视，也能让观众产生深刻印象。

第一个使用 CGI 的电影很可能是 1976 年的《未来世界》（Futureworld），该影片使用 CGI 描绘了一张脸和一只手。从那时开始，出现了很多从事 CGI 技术的先驱公司，如工业光魔（industrial light&magic）、数字特技（Digital Effects）、太平洋数据图像（Pacific Data Images）、Digital Domain 以及软件公司 Adboe、Autodesk 和 Wavefront。CGI 从原始矢量图形和纹理演化为逼真的模型，使用几百万个多边形投影，反映它们周围的环境。

在 CGI 发展过程中，具有里程碑意义的影片包括《星球大战》（Star Wars，1977 年），《特隆》（Tron，1982 年），《星舰迷航记 II：可汗的愤怒》（1982 年），《年轻的福尔摩斯》（1985 年），《柳树》（Willow，1988 年），《深渊》（1989 年），《Total Recall》（1990 年），《侏罗纪公园》（1990 年），《终结者 2：审判日》（1991 年），《割草者》（The Lawnmower Man，1992 年），《摩登大圣》（The Mask，1994 年），《玩具总动员》（Toy story，1995 年），《黑客帝国》（The Matrix，1999 年），《最终幻想：内在的灵魂》（Final Fantasy：the Spirits Within，2001 年），《魔戒》（The lord of the Rings，2001 ~ 2003 年），以及近几年的《阿凡达》（Avatar，2009 年）。《玩具总动员》是第一部全部运用 CGI 特效制作的动画电影。上述这些电影

中的多数都被奥斯卡提名，甚至获得了当年的最佳视觉效果奖。

1. 立体和多视点的摄像机设置

本章讨论的多数后期制作技术都需要电影场景中的 3D 结构信息。虽然一个单一的单眼摄像机也可能获取到这样的信息，但通常使用立体摄像机或多个摄像机设置，以更准确地估计相关的参数并进行渲染，进而更好地完成从真实世界到虚拟计算机世界的映射。

立体摄像机是一个具有两个或更多透镜的设备，每个透镜自带有传感器阵列以拍摄照片。或者，在事先知道透镜的相对位置的前提下，使用一台立体摄像机上的两个摄像机产生立体视频（左右声道）。如果摄像机参数的是已知的，则每个像素的深度可以通过差异估计来计算。然后，提取所拍摄对象的深度图，生成一个纹理三维网格。所以，可以根据一个人的左/右照片和所得到的深度图进行 3D 场景重建。

在多摄像机的情况下，所使用的数码摄像机可以同时连接到一个台式机上；或只有第一个摄像机连接到台式机上，后续的摄像机连到前一个摄像机上；或者上面两种方法结合使用。多视角摄像机体系需要解决的主要事宜是摄像机同步。在拍摄的过程中，每个摄像机必须以很小的误差同时捕捉视频帧，但可以通过使用连接电缆上的硬件同步信号来实现同步。

立体视频制作对立体电视（3DTV）非常重要，其特殊性源于人们感知 3DTV 深度信息的方式，本章后面会讲述相关内容。

2. 摄像机校准

摄像机校准（标定）是一个摄像机内参数和外部参数的推断过程。内部参数包括摄像机焦距、宽高比、像面中心坐标和镜头畸变；外部参数包括摄像机旋转和平移参数。

在多个摄像机设置中，摄像机校准是一个很基本的要求，以建立对现实世界中的场景和虚拟世界中的 3D CGI 效果的映射。如果不校准，这些效果的尺寸和位置就需要手动确定，这将花费更多的时间。而位置、尺寸和透视上的失误会让观众在视觉方面掉胃口。

当今的技术能够让导演在场景中移动摄像机时，实时预览虚拟世界的样子。也可以在演员移动时，实时查看将要替代演员的CGI对象。

3. 3D场景重建

为了保证CGI的阴影和反射正确，并避免真实演员和道具与虚拟对象的出入，屏幕中的每个物体（东西）在虚拟世界中都有其对应物体（东西）所在。获取一个场景的3D表示的过程称为3D场景重建。为了使得3D重建变为可能，场景中被不同摄像机捕获的多个视图必须同步起来。初始时，摄像机可以不校准。但在3D重建时，摄像机需要校准。然而，将摄像机提前校准总是有帮助的。一些方法在重建过程中，使用了光一致性措施，以提高重建效果。光一致性措施考虑的是三维体素投影到每个摄像机帧的二维像素的颜色外观。

4. 未校准的3D场景重建

当进行摄像机校准时，摄像机也可以自校准，使用对一组摄像机可见的基准参考点，或移动摄像机的不同视点。必须建立两个或多个摄像机视图中参考点的对应关系，可以手动完成该功能，但也有自动选择参考点和对应关系的方法。通常，SIFT（Scale Invariant Feature Transform，尺度不变特征变换）特征点及其互关联（cross correlation）可用于多个视图的特征点匹配。至少定义8个满足上述条件的对应点，以估计摄像机参数，每个点都至少在三个摄像机中可见。估计摄像机参数后，点云重建3D点的坐标，通过它们在摄像机帧的二维坐标点，进行三角构造。图6-9所示给出了三个角度的3D脸部重建。

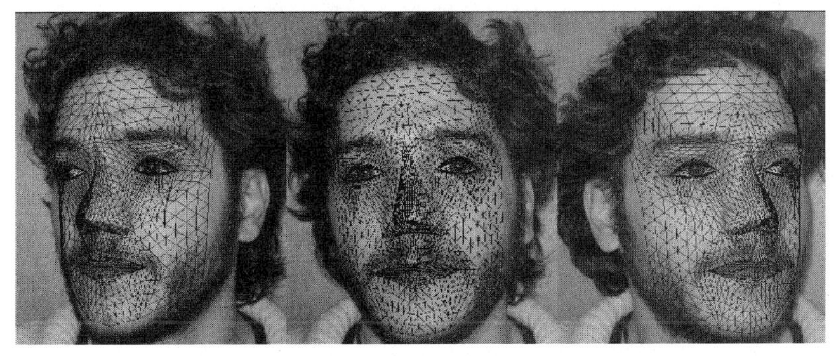

图6-9　3D重建后的人脸的三个观察角度得到的图像

5. 校准的3D场景重建

在很多校准的重建算法中，在重建之前，每个摄像机的视频帧必须分割为前景和背景。有关视频对象分割算法的更多细节在第5章中已给出。3D重建中的体积雕刻算法（Volume Carving algorithm）的基本思想是，从初始的体素（voxels，volume pixels）大小开始，通过绘制3D线消除体素。这些3D线由一个摄像头的原点和相应的摄像机视图的背景像素点定义。由于是背景像素，这些3D线中应该没有对象体素。因此，可以移除这些线经过的每个体素。最后，剩下的体素构成场景的3D重建。图6-10所示给出了一个体积雕刻算法的结果。

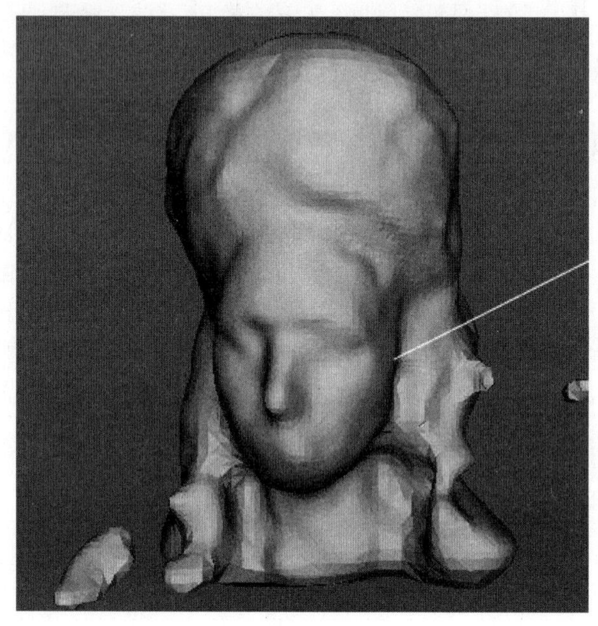

图6-10　头部的体积雕刻结果

一个改进的方法是迭代地从体积中剪切体素。从整个体积开始，假定外壳可见，在每步中，对每个可见的体素确认光一致性。如果发现一个体素光不一致，则剪掉这个体素。在每次迭代后，如果剪掉了一个体素，则重新计算体素可见性。这个迭代过程一直持续到没有更多的体素被剪除。

一个自然会涉及的问题是体素分辨率（voxel resolution）的选择（素量）。分辨率越低，算法越快，但得到的3D重建的准确度会降低且浓淡不匀。体积雕刻的另一个事宜是它处理凹陷的方法。可能会使用更多的摄像机以正确捕获凹陷，即使这样，效果至多是一般。最后，有时未消除体素的伪影会从重建的场景对象中“伸出来”，因此需要除去这些伪影。

6. 3D 计算机图形动画

使用 3D 计算机图形算法可以生成栩栩如生的 CGI 特效。设计 3D 模型的每个主题和背景，然后在虚拟场景中恰当地放置这个 3D 模型。之后，渲染整个场景。现在已有一些不同复杂程度的设计、渲染三维物体及场景的商业软件和免费软件。

3D 模型的最基本要素是多边形，以及每个表面的视觉质感、所使用的阴影模型，这些都是早年所需的要素。然而，软硬件技术的进步使得更多事情成为可能。模型可以投射真实的阴影，3D 对象模型可以通过凹凸贴图得到磨具外观（abrasive appearance）。3D 对象表面可以是反光的，并可通过递归计算得到 3D 对象表面的反射。一些材料，如金属和布，可以对其属性进行建模并且准确地渲染。粒子效果已经发展到可以真实地模拟烟雾和爆炸。

渲染 CGI 时，考虑场景照明是非常重要的。同一个对象在不同的室内照明条件下可以表现得不同，因此观众期望 CGI 对象的照明跟真实环境相同。这意味着虚拟对象的反射面必须反射正确的背景，场景照明对其颜色纹理的影响必须恰当。如果背景是计算机生成的，那么这一过程是自动的。然而，如果 CGI 将要插入到在真实环境下拍摄的电影中，那么场景照明相关的信息在拍摄时也必须获取到。可以通过在摄像机视图的中心放置一个清晰的、高反射率的灰球（称为光探测器）并拍摄一些镜头。由于是球形的，因此摄像机视图外的所有内容都会反射在球形上，而其余环境都在摄像机的前方。正确校准的软件的三维渲染程序可以基于球面几何原理和所拍摄的图像重新创建真实的照明条件。在 90°的相对角度，继续在同一地点拍摄同一球体是一个很好的思路，因为在球体上的背景反射变得太扭曲，从不同角度多拍摄一些镜头可以缓解这个问题。

CGI 人体模型的一个越来越引起关注的问题是所谓的恐怖谷假说（uncanny valley hypothesis）。我们可以发觉，虚构的人体模型越来越像人类，观众的联想现实反应（感觉）就会越强，但有一个极限值。达到这个极限值之后，观众的联想现实的感觉会快速下降，直到负值，当这个 CGI 人体模型在外表和行为上与真人极其接近之后，观众的反应（感觉）才会再次提高。这种现象的一个可能的解释是，当一个事物看上去像人时，人的一些特征可以使它更加逼真。但是，如果一个事物近乎接近真人但又不完全像真人时，它的人造特征就会凸显出来，使得 CGI 模型看上去像一个奇怪的、不自然的，甚至是病态的人，多数观众看了之后会觉得不舒服。当前的趋势是设计卡通风格的 CGI 仿人模型，以避免陷入恐怖谷的问题。

6.4.2 视觉效果

视觉效果是指对所录制的视频材料进行操作，改进视频内容并提高审美价值。它们可能需要，也可能不需要 3D 计算机图形。

一些 CGI 效果不需要精细的三维图形。背景替换是一种常见的视觉效果。拍摄的场景如果是单色背景，那么可以很容易地将其背景替换为其他来源的数字图像，或替换为一个在不同地方拍摄的没有演员的视频镜头，甚至用影视素材。图 6-11 所示给出了一个示例。照明对于这种场景的质量至关重要，因为不合适的照明可能会导致单色背景色溢出，即反射在前景演员和道具上。

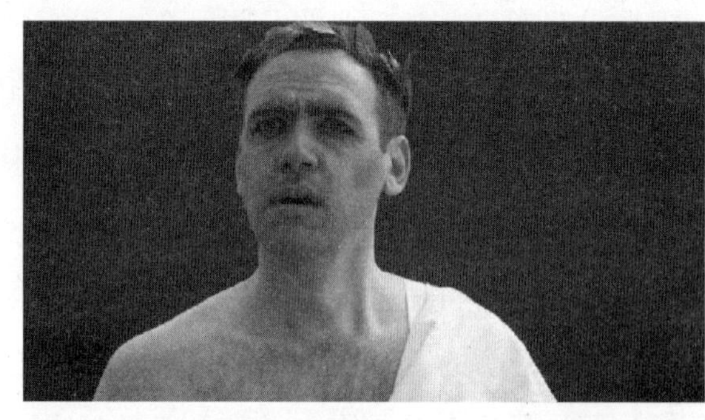

a)

b)

图 6-11　视觉效果示例

a）蓝色屏幕前的一个演员　b）背景图像插入

也可以以数字方式扩展有限的背景区域以覆盖摄像机视场。地形的三维模型，可以基于至少在两个图像中使用立体技术提取。数字地形模型可以进行缩放和旋转并置于演员之后。

人群复制（crowed replication，人群抠像）特效是另一个流行的效果。它只使用几个真实演员去制造一个有无数人的场景，最常见的是用于复制人群或军队。使用摄像机从不同距离拍摄几个演员，制作近景镜头、中景镜头和远距离镜头，然后在场景中复制、粘贴这些镜头，这一过程中总会考虑场景视角。从最远距离开始，由远及近扫描地面。在地面的每条水平线放上合适的人物素材，即近景镜头、中距离镜头或远距离镜头，然后略微缩放这些人物素材，使其脚看似在当前的地面上。

修描（retouching）有助于消除电影伪影，这些伪影要么是不知不觉出现的，如演员戴的太阳镜反射出摄像人员，要么是用于场景特技工作的绳线。也可以数字方式除去演员的纹身（如果电影中该演员不应该有纹身），或从视觉上使男演员的形体更加健壮、女演员的身材更好。

其他可以提升电影的整体外观的数字图像编辑技术有色调范围编辑和颜色分级。色调范围编辑指像素强度分布。低像素强度称为图像阴影，高像素强度称为图像亮点，其他处于中间的像素强度称为中间色调。通过非均匀分布的直方图缩放进行色调范围编辑，在较暗或较亮的图像部分得到增强，增加了图像的对比度。颜色分级（颜色校正）可用于校正那些光照问题没有正确显示的颜色；或为了使电影更加美感，使一些或所有颜色有略微不同的色调、饱和度或图像强度，如图6-12所示。当然，没有“看上去更好”的正式定义，因此它取决于艺术洞察力。主色彩校正影响所有的颜色，二级色彩校正是可选的，只影响某种颜色光谱范围。另外，也可以对在白天拍摄的场景进行颜色分级，以制造一种发生在夜间场景的效果。

一些图像滤镜也可用于一个镜头的视频帧中。最常用的是模糊（blurring）和锐化滤镜（sharpening），而其他滤镜可以改变帧透明度以与其他视频帧调配和交融。也可以在帧中加入人工高斯或其他噪声类型。其他伪影可以加入视频帧中，以呈现旧投影机播放电影的效果。甚至还有一个棕褐色调色滤波器，它使得画面看上去像是使用第一次世界大战时期的设备拍摄的。

一个有趣的事实是，镜头光晕（lens flare）是强光的折射和镜头内部反射的结果；它本质上是一个有缺陷的透镜产品。当一个非常明亮的物体，如太阳，出现在

a)

b)

图 6-12　颜色校正示例

a）原始图像　b）颜色校正后的图像效果

摄像机镜头里时，就会出现镜头光晕。光晕效果在现代镜片中并不明显，而在 CGI 中能完全避免。不过，观众已经对镜头光晕非常习惯了，当一个明亮物体进入视野时，没有光晕观众反倒不习惯了。电影制作者在适合的场景中会故意插入 CGI 镜头光晕，使得场景看上去更加“真实”，或是出于对艺术效果的考虑。

一些实用效果仍然在使用，但它们没有先进的 CGI 这么流行。对位投影是将一帧投射到屏幕上，在附着在屏幕上的透明塑料片上呈现艺术家绘制效果。它在过去一直是一个实用的效果，但现在由计算机完成。有时，烟火剂仍然在拍摄过程中使用，化妆师把烟火附着在演员身上，演员身穿紧身衣来刻画非人类角色。它在电影中的实际使用效果得到多数观众的赞赏。然而，事实证明，CGI 对多数电影制作者而言太有吸引力了。推拉变焦依然流行，它是摄像机内的特殊效果，通过将镜头从演员身上移开并拉近镜头来实现，演员的大小和位置保持大致相同。然而，当摄像机接近演员时，摄像机的视角变宽；当摄像机离开演员时，摄像机的视角变窄。这使得背景看似变大、离演员更近，使观众有一种疑惑不安的感觉。它通常用于表示演员顿悟、震惊或迷失方向。

6.4.3　自然场景和合成场景的结合

场景合成（scene composition）把所有内容合在一起，是电影后期制作中的步骤。各组成部分，现场演员，合成背景，CGI 人物，CGI 特效，位于不同（图）层中。每一层都有一个色板，表示层的哪一部分是活跃的，且须有一个深度图以表示图层之间的叠放顺序，以及阴影是如何投射的。如果摄像机是静止的、校准的，则很容易建立真实的摄像机和虚拟摄像机之间的对应关系。最后的合成是一个相对直接的过程，不过还需考虑其他更多的方面。

而当摄像机移动时，有必要知道其运动参数，以便虚拟摄像机重现/重复真实的摄像机移动。可以通过传感器硬件直接测量摄像机的移动，或使用与摄像机校准类似的方法估算摄像机的移动。有些硬件设置允许通过编程控制摄像机的移动，且能够多次重复一模一样的摄像机移动。

不管摄像机是静止还是移动，拍摄至少一个空序列场景是一个很好的做法，这个空序列场景中没有演员和道具，用于演员或道具在场景中有计划的消失，或由于一些紧急的原因决定擦除某个场景组件。

由于高分辨率全场景渲染需要海量的计算，因此使用线框或概要阴影三维模型预览 CGI 动画是可能的、可取的，以确保把项目发到图像计算机服务器开始耗时的渲染后不再需要更改。

6.4.4　数字处理、视频编辑和格式转换

影视后期制作的最后过程包括画面数字处理，编辑现有的场景镜头形成电影的最后剪切，以及将数字电影转换成合适的格式。

视频编辑是将剪切的电影片段合并在一起的过程，它对于电影的最终质量非常重要。在场景拍摄、CGI 渲染、真实动作和 CGI 镜头合成、画面数字处理之后，所有场景需要按照连续的故事情节的顺序合并在一起。一般都需要保证故事情节相关场景的连续性，而有一些不一致是为了艺术视野（效果）。视频编辑产生的故事必须是令人信服的。有时一些较长的场景必须剪切成较短的片段，以免让观众厌倦。音乐必须与荧屏中的情景匹配，而创作音乐的目的就是为了配合相关的场景。

根据具体情形的不同，场景之间的切换可以是消减、淡入、淡出、溶解。例如，一个场景开始时可以是黑暗和模糊的，然后变为明亮清晰，以表示一个人物醒来的情景（淡入）。另一个例子，一个动作或打斗场景可以沿着不同的视角大量消减，以增加现场动作或打斗的强度，并掩盖编排或动作方面的不足（abrupt cut，即突然消减）。不过，如果消减过度，观众可能无法理解动作，紧张气氛反倒被缓解了。最后，一个镜头逐渐融入下一个镜头（溶解）。图 6-13 所示给出了一个场景溶解的例子。

图 6-13　视频溶解

当今的视频编辑软件为电影编辑提供了许多便捷的工具。这些软件上有一个影片时间线和多个音视频流，对每个音频、视频流的查找是分开的，它们可以很容易地快放或慢放。编辑人员通过界面可以很容易地选择需要进入影片时间线的音视频流以及它们合并的方式，使编辑者能够很好地控制需要电影的每个结点上应该显示的场景和播放的声音。多数软件都提供了消减和溶解选项，有助于前后不同音视频流之间的场景切换。

电影的最终剪辑完成之后，根据目标媒体将其转换为合适的格式。如果需要在数字影院播出，则应使用 DSM（Digital Source Master，数字源模板）格式，它包括所有的最终的音视频剪辑，并转换为数字影院发行主文件。这些主文件包括视频流（视频帧符合 JPEG 2000 编码标准）、不同语言的音频和字幕流，以及合成播放列表，表示这些媒体流在电影中的出现顺序。对于使用放映机的传统影院，影片的最终剪辑印刷在胶卷上。如果电影是放在 DVD 中播放的，则可将视频转换成 MPEG-2 格式。而高清电视（HDTV）使用 MPEG-4 AVC 格式。

6.4.5 3D电视制作和后期制作

在3D电视（立体电视）中，使用立体摄像机生成两个同步的视频，分别称为左、右视图。后期制作之后，左、右视频频道以某种方式（如使用立体眼镜或立体显示）投射到屏幕上，使每只眼睛只看到相对应的视频频道。然后，由于立体视差，观众会产生虚假的3D感知。立体视差指观众左眼中的图像是右眼中的图像的水平平移后产生的[⊖]，反之亦然。负/零/正视差分别表示物体出现在屏幕的前面/上面/后面。

处理3D立体视频帧时，需要考虑到一些问题。这些问题大多是有关如下事实的：两个处理后的视频帧单独看起来完全正常，但作为立体对观察时，两个处理之后的图片的像素不一致性会产生一些问题。而且，如果该问题在较长时间段内存在，则人们会产生眼睛疲劳、头痛和视觉疲劳的症状。这些问题就是所谓的立体窗、不明飞行物（UFO object）、弯曲窗口、深度跳跃。

当一个对象在图像的左右边界被切断时，立体窗（Stereoscopic Window Violations，SWV）问题就产生了。当SWV出现在屏幕后方时（正视差），它不会产生任何问题，因为视差和遮挡提示是一致的，它们都提示物体在屏幕后面。然而，当物体出现在屏幕前方时（负视差），遮挡提示会与视差产生不一致。图6-14所示给出了一个右SWV的例子。3D电影制作者使用的用于解决SWV问题的一个强大的电影工具是浮动窗口（floating windows）。浮动窗口是在图像的左边界或右边界增加黑色面罩。黑色面罩并不会减小画面大小，却能改变所感知的屏幕窗口的位置。

在3D电影中，UFO是指一个对象以不合适的方式出现在剧场中。关于UFO的电影规则是，剧场空间内出现的物体必须以特定的方式被带到那里，这一方式可以是平滑运动，如一个球以一个恒定的速度飞向观众，或可以通过图像构造来证明，例如，在一只手上拿着一个球的情况下，相应的手臂从屏幕上移出。如果不满足这些规则，则该对象就称作UFO。图6-15所示给出了一个UFO对象的示例。这种对应可能对人的视觉系统造成干扰，使人感到不舒服和疲倦。因此，在后期制作过程中必须找出UFO对象并对其进行处理，以保证立

⊖ 即左右眼图像没有完全重叠。——译者注。

体视频的质量。

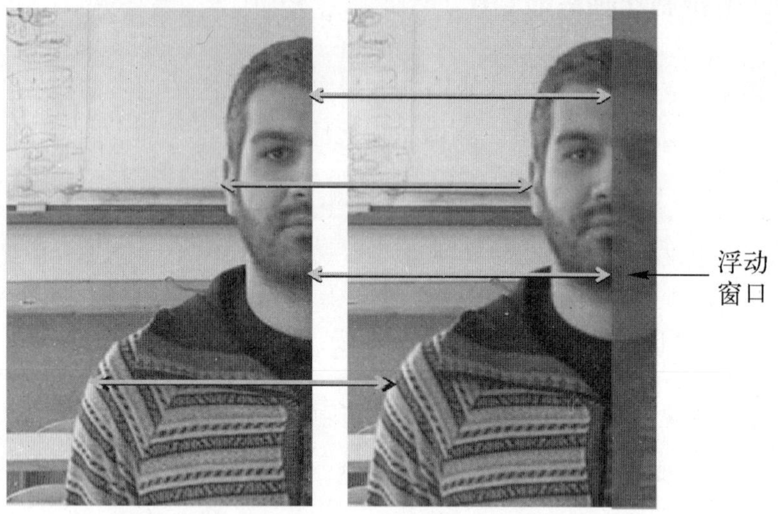

图 6-14　右立体窗示例

a)

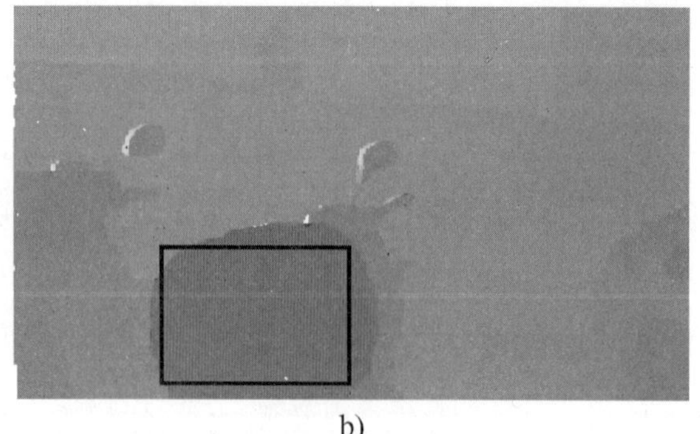

b)

图 6-15　UFO 对象的一个示例

a）左图像　b）左视差图

SWV 可能会发生在任意边界上。尽管最容易引起注意的立体窗（SWV）出现在屏幕的左右边界（因为它们会导致视网膜竞争），SWV 也可能出现在屏幕的上、下边界。通常，底部和顶部 SWV 对人脑产生的不舒适要少得多，却可能改变观众感知深度的方式、破坏 3D 效果。因为它们会导致整个立体窗看上去弯曲，所以又称为“弯曲窗口”。图 6-10 所示给出了一个树干引发的“弯曲窗口”效应的例子。

a)

b)

图 6-16 一个树干引发的“弯曲窗口”示例

a）左图像 b）左视差图

作为后期制作的部分步骤，在视频编辑过程中，单独录制的片段有序地连接在一起。这一过程在 3D 电影中非常复杂，因为编者需要考虑深度连续性法则（depth continuity rule）及其他因素。深度连续性法则是指，如果两个镜头的深度不匹配，则应该有两者之间的切换，尽管并没有深度匹配度的客观标准。图 6-17 所示给出了一个不佳的正向深度跳切的例子，因为它从屏幕后面的广角镜头切换到房间的特写镜头。正向深度跳切比背向深度跳切更有干扰性。正向深度跳切中，到来的收敛点离观众更近。因此，眼睛需要斜视才能恢复立体感；相反，背向深度跳切中，收敛点离观众而去，观众需要放松眼球外肌。

a)

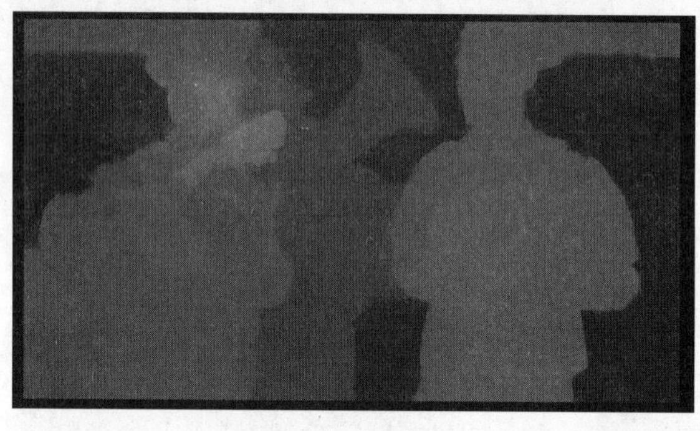

b)

图 6-17　一个非常不佳的深度跳切示例

第 7 章

视 频 压 缩

7.1 视听内容压缩

视听内容压缩，也称为信源编码（source coding），旨在存储或传输一定分辨率的数字视频时，实现最大幅度的比特率降低（单位是 Mbit/s），并尽量减少观众看到的视频和音频质量下降。视听内容压缩是数字电视中一个非常重要的课题，因为未经压缩的视频需要非常高的比特率，所以是无法传输的。

视听数据压缩算法通常是基于如下性质的：

1）静止和动态图像的空间冗余。它是指空间上相邻像素的相关性，有相似的颜色和亮度，如图 7-1 所示。

2）在视频序列中，同一场景的连续视频帧之间的时间冗余。当连续视频帧的场景内容保持不变或稍微改变时，时间冗余会很高。

3）人类视觉特性，如人眼对快速移动的图像的细节的敏感度会降低。

4）人类听觉特性，如人们听不到一些声音伪音。

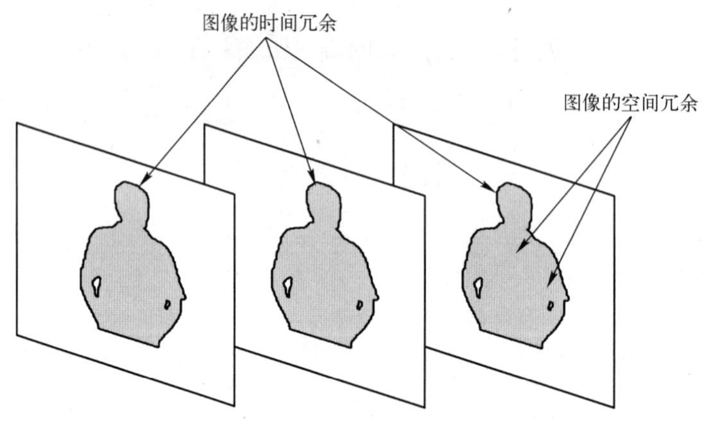

图 7-1　视频的空间冗余和时间冗余

压缩可以是无损的（lossless），即解压之后的视听内容没有错误和损失；而有损（lossy）压缩是指解压缩后的视听内容（有可能）包含察觉不到的错误。有损压缩通常能达到比无损压缩更高的压缩比。无损压缩技术，如 ZIP 压缩中使用的 LZW 压缩技术，通常用于数据压缩（而非媒体压缩）。一些无损压缩算法，如霍夫曼编码，再如 JPEG 或 MPEG-2 的媒体压缩标准中用作块构建的算法。

视频压缩已有大量的研究，并已开发了一些标准，这些标准主要是由动态图像专家组（Moving Picture Experts Group，MPEG）提出的，比较著名的是 MPEG-1、MPEG-2 和 MPEG-4。下面将主要介绍两个主流的视频压缩标准，即 MPEG-2 和 MPEG-4。人们还设计了其他的视频压缩标准，如 ITV-T 视频编码专家组为视频会议提出的 H.26x 系列标准（尤其是 H.263 和 H.264）。

7.2　基于变换的视频压缩

总体来说，利用视频内在的时空冗余可以达到高度视频压缩。如果分别压缩每个视频帧，即假定视频是静止的，只利用视频帧上空间冗余进行压缩。为利用视频的时间冗余，可以基于前面的参照帧 $f(x,y,t-l)$ 中的块预测视频帧 $f(x,y,t)$ 的块，并压缩位移帧差（Displaced Frame Difference，DFD），假定 DFD 较小。图 7-2 所示给出一个基于图像变换的视频压缩系统。

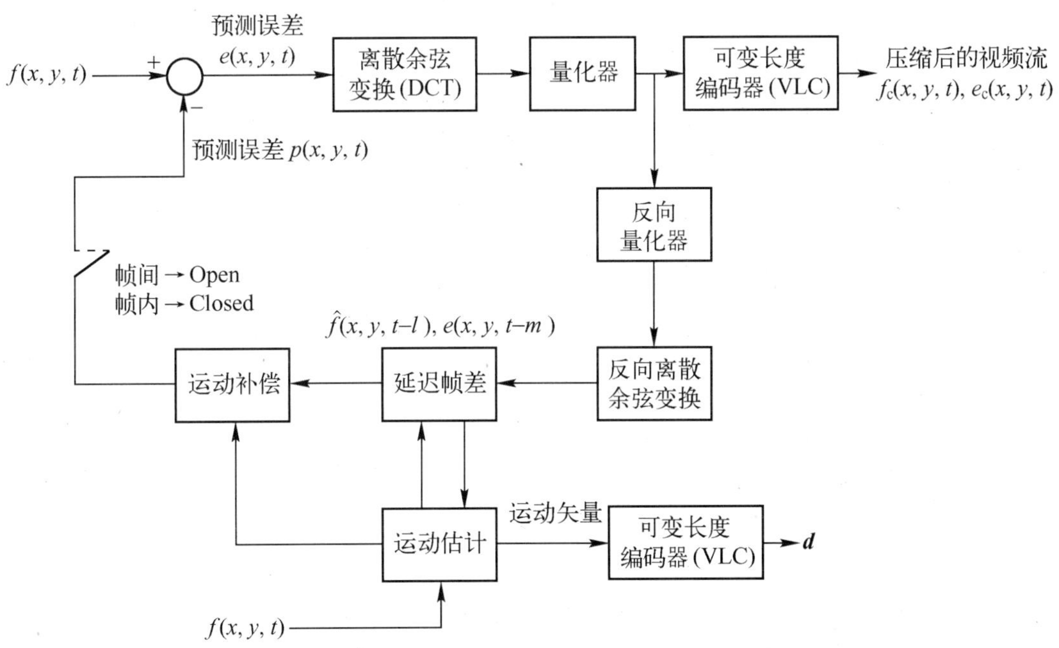

图 7-2　基于变换的视频压缩算法

图 7-2 中的系统支持两种操作模式：帧内模式和帧间模式。在帧内模式中，帧 $f(x,y,t)$ 的帧内编码不需要从其他帧获得输入。帧 $f(x,y,t)$ 使用离散余弦变

换（Discrete Cosine Transform，DCT），量化 DCT 系数并使用可变长度编码器（Variable-Length Encoder，VLC）进行编码。最后，传输压缩了的视频帧，即 $f_c(x,y,t)$。接收端接收 $f_c(x,y,t)$ 之后，解压缩该视频帧，产生重构的视频帧 $\hat{f}(x,y,t)$。

在帧间编码中，反馈循环地产生实际帧 $f(x,y,t)$ 和预测帧 $p(x,y,t)$ 之间的预测误差，运动向量 $\boldsymbol{d}_t$ 及前面解压并重新构造的视频帧 $\hat{f}(x,y,t-l)$，产生当前的预测。最简单的情况下，前面重新构造的视频帧 $\hat{f}(x,y,t-1)$，或使用前面和后续重构的视频帧的线性组合，进行预测。在帧间编码中，当前的实际帧 $f(x,y,t)$ 减去预测帧 $p(x,y,t)$，形成位移帧差 $e(x,y,t)$，也称为预测误差。使用 DCT 预测误差，量化其 DCT 系数，使用 VLC 进行编码，并与使用 VLC 编码后的运动向量 $\boldsymbol{d}_t$ 一起传输至接收端。接收端基于前面重建的视频帧 $\hat{f}(x,y,t-1)$ 得到当前帧的预测 $\hat{p}(x,y,t)$，并结合相应的运动向量重建当前帧 $\hat{f}(x,y,t)$。解码编码预测错误 $e_c(x,y,t)$ 得到重建的预测错误 $\hat{e}_c(x,y,t)$，它与 $\hat{p}(x,y,t)$ 相加，得到当前帧 $\hat{f}(x,y,t)$。

由于传输过程中的错误会影响视频的重建，因此周期性地运行帧内编码，在此期间，一个完整的视频帧在没有外在参照的情况下进行空间编码，以保证传输错误在解压缩时不蔓延至太多视频帧。当帧间压缩由于帧预测较差，不能取得较高的压缩效果时，也可以使用帧内压缩。

DCT 能够将图像能量的最大部分存储在少数变换系数中。它通常作用于帧中相对小的块上（如尺寸为 16×16 像素，或 8×8 像素的块），以利用相邻像素之间的高相关性。在 DCT 系数上使用量化器，就会产生可以显著减少所需比特数的有损压缩。根据该系数的功率和人类视觉系统的特性，每个系数所分配的比特数各不相同。通常，分配给低频系数的比特位数较高频系数多，因为大部分图像功率驻留在低频率上。在量化输出上使用可变长度编码器（VLC）以优化压缩。当对压缩后的视频帧 $f_c(x,y,t)$ 和预测误差 $e_c(x,y,t)$ 进行解压缩时，需要逆量化和逆 DCT。延迟帧存储器保留当前和以前的帧，或保留重建预测 $p(x,y,t)$ 所需的预测错误。驻留在内存中的帧的数目取决于解码算法的要求。

7.3　MPEG-2 标准

7.3.1　引言

1990 年，来自不同的数字媒体和广播行业的专家们创建了动态图像专家组（Moving Pictures Expert Group，MPEG），旨在存储、再现动态图像和数字音频。该专家组创建的第一个标准是 1992 年的 MPEG-1，该标准旨在 CD 光盘中以 1.5 Mbit/s 的比特率存储实时视频和立体声。之后，又出现了 MPEG-2 标准，它能支持更高的比特率，其比特率范围是 1.5 ~ 15 Mbit/s。MPEG-2 是源编码格式，用于数字电视系统，特别是欧洲的 DVB 系统和美国的 ATSC 系统。

MPEG-2 的主要特点如下：

1）视频压缩向后支持 MPEG-1 标准。

2）支持隔行和逐行视频。

3）提供更佳的声音压缩（支持高质量的单声道和立体声压缩）。

4）支持多路传输，在一个单一的传输流中合并不同的 MPEG-2 流。

5）提供其他媒体服务，例如，可视化的用户交互和加密的数据传输。

MPEG-2 主要的也是最复杂的功能是使用运动估计和补偿进行视频压缩。由于连续的视频帧之间的高时间冗余特点，使用运动补偿能够极大地减小需要存储和传输的视频信息。运动补偿压缩技术，从先前的（或后续的）参考视频帧中尽可能多地找出与当前视频帧相同的信息，只压缩当前帧和参考帧之间的位移帧差信息（DFD）。解压缩视频时，解压的帧差与参照帧相加，恢复出当前帧。运动估计是视频编码所需的，而视频解码并不需要。

7.3.2　MPEG-2 标准的基本特点

MPEG-2 是一种被广泛应用于数字电视压缩的格式，包括地面数字电视广播、卫星和有线广播，并用于在 DVD 中播放电影和其他影视作品。因此，数字电视接收器、DVD 和其他视听播放装置都必须兼容 MPEG-2 格式。MPEG-2 包含以下四个部分。

第一部分：此部分是编码层。它定义了一个多路复用结构，用于音频、视频数据，以及时间信息的表示。时间信息用于视听流播放的实时同步。该部分定义了两种容器格式（container format）：传输流和节目流。传输流是专为声音和视频在有耗的媒体信道中的传输而设计的；节目流是专为可靠媒体信道设计的，如硬盘和光盘。

第二部分：此部分定义的是编码后的视频数据表示以及视频解码。此部分提供了对隔行视频的支持，而隔行视频通常用于模拟电视中。所有的 MPEG-2 解码器都能够重现 MPEG-1 视频流。

第三部分：此部分定义了音频的编码/解码。它支持对两种以上的声音通道（包括立体声）的编码。它向后兼容，支持 MEPG-audio（声音）解码器对前面两部分压缩的音频流进行解压。

第四部分：本部分定义了 MPEG-2 遵守的规范。

7.3.3 MPEG-2 视频流的层次结构

图 7-3 和图 7-4 显示了 MPEG-2 数字视频流的层次结构及其基本元素。它包括一个头部/首部（header）和一个或多个图像组，并以一个结束码（end code）结束。视频流的层次结构包括 5 层：图像组（Group Of Pictures，GOP）、图像（Picture）、像条（Slices）、宏块（Macroblocks）和块（Block）。图像组包含一个头部/首部，以及一个或一系列的图像。图像是视频序列中的基本编码单元，包含三个矩阵，分别表示画面的亮度 Y、色度通道 C_b，C_r。Y 缓冲区中有偶数个数的行和列。出于压缩的原因，C_b、C_r缓冲区可以经常是 Y 缓冲区水平、竖直方向长度的一半，因为人眼对亮度的敏感要高于色度。一个图像的像条包含一个或多个宏块。像条中的宏块逐行扫描，从左到右、从上到下。图像的像条对于视频解码中的差错管理很重要。如果视频比特流包含一个错误，则解码器可以检测到该错误，跳过相关的像条，继续解码下一个像条。多个图像像条的存在提供了更好的错误隐藏。宏块是 MPEG-2 算法中的基本编码单元。运动估计作用在宏块层，作用在组成宏块的块中。视频帧中一个宏块包含 16×16 像素。由于相对于亮度 Y，C_b和 C_r通道是二次取样（subsampled）的，一个宏块包含 4 个 Y 块、1 个 C_b块和 1 个 C_r块。块是最小的图像单元，对块的像素联合编码。块包含 8×8 像素，

它可以包含亮度 Y，或 C_b 颜色，或 C_r 颜色。

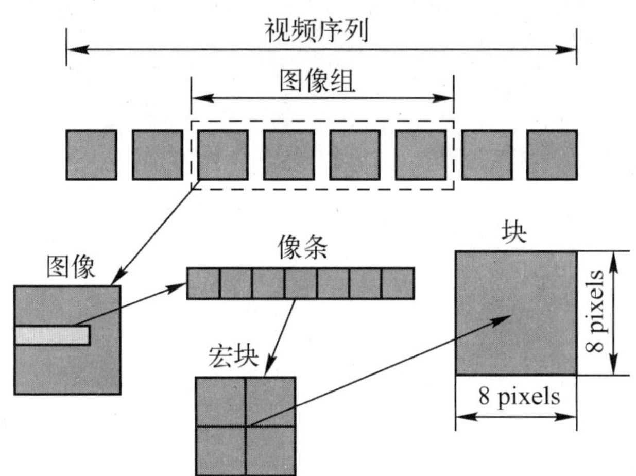

图 7-3　MPEG-2 视频流的层次结构

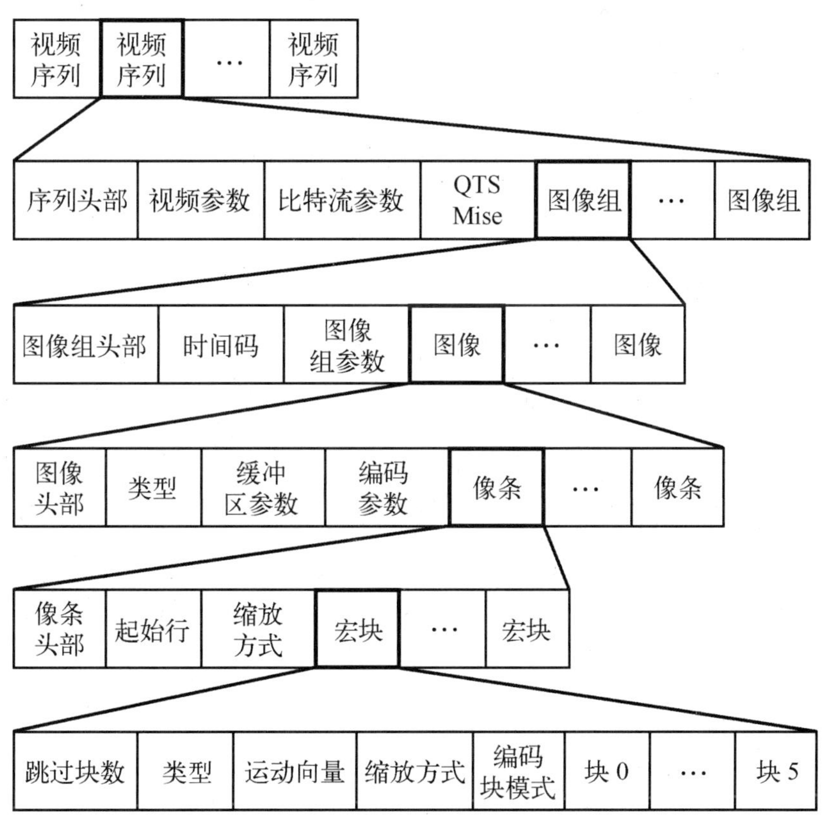

图 7-4　视频流层次结构

由于是基于块的编码，因此 MPEG-2 视频压缩存在块伪影的问题，尤其是超强压缩的情形。而且，MPEG-2 压缩不考虑视频的内容，因为它是基于块的，而不是基于对象的，即块是 MPEG-2 的基本压缩实体。

7.3.4 MPEG-2 的图像类型

MPEG-2 中有三种图像（视频帧）类型：

1）I 帧（I-pictures，Intra pictures）。这种图像单独编码，不依赖其他任何视频帧。I 图片是压缩视频流中的主要接入点，如浏览视频，可用作其他视频帧编码的参照。由于 I 图片编码时没有利用时间冗余，故其压缩比相当低。

2）P 帧（P-pictures，Predicted pictures）。P 帧编码是基于前面的 I 帧或 P 帧上的预测。由于利用了时间冗余，故其压缩比高于 I 帧。

3）B 帧（Bi-directionally predicted pictures）。它对其前面或后面的 I 帧或 P 帧间的双向插值进行编码，有最高的压缩比。

图 7-5 描述了一组 MPEG 图像。$M=3$ 是两个连续的 P 帧之间的帧距，$N=9$ 是两个连续的 I 帧之间的帧距。视频或音频解码产生的比特流称作基本流（Elementary Stream，ES）。

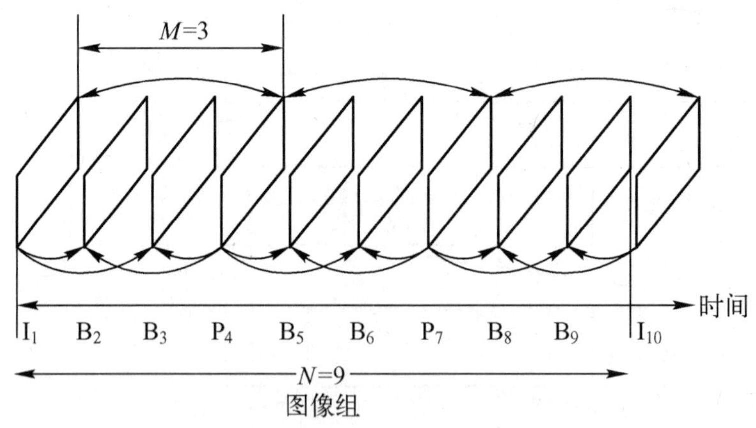

图 7-5　MPEG 图像编码类型

MPEG-2 支持隔行和逐行视频编码，如图 7-6 所示。因此，MPEG-2 能够向后兼容已经数字化了的 NTSC 或 PAL/SECAM 视频（480i 或 576i 制式）。

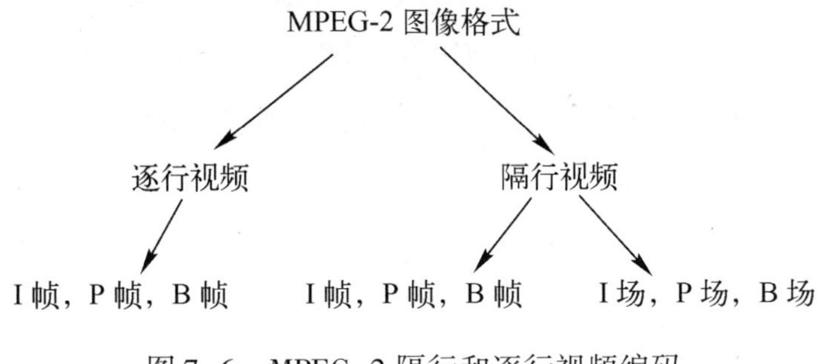

图 7-6　MPEG-2 隔行和逐行视频编码

7.3.5　I 帧编码

MPEG-2 压缩算法对 I 帧的压缩包含如下步骤，如图 7-7 所示。

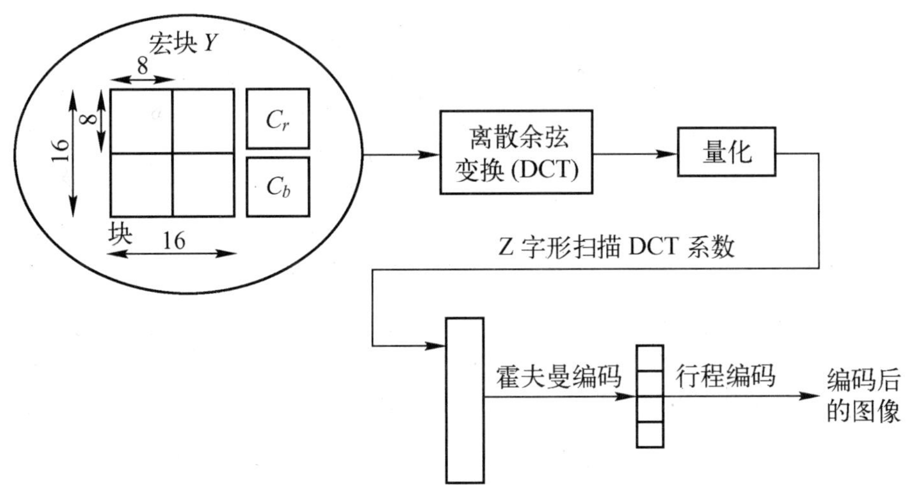

图 7-7　I 帧编码

1）离散余弦变换。

2）量化。

3）霍夫曼编码。

4）行程编码。

图像块是高空间冗余的，即相邻的像素有相似的亮度/色度。MPEG-2 标准使用离散余弦变换，将 8×8 的图像块（空间域）转换为频域（frequency domain），以降低这种空间冗余。DCT 分量包括 DC 项/系数[㊀]，它是块的平均亮度和 AC 项[㊁]的平均值。信号强度集中在少数几个离 DC 系数较近的 DCT 分量上。这少数几个 DCT 分量被量化并用更多的位数表示。表 7-1 给出了一个量化系数表，它包含 8×8 个量化系数。低频靠近表的左上角，多数图像信息都集中在这个区域。因此，使用 DC 项附近的小量化系数（即更多的比特数）。可以看到，高频 DCT 系数是强量化的。如图 7-8 所示，DCT 和系数量化的组合产生了很多值为 0 的 DCT 系数，尤其是在高空间频率上。因此，以 Z 字形（zig-zag）方法访问量化的 DCT 系数，以产生长零行程（long zero runs）。然后，DCT 系数可以通过一对数字表示，第 1 个数字是值为 0 的系数的个数，第 2 个数字是下一个非 0 的 DCT 系数的值。这些成对数字使用可变长度编码（霍夫曼编码）进行编码，频繁出现的数字对使用较短的码字（codeword），较少出现的数字对使用较长的码字。

表 7-1　DCT 量化系数表

8	16	19	22	26	27	29	34
16	16	22	24	27	29	34	37
19	22	26	27	29	34	34	38
22	22	26	27	29	34	37	40
26	26	27	29	32	35	40	48
26	27	29	32	35	40	48	58
26	27	29	34	38	46	56	69
27	29	35	38	46	56	69	83

一些图像块必须以比其他块更高的准确度进行编码。例如，光滑的亮度块必须编码相当准确，以避免伪轮廓、伪影。当人们需要保存图像细节时，高细节块也需要准确的编码。MPEG-2 允许每个宏块有不同的量化系数来解决这一问题，该方法也可以根据特定的传输比特率调整平滑编码。

㊀ 又称作直流分量。——译者注

㊁ 又称作交流分量。——译者注

4	0	0	0	0	0	0	0
2	1	0	0	0	0	0	0
0	1	0	0	0	0	0	0
0	0	0	0	0	0	0	0
1	0	0	0	0	0	0	0
0	0	0	0	0	0	0	0
0	0	0	0	0	0	0	0
0	0	0	0	0	0	0	0

图 7-8　Z 字形扫描量化 DCT 系数

7.3.6　P 帧编码

P 帧编码时考虑前面参考帧（I 帧或 P 帧）。如图 7-9 所示，待编码的目标图片中的一块（高亮块）与参考帧中的一块相似，块是通过运动估计得到的位移向量。两个连续的视频帧中的变换（不同之处）可以通过这种小块间的块位移取代。由于这个原因，故 P 帧编码时，图像预测结合了运动补偿。

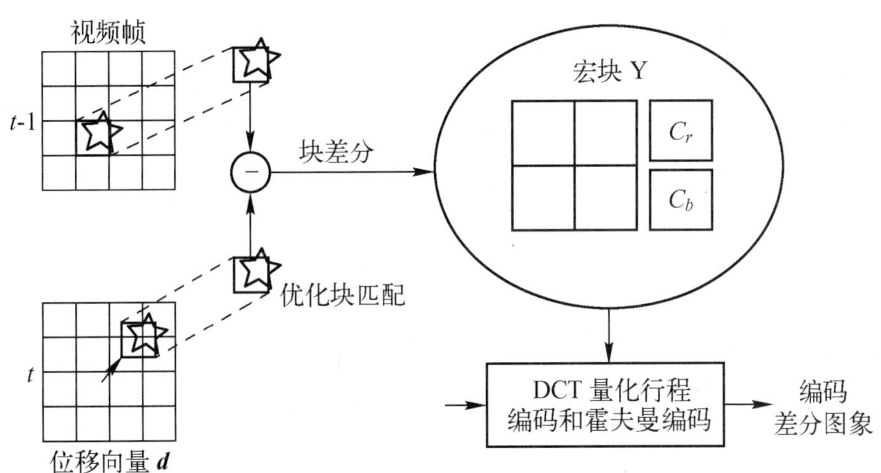

图 7-9　P 帧编码

P 帧预测考虑了视频内容之间的时间冗余。在连续的视频帧中，基于参考视频帧对目标视频帧的高准确度预测是可能的，前提是使用运动估计算法（典型的算法是块匹配）能够正确估计块位移（运动矢量）。这种预测能大大压缩视频内容。在 P 帧中，基于已经编码的 P 帧或 I 帧中的宏块，对当前 P 帧的每个16×16 的宏块进行运动估计。查找参照帧，在参照帧中找到一个与当前 P 帧中的宏块匹配的宏块。对于两个宏块的差异，进行 DCT 编码。预测误差的 DCT 变换产生很少的 DCT 系数，经过量化之后表示该误差所需的比特数就很少。可以再使用行程编码和霍夫曼编码进行进一步压缩。块的预测错误所使用的量化表与块内部编码所用的量化表不同，因为它们的光谱特性不同。

运动矢量描述了宏块间的水平位移 X 和垂直位移 Y。运动矢量的差分编码减少了所需的比特数，它只传输连续宏块间的差异。

7.3.7 B 帧编码

一些图像（视频帧）包含了在前面的参照帧中不能找到的内容，如一个新的对象出现在帧中。B 帧编码与 P 帧编码类似，而区别在于 P 帧编码只能参考前面的参照帧，而 B 帧编码既可以参考前面的参照帧，又可以参照后面的视频帧。图 7-10 所示阐述了 B 帧编码。

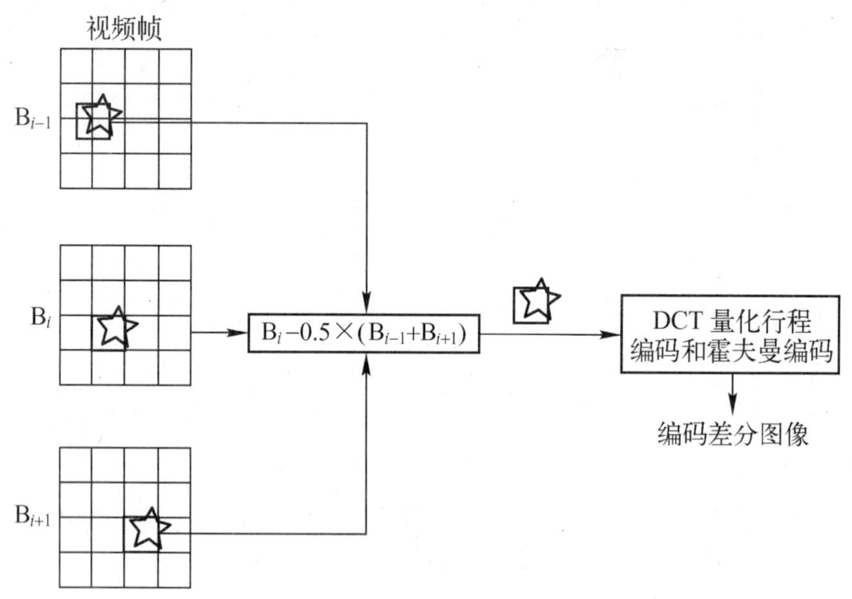

图 7-10 B 帧编码

如果使用了前面和后面的参照视频帧，那么可以通过减去参照块的平均值来计算预测错误。B 帧的预测错误编码同 P 帧编码类似。

7.3.8 MPEG-2 标准对隔行扫描视频支持

MPEG-2 为隔行视频定义了两种新的图像类型：

1）帧图片。通过去隔行扫描[㊀]偶数场和奇数场得到，如图 7-11 所示。它可以是 I 帧、P 帧或 B 帧。当运动强度较大时，去隔行会产生伪影。

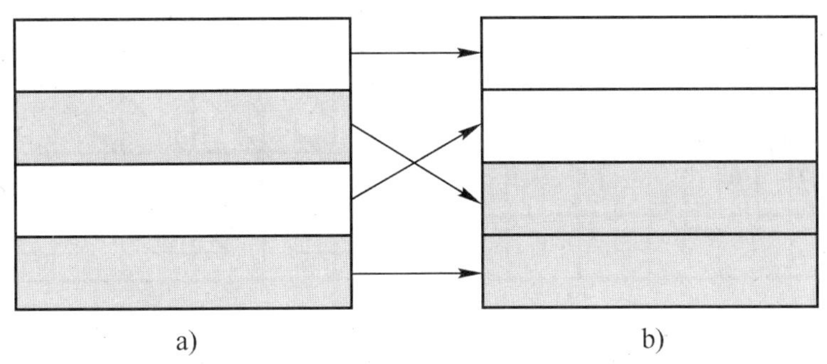

图 7-11 亮度分量

a）帧图像 b）场图像

2）场图片（流场图片）。简言之，就是偶数场和奇数场中各自的图像。它们可以是在少运动或无运动时，不利用空间冗余信息的 I 帧、P 帧或 B 帧类型的图像。

隔行 MPEG-2 场编码有两种选择：①每个场块独立编码（场编码，field encoding）；②两个场作为一个图像帧在一起编码（帧编码，frame encoding）。可以在场编码和帧编码之间切换，它们分别适用于相对静止的图像内容，以及运动强度较大的图像。MPEG-2 支持对图像帧中的每个宏块，根据它是否有较大强度的运动，分别选择基于场编码或帧编码的 DCT。

对于隔行视频有两种主要的运动补偿预测：场预测或帧预测，分别使用前面一个或多个已解码的场或帧。在场图像中，只可以使用场预测；而在帧图像中，根据每个宏块中是否有强度较大的运动，可以使用帧预测或场预测。

有关对 DCT 系数使用可变长度编码（VLC），除了 Z 字形扫描，MPEG-2 还支

㊀ 将隔行扫描变成非隔行扫描。——译者注

持交替扫描（Alternate Scan），如图 7-12 所示。对于在竖直方向上包含高频内容的场的隔行视频，交替扫描是更佳的选择。因此，交替扫描赋予竖直方向上的高频内容的权重高于水平方向的高频内容。

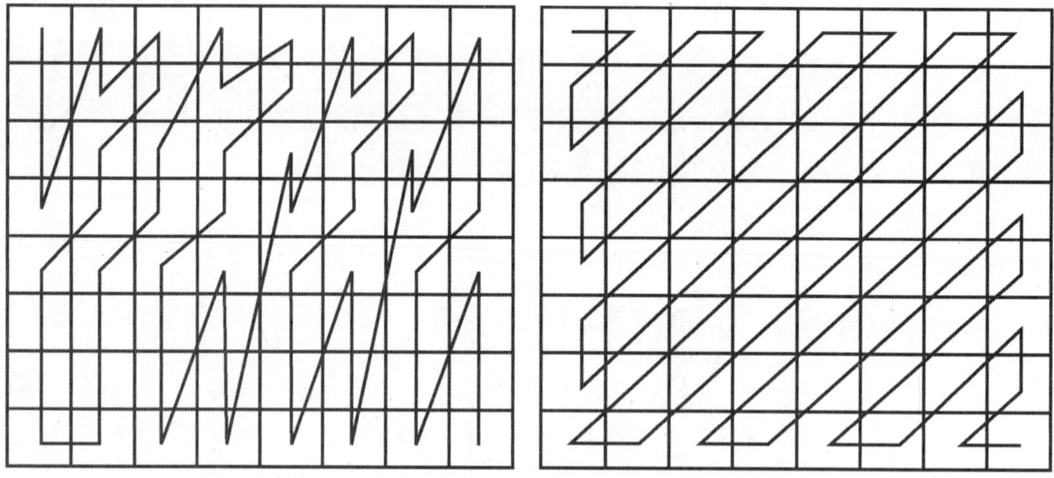

图 7-12　Z 字形和交替型 DCT 系数扫描

7.3.9　配置与级别

MPEG-2 支持多种不同视频质量的应用和服务。对很多应用而言，完全支持 MPEG-2 格式是不现实的、昂贵的。因此，MPEG-2 支持配置（profile）和分级（levels），这样每种应用可以选择性地支持一部分 MPEG-2 功能。配置定义了 MPEG-2 的子特征，如压缩算法、颜色分析、可缩放性类型等。分级定义了定量的指标，如最大比特率、图像分辨率。因此，一个兼容 MPEG-2 的应用通过配置和分级，定义压缩相关的规范（要求）。例如，DVD 设备只支持主配置和主分级（通常由 MP@ ML 表示）。表 7-2 和表 7-3 给出了 MPEG-2 的配置和分级。

表 7-2　MPEG-2 配置

缩写	名　称	图像类别	颜色类型	宽高比	可 扩 展 性
SP	简单配置	I，P	4:2:0	正方形像素 4:3，16:9	不支持

（续）

缩写	名　　称	图像类别	颜色类型	宽高比	可 扩 展 性
MP	主配置	I，P，B	4:2:0	正方形像素 4:3，16:9	不支持
SNR	SNR 可扩展配置	I，P，B	4:2:0	正方形像素 4:3，16:9	SNR（信噪比）
Spatial	空间 可扩展配置	I，P，B	4:2:0	正方形像素 4:3，16:9	SNR（信噪比）或空间
HP	高级配置	I，P，B	4:2:2 4:2:0	正方形像素 4:3，16:9	SNR（信噪比）或空间

表 7-3　MPEG-2 分级

缩写	名称	帧速/Hz	最大水平分析	最大垂直分析	最大比特率/Mbit/s
LL	初级	23.976，24，25，29.97，30	352	288	4
ML	主分级	23.976，24，25，29.97，30	720	576	15
H-14	高级 1440	23.976，24，25，29.97， 30，50	1440	1152	60
HL	高级	23.976，24，25，29.97， 30，50，59.94，60	1920	1152	80

7.3.10　可扩展性

可扩展性是指以一个理想的时空分辨率和质量对视频比特数据流的一个特定的部分进行编码/解码的能力。因此，对同一个压缩了的视频比特流，根据时空分辨率的不同，MPEG-2 解码器的解码和视频显示具有不同的复杂度。能够解码的最小的比特流子集称为基本层（Base Layer）。其他所有的扩展层称为增强层（Enhancement Layers），用于提高基本层的视频分辨率质量。MPEG-2 允许两种或三种视频层。它有以下 4 种可扩展的形式：

1）空间可扩展类型支持以多种不同的空间分辨率进行视频解码，而不使用前面的解码且不对整个视频帧进行二次采样。基本层视频的空间分辨率较低，增强层提供了更高的空间频率信息。为此，MPEG-2 的编码方法是金字塔式的：通过对初始视频的二次抽样得到输入的基本层；增强层是原始视频帧与插值后的基本层视频的视频之间的差异。

2）信噪比（SNR）可扩展类型支持对 DCT 系数使用不同的量化表。对输入视频，以相同的时空分辨率，采用粗的 DCT 系数量化获取基本视频层。增强层是原始输入视频与的基本层之间的差异。

3）时间可扩展类型指以不同的帧速进行视频解码，而无须对每个视频帧进行解码。

4）混合可扩展类型是上述不同扩展类型的组合。

可扩展性的一个显著的好处是，它保证了更好的抗误码传输方案，因为基本视频层的传输通常使用较好的纠错方法。

7.3.11 音频编码

MPEG-2 提供了多种声音编码技术，包括：

- 对于多声道 5.1 环绕声的低比特率编码。总共支持 5 个全带宽的声道（左、右、中、左后、右后声道），以及低频效果（Low Frequency Effects，LFE）声道。LFE 声道的频率不超过 120 Hz，或大约是其他 5 个声道的带宽的 1/10，用于副低音扬声器。因此它被表示为“.1”频道。
- MPEG-2 扩展了 MPEG-1 音频格式，能有更好的音质。MPEG-2 每个频道的比特率不超过 64 kbit/s。

MPEG-2 中的 Dolby AC-3 音频标准是由 Dolby 发明的，它与 ATSC-2/52 标准一致。它是一种高质量、低复杂度的多声道音频编解码器。Dolby AC-3 算法将每个声道的音频频谱切分为不同范围的窄频带，消除了噪声编码。Dolby AC-3 的比特率在 32 ~ 640 kbit/s 之间，其采样频率最高可达 48 kHz。

ISO/IEC 11172-3 和 ISO/IEC 13818-3 分别描述了 MPEG-1 和 MPEG-2 的声音压缩标准。MPEG-1 的声道是一个或 2 个，MPEG-2 兼容、扩展了 MPEG-1，支持

5.1声道，即Dolby AC-3。MPEG-1第1层（Layer I）的比特率在32～448 kbit/s之间，第2层（Layer II）的比特率在32～384 kbit/s之间。MPEG-2音频流的比特率可以高于384 kbit/s（其最高比特率为682 kbit/s）。MPEG-1或MPEG-2的音频采样率在16～48 kHz之间。

MPEG-2的第3层（Layer III）音频格式就是现在人们所熟知的MP3音频。它事实上已经成为数字视频播放的一个标准。它支持多种不同比特率的音频，其比特率在32～160 kbit/s之间，甚至达到320 kbit/s。MP3的采样频率在16～48 kHz之间。

MPEG-2高级音频编码（Advanced Audio Coding，AAC）在ISO/IEC 13818-7声音压缩标准中给出，它支持采样频率在8～96 kHz的1～48个声道，支持多通道、多语种。高级音频编码AAC对高质量的编码支持8～160 kbit/s的传输率，AAC支持多个编解码周期。设计AAC时，就是为了作为MP3的继任者。总体来说，AAC所达到的音频质量要高于其他音频标准。

7.4 MPEG-4标准

MPEG-4是ISO/IEC格式的音频、视频和三维图形压缩标准。1999年，它变成了国际标准。MPEG-4音视频数据压缩广泛用于数字电视广播、媒体流、DVD发行、可视电话，以及其他视频应用。MPEG-4的许多特征与MPEG-1和MPEG-2，以及其他相关的压缩格式相同。MPEG-4支持新的特性，如虚拟现实建模语言、三维成像、数字版权管理、各种类型的用户内容交互。它支持多种传输速率，广泛应用于从数字地面电视到蓝光光盘（Blu-ray Disc）压缩到流媒体在内的各种应用。

MPEG-4由几个部分组成。提倡MPEG-4的公司使用的是它的一部分，而未必是全部。最常用的部分是MPEG-4 Part 2（MPEG-4 SP/ASP），它用于DivX、Xvid、Nero Digital、3ivx和QuickTime 6等软件的编解码，以及MPEG-4 Part 10（MPEG-4 AVC/H.264）。它已用于最新的数字电视广播系统中，如DVB-T2（数字电视广播的下一代标准）和ATSC（先进电视制式委员会），也用于蓝光视频压缩。内容提供商可以决定在一个应用或设备中实现哪些MPEG-4特性，也许没有一个实现

MPEG-4 的全部特性的软件应用或设备。为了解决这一问题，MPEG-4 支持配置层（profile layer）和级别层（level layer），允许用户选择一个适用于其应用的特定 MPEG-4 特性集合。

初始时，MPEG-4 主要用于低速率的视频通信（如互联网流媒体）。其应用范围随后扩展到一般的多媒体编码格式。从几千位每秒到几兆位每秒的多种传输速率，MPEG-4 都很高效。它提供了以下功能：

1）编码效率得到提升。

2）能够对多种数字媒体形式（视频、音频、三维图形）进行编码。

3）错误恢复能力，支持合适的数字媒体发行。

4）允许用户与在接收站点产生的音视频场景的交互。

7.4.1 MPEG-4 标准中音频的编码

MPEG-4 并不是只使用一个音频编码算法，因为没有一个编码算法能够涵盖所有从低比特率语音信号编码到高质量多通道声音编码的应用领域。MPEG-4 提供了一系列的声音编码算法，以帮助每个应用取得最优的编码效率。可扩展的音频编解码器可分为以下类型：

1）对于低传输速率，通过 MPEG-4 TTS 接口，支持文字转语音（Text To Speech，TTS）的模拟器。

2）使用谐波矢量激励编码（Harmonic Vector Excitation Coding，HVXC）对 2 ~ 4 kbit/s 的低速语音编码（3. 1 kHz 带宽）。

3）使用码激励线性预测（Code Excited Linear Predictive，CELP）以 3. 85 ~ 23. 8 kbit/s 的速率对电话语音和宽频带语音进行编码。CELP 编解码器能产生 5 层的可伸缩的比特流。

4）使用 MPEG-2 高级音频编码器（AAC）对声音源以每个声道 16 ~ 64 kbit/s 的速率进行编码，能够支持高质量声音的编码。除此之外，audio MPEG-4 还定义了接收端的音乐创作，使用一系列结构化音频工具来统一作曲。最后，它实现了可扩展性和音频/声音对象的概念。

7.4.2　视频的基本编码

MPEG-4 中，一个对象的时空图像被设计成一个实体，称为视频对象（Video Object，VO），因而支持基于内容的用户交互。所以，人们不仅可以参照视频帧，还可以参照视频对象。MPEG-4 基于视频对象的运动对其单独编码。在解码时，不同的视频对象组成了待显示的虚拟场景空间，应设定适当的句法结构来支持这样的操作。视频帧作为最高句法结构，可以包含若干视频对象（VO）。一个视频对象有 3 个维度（两个空间维度和一个时间维度）。一个视频对象的时间实例称为视频对象平面（Video Object Plane，VOP），它通常是视频帧中的一个空间区域。图 7-13 所示给出了一个视频对象和它的 3 个对象平面。一个空间区域可以通过颜色纹理（亮度和色度值）和形状完整表述。为方便视频对象的处理和随机访问，连续的空间区域 VOP 可以聚合起来形成一个空间区域组。同 MPEG-2 预测编码类似，MPEG-4 中的空间区域动作、纹理和形状通过 I 帧、P 帧和 B 帧进行编码。通过将 MPEG 中的图像内部、预测和双向预测帧的概念扩展到空间区域上，我们可以得到 I-VOPs、P-VOPs 和 B-VOPs，如图 7-14 所示。

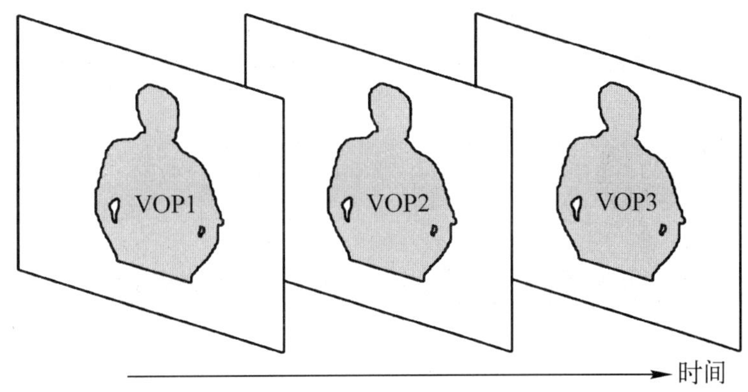

图 7-13　视频对象及平面

VOP 的形状通过 α-掩模（alpha mask 或 alpha map）描述。α-掩模的空间分辨率与 VOP 亮度信号相同。α-掩模定义了属于一个对象的像素，如图 7-15 所示。灰度 α-掩模通常使用 8 bit 像素定义对象透明度，它可以与宏块关联起来。一个宏块的二值 α-表称作二值 α-块（Binary Alpha Block，BAB）。

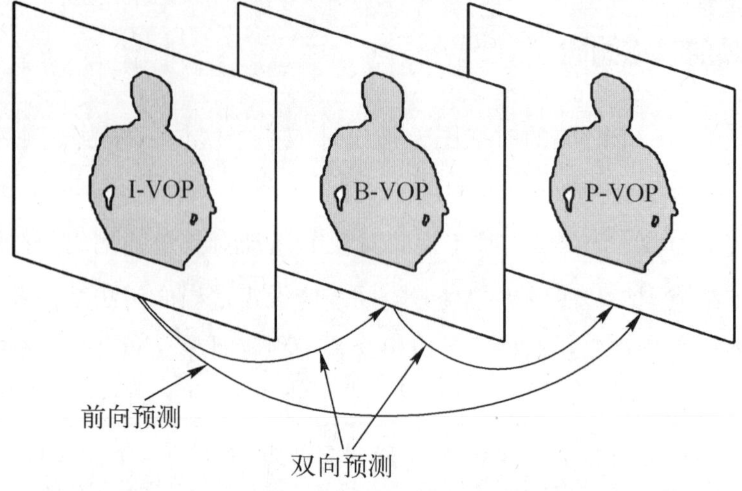

图 7-14　视频对象平面的多种编码方式

图 7-15　二值 α 表

7.4.3　基于对象的视频编码

MPEG-2 是基于块的编码机制。因此，它不支持与视频对象有关的功能。而且，在强压缩时，块伪影会出现。通过基于对象的视频编码能够解决这些问题。MPEG-4 支持视频对象编码以提供对象相关的功能，如视频编辑。MPEG-4 并不指定视频对象分割算法，它却指定了形状编解码算法。下面介绍基于对象的 MPEG-4

视频编码中的各工具：

1）形状编码。算术编解码器用于对边界对象块进行编码。边界对象块包含对象和背景的像素。对于非边界块，编解码器只标记该块是否是对象的一部分。一个描述视频对象的 α－掩模序列不使用纹理信息进行编码和传输。二值 α－块 BAB 可以在帧内或帧间编码。运动补偿可用于帧间编码。对象形状编码可以使用运动向量进行形状预测。

2）纹理编码。视频空间区域（VOP）划分为若干 16 px × 16 px 的宏块，这些宏块又被划分成 4 个 8 px × 8 px 的亮度块和两个 8 px × 8 px 的色度块。非边界块使用与 MPEG-2 类似的 DCT 编码方法。对于边界块，MPEG-4 允许使用变换编码，对 BAB 对应的形状中的对象纹理进行编码。这时，MPEG-4 可以使用诸如对象区域之外的像素填充，如图 7-16 所示。然后再使用 DCT 对纹理编码。也可以使用形状自适应的 DCT（SA-DCT）进行边界块编码。SA-DCT 能提供更高的压缩，但是计算复杂度也更大。

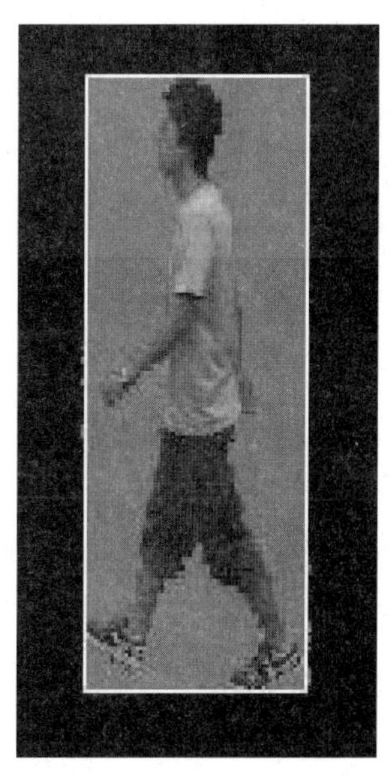

图 7-16　目标区域外的像素填充

总体来说，基于对象的视频编码在实际应用中并不多见，主要是因为从视频中分割出有语义的实体是一个非常有挑战的任务，这一任务需要手动或半自动完成。尽管有一些例外，如视频制作中的色度键（chroma keying，色度键指使用特定的颜色分量使视频的一部分透明，并且将其与另一视频合成的技术)。但直到现在，基于对象的编码主要还是以研究课题为主。

7.4.4 MPEG-4 标准对编码的改进

由于支持基于对象的编码，MPEG-4 使用了一些提高编码效率的方法（相对于 MPEG-2 标准)。一些变化主要跟运动估计和运动补偿相关：

- 每个宏块允许 4 个运动矢量。H.263 视频编码标准也使用了相同的方法。
- 支持任意的运动向量。与 H.263 相比，可以使用更长的运动矢量，覆盖更大的运动范围。
- 大背景图像，称作精灵（sprites)，可以传输给解码器。编码器可以将与精灵区域匹配的仿射变换（affine transform）参数传递到屏幕，并显示出来。通过改变这些参数，解码器可以缩放或左右平移背景图像。
- 全局运动补偿可用于补偿摄像机运动、摄像机变焦或大型移动物体的运动。根据其 8 个参数模型进行全局运动补偿，它对于提高包含全局运动的场景图像质量很有帮助。而基于块的编码不适用于这种场景。不像包含局部随机运动的场景，人眼能够追踪全局运动的图像细节。因而，全局运动补偿能够提高感知到的图像质量。
- 支持 1/4 像素（Qpel）运动补偿。其主要目标是通过额外的计算开销提高准确度，以产生更加准确的运动估计和压缩和更小的预测误差。1/4 像素运动补偿只用于图像亮度，而色度信息的补偿是半像素精度的。

在 MPEG-4 中，有一些有关 DCT 系数编码的变化：

- 相对于 MPEG-1 和 MPEG-2，DC 系数预测得到了提高。DC 值通过前面的块或当前块的上一块进行预测。
- 支持 AC 系数预测。用于预测 DC 系数的块也用于预测一系列 AC 系数。如果预测是基于前面的块，则其第一列的 AC 系数用于预测当前块的对应列的系数。如果预测是基于上一块线（Block Line）中的块，则仍使用它预测第一块线的 AC 系数。对于包含粗纹理、对角线、水平和垂直边缘的块而言，AC 系数预测效果不太好。在块级进行 AC 预测状态的切换是可行的，但是计算开销很大，因此，应该在宏块级上进行 AC 预测状态的切换。

- 允许 DCT 系数的交替水平扫描。这种扫描是在 MPEG-2 的两种扫描方法上增加的。交替的 MPEG-2 扫描在 MPEG-4 中称为交替垂直扫描。而交替水平扫描通过镜像垂直扫描得到。交替扫描模式根据 AC 预测模式选择。如果是基于前面块的 AC 预测，则使用交替垂直扫描；如果 AC 预测是基于上一块线的，则使用交替水平扫描。如果没有开启 AC 预测选项，则使用 Z 字型扫描方式。
- 支持三维的 VLC 编码。通过与 H.263 视频压缩类似的方法实现 DCT 系数编码。

正如前面已经提到的，这些改进与 H.263 标准是类似的。H.263 支持对重叠块的运动补偿。这一特征不包含在 MPEG-4 中，因为它对计算要求较高，且对视频质量的提升不大。

除了上述提高编码效率的方法，MPEG-4 还增加了抗误码传输方案。

7.4.5 MPEG-4 标准的各组成部分与配置

1. MPEG-4 Part 2

MPEG-4 Part 2 是 MPEG 设计的视频压缩技术，它在 MPEG-4 ISO/IEC 14496-2 中给出。它提供与 MPEG-1 和 MPEG-2 类似的压缩方案。一些流行的视频编解码器，包括 DivX、Xvid 和 Nero Digital 都实现了 MPEG-4 Part 2 标准。

针对从低质量、低分辨率的监控视频，到高分辨率电视广播和 DVD 的各市场领域的要求，MPEG-4 Part 2 也支持配置（profile）和分级（levels）。它有 21 种配置，包括简单（Simple）、改进的简化（Advanced Simple）、主要、核心、高级编码、高级实时简单(Advanced Real Time Simple）等配置。较常用的是高级实时简单配置和简单配置，而后者是前者的子集。

多数视频压缩系统指定比特率格式和解压器，但给个人实现留有编码器设计的余地。因此，相对于解码特性，特定的配置实现是一模一样的，如 DivX 和 Nero Digital，它们都实现了改进的简化配置；还有 Xvid，它实现了两种配置。

简单配置主要用于低比特率、低分辨率的传输，如由于带宽的限制或显示分辨率的要求。例如移动手机、不昂贵的视频会议和摄像头监控系统。改进的简化配置有如下几个显著的技术特点：

1）支持类似 MPEG-2 的量化。

2）支持隔行扫描视频。

3）支持 B 帧编码。

4）支持 1/4 像素运动补偿。

5）支持全局运动补偿。

事实上，MPEG-4 Part 2 的主要编解码器与 H. 263 标准类似。其量化、隔行扫描视频、B 帧预测都与 MPEG-2 Part 2 类似。最开始时，支持 1/4 像素运动补偿是有创新性的，后来，MPEG-4 Part 10（H. 264）和 VC-1 都支持了这种运动补偿。但是一些视频压缩格式不支持这种运动补偿，因为这种运动补偿对速度有负面影响，而且对压缩视频的质量并不总有帮助。多数编解码器并不支持全局运动补偿，尽管有官方标准和要求，这是因为全局运动补偿对于速度和编解码效率的负面作用，且没有显著的压缩收益。

2. H. 264/MPEG-4 Part 10 标准

H. 264，又称为 MPEG-4 AVC，是一个与 MPEG-4 Part 10 等同的压缩标准。它是由 ITU-T 视频编码专家组（VCEG）和 ISO/IEC 动态图像专家组（MPEG）联合组成的联合视频组（Joint Video Team，JVT）提出的压缩标准。ITU-T 和 ISO/IEC 共同维护 H. 264 和 MPEG-4 Part 10，以使其具有相同的技术内容。第一个版本的技术方案于 2003 年完成，它是最新的基于块的运动补偿视频编码格式。MPEG-4 Part 10 包含了一些支持高效视频编码和多种网络环境中的应用的灵活性的新特性。由于这些原因，它在很多应用中都很成功。

MPEG-4 Part 10 工作组的最初目标是在不需要过多程序实现代价的前提下，创建一种在低传输速率下能比 H. 263 和 MPEG Part 2 等标准有更高视频质量的格式。还有一个目标是为多种网络和应用提供更高的灵活性。这些网络的传输速率有高有低，视频质量有高有低，这些应用包括电视广播、DVD 光盘、RSTP/IP 分组网络和 ITU-U 多媒体电话系统。

最后，MPEG-4 Part 10 AVC 广泛用于从 Internet 流媒体视频到高清电视的诸多应用中，其视频质量高、比特率佳。例如，它被用于数字卫星电视，传输速率仅需 1.5 Mbit/s；而 MPEG-2 视频所需的传输速率是 3.5 Mbit/s。MPEG-4 Part 10 AVC 也用于蓝光光盘、YouTube、iTunes Store 中的视频，以及地面卫星电视和实时视频会议中。蓝光光盘将 MPEG-4 Part 10 AVC 高级配置（High Profile）作为其三大视频格式之一；索尼的记忆棒（Memory Sticks）也使用这种视频格式存储视频。

MPEG-4 Part 10 AVC 事实上是一系列标准的组合（即“标准家族”），它包含下文列出的多种配置。每种解码器至少可以解码一种配置。自从 2003 年发布第一个版本之后，JVT 联合视频组扩展了这一标准，称为保真度范围扩展（Fidelity Range Extension，FREx）。这些扩展支持更高质量的视频编码、增加了比特深度和更高空间分辨率的视频（包括 ITU-R BT. 601 的 YUV 4:2:2 格式和 4:4:4 格式）。

3. H.264/MPEG-4 Part 10 配置和分级

H.264/MPEG-4 Part 10 格式包含 17 种配置。每种配置都能应用在不同的应用领域中。没有支持整个格式的配置。新版本的标准要么修改现有的配置，要么增加新的配置。过去曾删除了一个配置。H.264/MPEG-4 Part 10 一开始只有三种配置，每种配置都支持一组特定的编码/解码格式，这三种配置如下：

1）基线配置（Baseline profile）。它广泛用于视频会议或移动电话等基于有限计算资源的应用中。基线配置支持使用 I 帧和 P 帧的帧内编码和帧间编码。它使用基于上下文自适应可变长度编码（Context-Adaptive Variable-Length Coding，CAVLC）的熵编码。

2）主配置（Main profile）。它是为主流消费者设计的。它支持隔行视频，使用 B 帧的帧内编码和帧间编码，加权预测，基于上下文自适应算术编码（Context-Adaptive Arithmetic Coding，CABAC）的熵编码。当高配置开发出来之后，主配置的重要性就减弱了。

3）扩展配置（Extended profile）。它为 Internet 流媒体视频而设计，提供了相对高质量的视频压缩和更好的数据包丢失鲁棒性。它不支持隔行视频和上下文自适应算术编码 CABAC。它允许不同编码数据流之间的自由切换。它提高了对传输差错的应变能力。

其他更新的配置如下:

1) 高配置 (High Profile, HiP)。它主要用于电视广播和光存储, 尤其是高清电视。该配置已经用于蓝光格式。

2) Hi10P 配置 (High 10 Profile, Hi10P)。它基于 HiP, 其像素深度最高可达 10 比特位。

3) Hi422P 配置 (High 4:2:2 Profile, Hi422P)。它基于 Hi10P, 主要用于隔行视频应用, 支持 4:2:2 的颜色采样, 像素深度最高可达 10 bit。

4) Hi444P 配置 (High 4:4:4 Profile, Hi444P)。它扩展了 Hi422P, 支持 4:4:4 的颜色格式, 其像素深度最高可达 14 bit。它支持无损区域编码 (lossless region coding), 支持对每个图像的颜色通道独立编码。

很明显, 这些配置都是针对采用高分辨率和高品质视频的应用。

4. MP4 容器格式

MP4 的全名是 MPEG-4 Part 14, 对应的文件扩展名为 ". mp4"。它经常用于压缩的音频流和视频文件。在 MP4 编码中, 视频文件使用 MEPG-4 编解码 (Part 2 或 Part 10), 而数字音频文件使用高级音频编码 AAC 压缩。很多媒体播放器都支持播放 MP4 文件, 如 QuickTime、Windows Media Player 和 Flash Player。许多硬件设备 (MP3/MP4 播放器) 也都支持播放这种格式的文件。不只是视听流, MP4 文件还可以包含静态图像和字幕。

7.5 HEVC 视频压缩标准

高效率视频编码 (High Efficiency Video Coding, HEVC) 又称为 H. 265, 是由 ITU-T 和 ISO/IEC 联合制定的继 H. 264 之后的新一代视频编码标准。它的第一个版本发布于 2013 年, 其目的是在 H. 264 的基础上, 进一步提高视频压缩的性能。它能够在保证相同视频质量的前提下, 双倍地压缩视频。同其他标准一样, H. 265 支持帧内和帧间编码。尽管编码的模式与其他标准类似 (如运动补偿、分数运动矢量、VLC 或算术熵变换编码等), 但 H. 264 的编码模式更加丰富, 更加复杂和强大。例如，使用高达 64 ×64 的图像区域取代宏块，预测方向最高可达 34 个。

HEVC 支持最新的高清电视格式，如 4K 高清电视（2160p），3840 px ×2160 px 的视频分辨率和 8K 视频（4320p），其分辨率可达 7680 px ×4320 px。HEVC 还支持更高的颜色深度，将有更好的误差鲁棒性和更好的网络支持性。HEVC 的主配置与 H. 264 的高配置兼容。

第8章

数字电视广播

8.1　数字电视综述

8.2　源复用和传输

8.3　信道编码

8.4　调制

8.5　数字电视广播的整体系统

8.6　数字电视广播系统

8.7　高清数字电视（HDTV）

8.8　移动电视

8.9　数字电视的优点和不足

8.1 数字电视综述

数字电视出现在 20 世纪 90 年代初，那时，科学家们已经开发了很多视频压缩算法，这些算法能得到很高的压缩比。视频压缩等主要技术进步使得数字电视得以问世，因为这些压缩算法大大地减少了需要传输的数字电视视频的数量，从而解决了数字视频传输的问题。第一个数字电视频道于 1994 年出现在美国。在欧洲，早在 1991 年就开始了对数字电视广播格式的研讨，而第一个数字广播在 1998 年产生于英国。从那以后，很多国家逐步放弃模拟电视，并引入数字电视。

数字电视广播系统由 4 个子系统构成：

1）视听内容压缩系统。

2）源复用和传输系统。

3）信道编码系统。

4）调制系统。

在接收端，上述操作逆向执行，其顺序为：解调、信道解码、解复用、视听内容解压。视听内容压缩已在第 7 章中详解，而其他三个数字电视子系统将在本章中详细讲述。

8.2 源复用和传输

源复用和传输子系统处理数字视听数据——由视频或音频编码器提供的基本流数据包（packets），然后使用辅助数据识别每一个包、音频视频的复合包和辅助数据流，形成需要传输的包。然后，这些包可以多路复用、传输。在多路复用之后，打包的数据流可以有选择地被组合。而 DTV 接收器将解复用并解码音频流，并使视频和音频流同步，给用户提供多个可选的频道。此外，传输机制需要保证不同的发送/接收方式（地面、有线和卫星）的互通性。

8.3 信道编码

在源复用之后，以某一特定字节大小的包（例如，每一个包包含 188 B）为单位形成传输流。这些信号通过卫星或陆地射频发射机或有线电视网络传送到用户。这些通信方式都有误差。一个压缩后无冗余的数字电视信号，要求低误码率或零误码率。因此，为了检测和纠正接收端上的传输错误，在信号调制之前，需要运用信道编码的方法。这一步骤向传输流中增加了冗余位，因此数据传输会对发生在运输通道中的错误的容忍度更高。信道编码指的是错误检测和修正的步骤，有可能也包含数据调制。错误修正使用的是前向纠错编码程序（Forward Error Correction, FEC）。前向纠错信道编码的基本框架如图 8-1 所示。

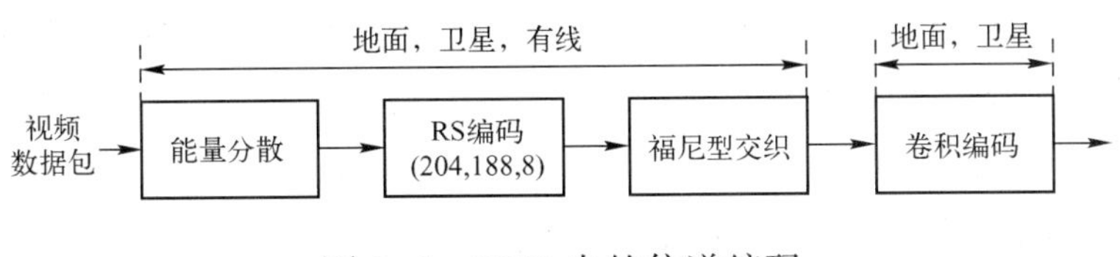

图 8-1　DVB 中的信道编码

在图 8-1 中，能量分散随机化传输的信号，以便抑制（直流项）低频，这样的低频产生在长 0 或长 1。在接收端，使用伪随机数生成器，执行相反的流程。RS 编码和福尼型交织是为了错误矫正（可能在传输中产生错误），它们独立作用在所有包上。卷积编码指其他类型的错误的修正，仅用于卫星和地面传输[㊀]

8.4　调制

调制（物理层上）利用传输通道和数字化的流数据信息，调制传输的数字电视信号。当信号中的噪声比和回声存在的时候，传输的技术特征就取决于传输通道的性质。因此，信号调制技术因传输类型（地面，或卫星，或有线传输）的不同而不同，以针对每种通道类型实现最佳的传输性能。下面介绍地面信道和卫星信道调制的例子。

8.4.1　地面信道的调制

因为传输回声和可能的信号干扰，在地面广播调频接收信息方面存在很多难题，尤其是移动的广播设备使用简单的天线的时候。不同国家的信道频宽不同，美

㊀　不包括有线传输。——译者注

国是6 MHz，欧洲是7～8 MHz。

在欧洲地面数字电视广播（DVB-T）系统中，调制是基于拥有2 K或8 K载波的正交频分复用（Orthogonal Frequency Divided Multiplexing，OFDM）方法。它的原理是以高比特率分发给大量的正交载波（大多在几百到几千），每一个载波都以一个低比特率传播信息。它最大的优势是，它在多路径接收表现优异。载波使用正交相移键控（QPSK）调制或正交振幅调制（16-QAM或64-QAM）。传输数据经过一个相对复杂的交错过程以增加系统对错误的鲁棒性。快速傅里叶变换（FFT）将时域与频域进行相互转换，以对数目较多的载波进行调制。即使有很长的持续回声存在，8K调制也能很好地接收信号。这一特点为设计相同通道的广域网提供了可能。单频网（SFN）由一些相距几十千米远的信号发射器构成。2 K调制的解调比较简单，但不支持单频网。此外，2 K调制的对脉冲噪声的传输鲁棒性降低。例如，这些脉冲噪声可能由带有燃气发动机的汽车产生的电火花引起，或由一些其他的家用电器等产生。

8.4.2 卫星传输的调制

在卫星接收信号的时候，载波信噪比（CNR）非常低，为10 dB或更低。然而，信号却一点也不受回声的干扰。卫星传输的信道带宽一般在27～36 MHz之间。在欧洲，卫星数字电视规格包含在DVB-S和DVB-S2系统中。QPSK调制能够为卫星传输提供最好的光谱特性。

8.5 数字电视广播的整体系统

图8-2所示描述了数字电视广播的所有基础传输和接收步骤。待播出的电视节目的音频和视频信号进入MPEG-2编码器，它可以传送分组的视频和音频流包（PES）给源复用（一般是4～8个电视节目复用一个信道频率，由所选的编码参数而定）。源多路服用器将打包的视频和音频流生成188 B的包，进行组合、传输。信道编码通过增加冗余比特将包的大小增加到204 B。在卫星传输过程中，卷积编码大大加快了传输速率。符号映射后是信号过滤和数模转换，数模转换产生需要广播的模拟信号。I和Q信号被QPSK或COFDM调制成大约70 MHz的IF载波。这些

IF 载波增频转换成近似的广播频域，广播给最终用户，最终的射频在传输之前被放大。在卫星广播情况下，升频转换将会使它成为卫星传输的上行频率。在卫星上，传输频率修改为用户所接受的频带。

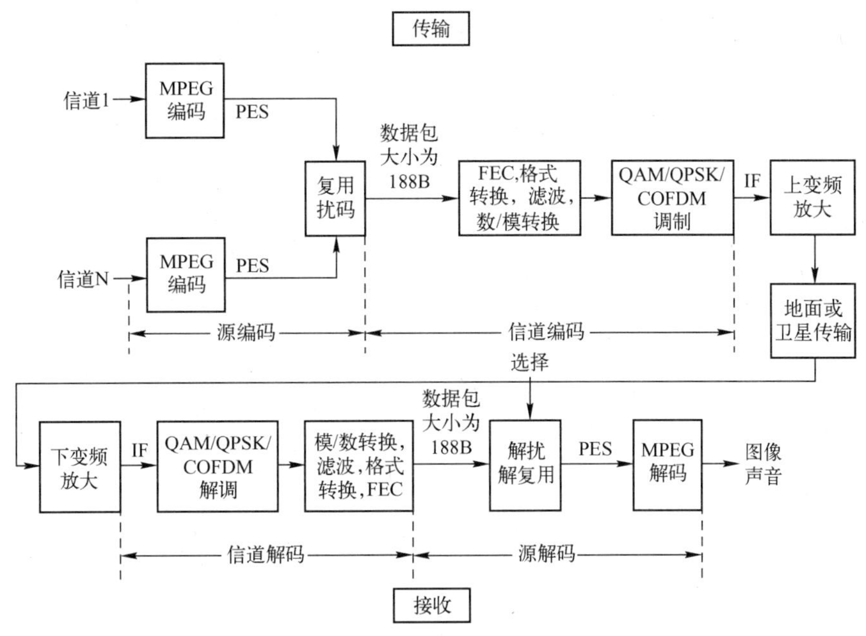

图 8-2　数字电视广播的传输和接收步骤

在卫星传输情况下，最初的下变频发生在天线传输之后，也就是在低噪声块变换器上，在机顶盒输入的时候，低噪声块变换器将会将频率范围降低到 950 ~ 2150 MHz。在机顶盒中，再下变频到 480 MHz 左右。对于地面接收的情形，仅存在一个从 VHF/UHF 信道频率范围到中频载波器的下频变换。在欧洲，IF 载波器的频率是 36.15 MHz。该 IF 载波器解调后，产生模拟信号，并经过 A/D 转换（模/数转换）产生数字信号，然后，进行数字信号滤波，I、Q 信号恢复。前向纠错（Forward Error Correction，FEC）取回原始的 188 B 的包。解复用处理后产生 PES，它对应于用户已选的节目。在此之前，如有必要，可先用解扰（descrambling）。对于用户选择的节目，MPEG-2 解码重建同步的音频和视频流。

8.6　数字电视广播系统

随着数字电视广播系统的发展，出现了欧洲的 DVB 系统，美国的 ATSC 系统，日本的 ISDB 系统，以及中国的 DTMB 系统。当前这些系统的地理分布如图 8-3 所示。所有的这些制式（标准）都建立于 MPEG-2 标准。MPEG-4 在更新的标准中得到支持。ATSC 使用杜比数字（Dolby-Digital）AC-3 音频编解码器，它提供了 5.1 环绕声。日本的 ISDB 高清电视使用 MPEG AAC 音频标准，该标准也支持 5.1 环绕声。欧洲的 DVB 制式同时支持 AC-3 和 AAC 音频编解码器。中国的 DTMB 系统支持杜比 AC-3 和 MPEG-2 音频（第 1 层和第 2 层）。美国的 ATSC 既不支持分层调制也不支持单频网（SFNs）。ATSC 信号对 RF 射频传输变化更敏感。表 8-1 描述了 ATSC、DVB、ISDB 的主要特性。

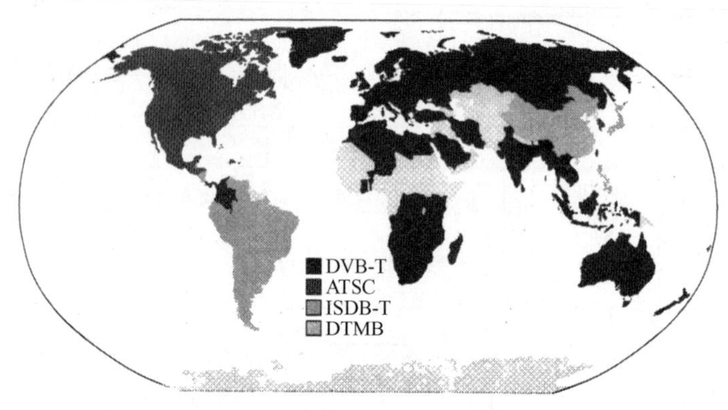

图 8-3 DTV 系统在全世界的区域分布

表 8-1 卫星电视的技术规范

数字电视系统	ATSC 8-VSB	DVB COFDM	ISDB BST-COFDM
源编码（Source Coding）			
视频	ISO/ IEC 13818-2（MPEG-2 视频）的主配置文件规则		
音频	ASTC 标准中的 A/52（杜比 AC-3）	ISO/IEC 13818-2（MPEG-2 第 2 层声音）和杜比 AC-3	ISO/IEC 13818-7（MPEG-2-AAC 声音）
传输系统（Transmission System）			
信道编码	-		
外部编码	R-S（207,188,t=10）	R-S（204,188,t=8）	
外部交织	52 R-S 块交织	12 R-S 块交织	
内部编码	2/3 速率格码	卷积码：速率为 1/2，2/3，3/4，5/6，7/8；限制条件：长度=7，多项式（八进制）=171，133	

（续）

数字电视系统	ATSC 8-VSB	DVB COFDM	ISDB BST-COFDM
内部交织	12:1 格码交织	按位交织和频率交织	按位交织，频率交织和可选的时间交织
数据随机化	16-比特 PRBS		
调制	8-VSB 和 16-VSB	COFDM QPSK，16QAM 和 16QAM 层次调制：多分辨率星座（16QAM 和 64QAM）； 保护间隔：OFDM 符号的 1/32，1/16，1/8 和 1/4； 两种模式：2 k 和 8 k FFT	有 13 个频段 DQPSK 的 BST-COFDM； 三种不同的调制方法：QPSK，16QAM 和 64QAM； 每段保护间隔：1/32，1/16，1/8 和 1/4； 三种模式：2 k，4 k 和 8 k FFT

8.6.1　地面数字电视广播（DVB-T）标准

地面数字电视广播标准 DVB-T 定义了欧洲和世界其他区域的地面数字电视广播的标准。它的第一次发布是在 1997 年。该 DVB-T 系统传输基于 MPEG-2 或 MPEG-4 标准压缩的数字视听数据。这个系统也使用了 2 K 或 8 K 载波的 OFDM 调制。信道频宽范围在 7～8 MHz 之间。调制时，FFT 用于时域到频域的相互转换。8 K调制可以得到较好的信号接收，即使有长持续性回声存在。2 K 调制的解调简单，但不支持单频网络 SFNs。

8.6.2　卫星数字电视广播（DVB-S）标准

在欧洲，卫星数字电视广播标准包含在 DVB-S 和 DVB-S2 系统中。在卫星传播过程中，最好的光谱特性由 QPSK（每符号 92 bit）、16-QAM 或 64-QAM 调制。在卫星接收时，载波噪声比非常低（10 dB 或更低），所以信号一点儿也不会受回声干扰。信道频宽范围在 27～36 MHz 之间。

在卫星广播过程中，传输和接收的基本步骤和地面广播一样，它们都在图 8-2 中给出。在卫星广播时，前面 8.3.1 节中提到，卷积编码用于信道编码之后，以提高传输速度。QPSK 调制产生 I 和 Q 信号。上变频将会使得 IF 信号成为卫星发射的上行频率。下变频发生在天线之后，它下变频到 950 ~ 2150 MHz，作为接收机解码器的输入时，又一次下变频到 480 MHz。

8.6.3 有线数字电视广播（DVB-C）标准

有线数字电视广播（DVB-C）是有线数字电视广播的欧洲标准，最早于 1991 年由欧洲电信标准协会（ETSI）发布。DVB-C 传输系统的框架图如图 8-4 所示。视听 MPEG-2/MPEG-4 编码流多路复用，生成 PES。许多 PES 合并在一块构成了传输流，然后传输流再分解成若干 188 B 长度的包。随后是能量分散（energy dispersal），它去除包中字节间的相关性。信道编码（前向纠错，FEC）用在所生成的包中，FEC 包括块编码和里德所罗门编码（Reed-Solomon，RS 纠错）。FEC 在每包中最多纠正 8 个错误比特。然后，对字节流应用卷积交织和字节/多重转换。每一个符号的两个重要比特位进入差分编码器，生成一个具有旋转不变的信号星座图。所生成的比特流有 5 种可用的 QAM 调制方式，分别为 16-QAM、32-QAM、64-QAM、128-QAM或 256-QAM。接着，使用升余弦形滤波器，它可以去除一些接收器上信号的相互干扰。最后，信号经过数/模转换器和一个射频 RF 前端调制器处理。

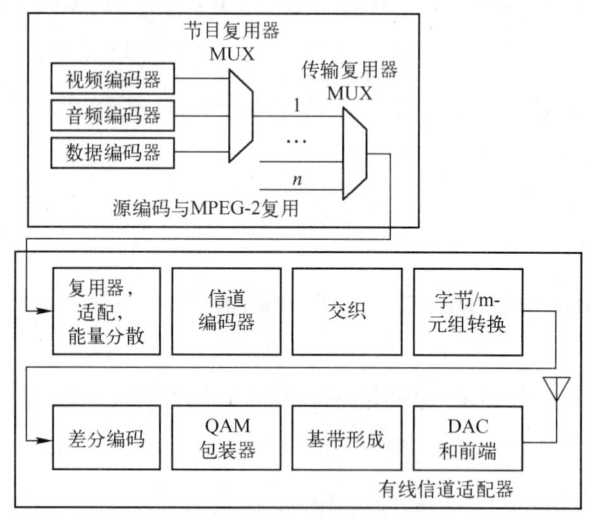

图 8-4　DVB-C 传输系统

2010 年 4 月，一个新的有线数字电视广播标准发布，它就是 DVB-C2，它将逐步替代当前的 DVB-C。DVB-C2 使用改进的调制和编码技术，从而加强了有线网络（至少增加了 30% 的容量，多输入协议支持，改进误差性能）的效率。DVB-C2

可应用在视频点播系统和高清电视系统中。两种版本的模型和特点见表 8-2。

表 8-2 DVB-C 和 DVB-C2 规范

	DVB-C	DVB-C2
输入接口	单传输流	多传输流和通用流封装
模式	恒编码 & 调制	可变编码与调制，自适应编码与调制
FEC	RS	LDPC + BCH
交织	位交织	比特，时间和频率交织
调制	单载波 QAM	正交频分复用 COFDM
导频	无	分散及持续导频
保护间隔	无	1/64，1/128
调制机制	16 ~ 256-QAM	16 ~ 4096-QAM

8.6.4 ATSC-T 标准

美国的 ATSC（美国高级电视系统委员会）标准是在 20 世纪 90 年代初期由 Grand Alliance 开发的。它主要是为在单一的 6 MHz 信道上传输高质量的视频和音频而设计的。对于地面广播信道，ATSC 达到的最高比特率是 19 Mbit/s。对于有线电视广播信道，可以达到 38 Mbit/s。ATSC 传输的视频的分辨率比 NTSC 电视信道传输的视频高 5 倍，因而需要高视频压缩，需要 50 倍地降低比特率。ATSC 系统使用 MPEG-2 标准对数据压缩和多路复用。从 2008 年开始，ATSC 也支持 MPEG-4 第 10 部分的视频压缩规范。

ATSC 提供两种调制方法：一个地面广播模式，另一个就是所谓的带有 8 离散幅度电平和 16 离散幅度电平高数据率的 VSB（残留边带）调制。8-VSB 调制方法包括一个必需的主服务和其他可选项的混合，也称为加强版的 8-VSB。它能以低比特率达到比主服务更高的抗信道损伤。16-VSB 模式以降低的 38.75 Mbit/s 的数据速率，得到 28.3 dB 信号 - 噪声阈值的高传输稳健性。16-VSB 模式和 8-VSB 模式很相似。两个模式之间主要的不同在于，离散幅度电平的数目（一个是 16，一个是 8），以及 8-VSB 中使用网格编码器和 NTSC 抗干扰滤波。

图 8-5 所示就是主服务的框架图。首先，输入数据进入一个随机数发生器中，然后通过 RS 编码器运行 FEC，RS 编码器为 TS 包增加了 20 个 RS 奇偶校验字节。然后

使用 1/6 的数据交错和 2/3 的比例网格编码。接着，TS 包被格式化成数据帧，最后，多路复用数据段同步和数据场同步。随后是导频插入、VSB 调制和 RF 上转换。

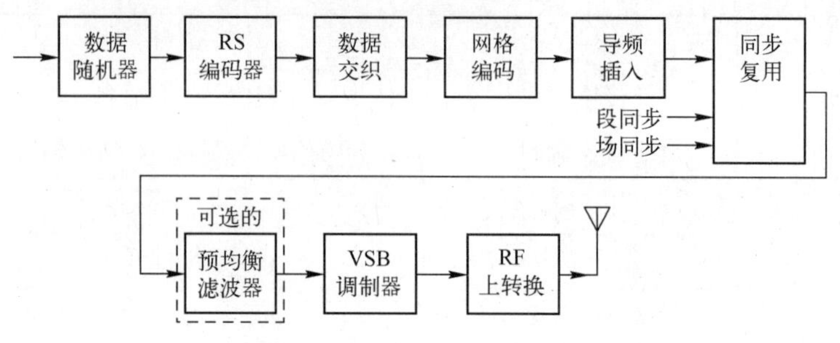

图 8-5　ATSC 主服务简图

8.6.5　ATSC-C 标准

ATSC-C 标准开发主要是为了使用 6 MHz 有线信道传输数字视频和音频。这个系统可以和从卫星信道发出的数据流结合。包含光纤的有线信道是一个线性有限带宽的信道，它带有白噪声、干扰和多路失真。因此，还需要在数据流中使用正交幅度调制和自适应均衡级联编码。输入到编码器和调制器的数据格式采用 MPEG 传输帧，它包括一个个持续的 188 B 固定长度包的流。每一个包中的第 1 个字节是同步字节，其十六进制的值为 47。这个同步字节用于数据包描述和错误检测，其独立于 FEC（前向纠错编码）层。FEC 系统包含 4 层：RS 编码、交织、随机化和网格编码。FEC 系统每 15 min 得到一个错误事件的一个低比特误码率。最后，ATSC-C 使用两种调制模式：带有 64 点信号星座图的 64-QAM 和 256 信号星座图的256-QAM。这些模式分别得到 5.057 Mbit/s 和 5.361 Mbit/s 的符号率。

8.6.6　ISDB-T 标准

日本的 ISDB-T 标准使用 MPEG-2 中定义的复用系统，再复用几个传输流生成一个单一的传输流。生成的传输流经过信道编码，最终被 OFDM（正交频分复用技术）所调制。除了固定的接收服务外，通过时间交织，ISDB-T 也提供移动接收服务。在 ISDB-T 中，信号通过分层传输（最多有 3 层）来传输。电视广播信道的带宽包含 13 个连续的 OFDM 块，也就是所谓的 OFDM 段。每一个 OFDM 段的带宽等于电视广播带宽的 1/14。每一个级别的层包含一个或多个 OFDM 段，一个载波调制机制，内编码器和时间交错机制。ISDB-T 提供三种系统模式，由 OFDM 载波频率之间的三个不同的区域间隔所定义。模式一提供4 kHz 的间隔，模式二提供2 kHz 的间隔，模式三提供 1 kHz 间隔。这三个模式有不同数量的载波，但是比特率是相同的。

8.7 高清数字电视（HDTV）

8.7.1 HDTV 简介

数字电视广播技术已经从标准清晰度走向高清晰度电视。高清晰度（HD）这个词并不新，它用于描述高分辨率的系统。这个词早在 1936 年就在英国使用过，之后又在美国、苏联、日本、欧洲使用。过去，有一些模拟高清电视的尝试，例如，欧洲的 HD-MAC 系统和日本的 MUSE 系统。然而，直到 2000 年左右，由于模拟电视向数字电视的过渡，HDTV 才为消费者所使用，帮助电视内容提供商盈利。直到现在，HDTV 可以提供最清晰的数字电视图像质量。和其他传统电视系统（如 NTSC，PAL/SECAM 等制式）相比，HDTV 的空间分辨率更高。HDTV 图像的信息量可以是标清电视的 5 倍。当视频在一个 32 in(1 in = 2. 54 cm) 或更大的屏幕上播放的时候，HDTV 图像的清晰度就尤其显著。

HDTV 数字化地进行广播，因为如果使用合适的视频压缩技术，则数字传输需要一个相对小的带宽。HDTV 使用和模拟电视一样的带宽，但 HDTV 传输 6 倍的信息量。HDTV 颜色质量远超过标清电视，其图像更加清晰，如图 8-6 所示。HDTV 声音遵照 5. 1 音频格式。

图 8-6　标清图像（左）和高清图像（右）的对比

8.7.2 HDTV 的规范

HDTV 规范是标准数字电视广播规范（ATSC，DVB，ISDB 和 DTMB）的扩展。一般情况下，所有的 HDTV 标准在技术上都有一定的相似性。它们都包括数字视频和音频的编码与传输。HDTV 图像规格定义了图像分辨率、扫描系统、帧速率和宽高比，具体技术规范见表 8-3。屏幕图像分辨率主要指沿着图像维度上，不同的像素点的个数。然而，对于 HDTV，仅仅计算竖直方向上的像素的个数就可以保证清晰的分辨率，如 1080p。扫描系统可以是逐行或隔行。帧速率也被成为帧频，表示每秒多少帧或多少 Hz。HDTV 支持 16:9 的宽高比，与模拟电视相比，它可以提供一个更好视觉效果，而一般模拟电视支持 4:3 的宽高比，如图 8-7 所示。

表 8-3 HDTV 的技术规范

类型	水平像素	垂直像素	宽高比	扫描系统	帧率
ATSC					
1080p	1920	1080	16:9	逐行	23.976，24，29.97，30
1080i	1920	1080	16:9	隔行	29.97，30
720p	1280	720	16:9	逐行	23.976，24，29.97，30，59.94，60
DVB，DIMB					
1152i	1440	1152	16:9	隔行	25
1080p	1920	1080	16:9	逐行	23.976，24，29.97，30
1080i	1920	1080	16:9	隔行	29.97，30
1035i	1920	1035	16:9	隔行	25，29.97，30
720p	1280	720	16:9	逐行	23.976，24，29.97，30，59.94，60
ISDB					
1125i	1920	1080	16:9	隔行	29.97
1125i	1440	1080	16:9	隔行	29.97
750p	1280	720	16:9	逐行	59.94

所有的 HDTV 标准都使用 MPEG-2 标准压缩视频。MPEG-2 与 MPEG-1 相比能够支持更高的比特率。HDTV 的传输速率是 12 ~ 20 Mbit/s。MPEG-4 第 10 部分也同样支持，如在 DVB-T2 中。

目前，超高清电视格式也由 ITU 标准化。4 k 超高清支持 3840 × 2160 图像分辨

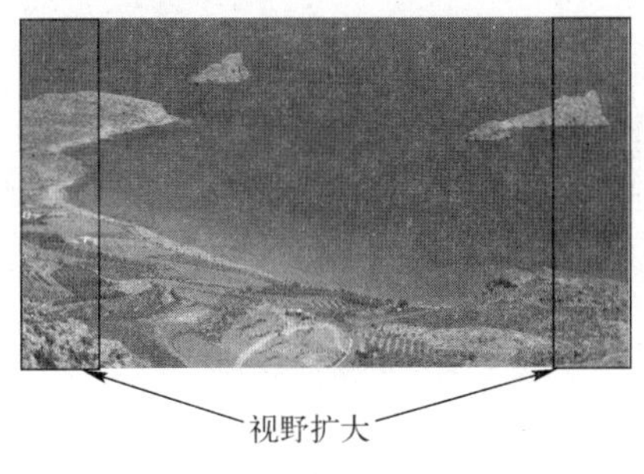

图 8-7　宽高比为 4:3 和 16:9 的图像对比

率（如 2160p）。8 k 的超高清提供 7680×4320 分辨率（4320 p）的视频。超高清电视提供 24，25，50，60 和 120 fps 的帧速率，以及可以和数字电影院、IMAX 相媲美的、顶级质量的视频和音频。因此，UHDTV 吸引了广播公司的注意，尽管超高清视频的采集和压缩有一定的困难。

8.7.3　HDTV 设备

现存三种方式可以传输 HDTV 信号、地面、光缆、卫星。一个支持 HDTV 的机顶盒是必需的。此外，一个 HDTV 屏幕也是必需的，而且至少是垂线上（或水平上）1080 的分辨率和可以播放该分辨率的 16:9 的宽高比。HDTV 套装的两个基本的选择，如图 8-8 所示。

1）集成的高清电视机。这个选项是一个一体化解决方案，它包含了 HDTV 屏幕和一个或多个调谐器（地面波、卫星或有线）。

2）单独的接收器。这个选项内置有提供相同的图像质量的设备，但是为了接收和显示地面以及有线或卫星 HDTV 节目，还需要一个外围的接收器。它通常在不带有解码器的高分辨率、高质量屏幕的情况下使用。

HDTV 屏幕可以有一个数字视频接口（DVI）以接受视频输入，可以提供一个顶级质量、全数字视频连接和高清晰多媒体接口，可以在一根电缆上处理音频和视频。

从听觉上来说，为了享受多通道环绕声，家庭影院系统是必需的。这种家庭影院声音系统包含如下模块：

1）HDTV 或 HD 机顶盒与音频系统之间的数字音频连接（光纤或同轴电缆）。

2）可以处理杜比 AC-3 或其他更多通道音频格式的数字音频处理器。

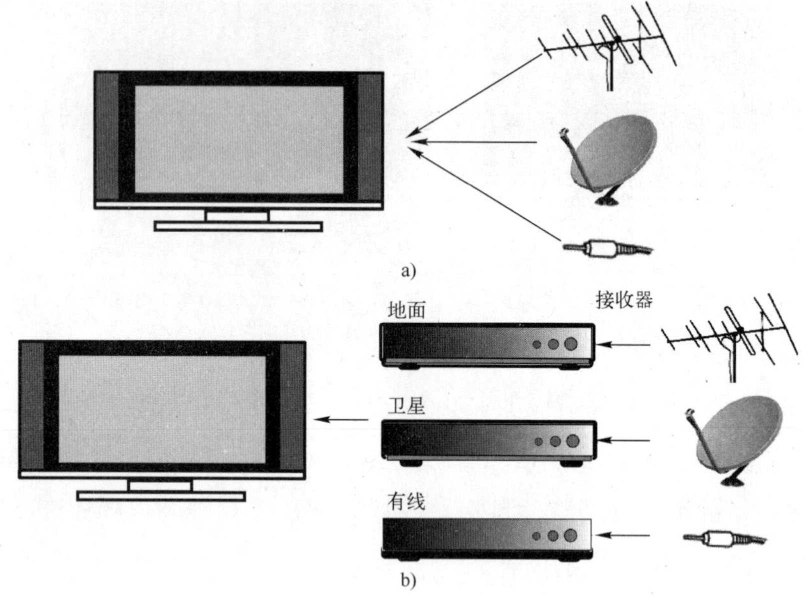

图 8-8　HDTV 套装的两个基本选择

a）集成的 HDTV 套装　b）使用外部接收器的 HDTV 套装

3）放大 6 个或更多音频通道（左，中，右，左后，左右通道和低频通道）的多通道声音放大器。

4）5 个或更广范围的扬声器，以及可以再现数字环绕声的 6 个或更多通道的低音炮。它们必须放在合适的收听位置，如 8-9 所示。

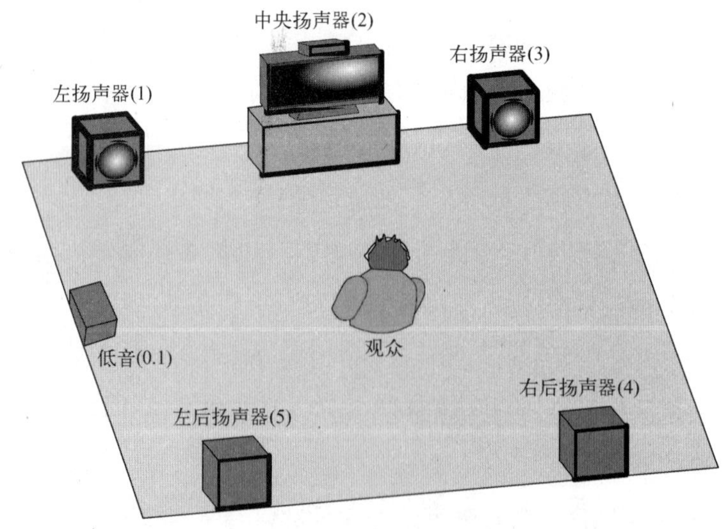

图 8-9　6-通道 5.1 扬声器系统

这样的一个 HDTV 也可以连接其他的 HD 设备，如蓝光 DVD 播放器、HD 游戏控制台或 HD 视频摄像机。

8.8　移动电视

由于移动手机以前所未有的速度增长，新技术得到发展，使得大众能够观看流媒体，例如，手机上的数字电视。接收端不再受限于家里或一个交通工具上了，这也开阔了大众电视节目消费的新领域。对于手持式电视终端，典型的用户环境与移动收音机相似。多媒体移动手机和掌上电脑可以成为手持式电视终端。这些设备都有一些共同之处，如体积小、轻便、有限的电池容量。这些特点也对传输和接受系统有所限制。移动设备经常没有额外的外部电源。因此，低功率消耗是必要的。可携带性也是一个必要的特点，这意味着不仅仅在建筑内或建筑可以自由使用设备，还可以在一个高速移动的车辆中使用。由于便携式设备的天线尺寸较小，当移动终端运动时，不能聚焦在发送器上，因此，移动接收受到阻碍。而且，从一个传输单元过渡到另一个传输单元，应该是无缝连接的。人们设计了一些移动电视系统，主要是在 DVB、DMB 和 ATSC 标准的扩展上，这些移动电视系统满足这些标注并提供广阔的地理覆盖面积。

8.8.1　移动电视格式 DVB-H

移动电视格式允许在移动设备上接收电视直播。DVB-H 是安装在千千万万家庭中的地面数字广播（DVB-T）格式的扩展。由于移动电视 DVB-H 结合了移动手机和电视的功能，这就面对了一个新的部署模式，例如，传统电视台和移动公司（或二者的结合）使用 DVB-H 发布电视内容。因此，移动经营商和电视广播电视之间的合作可以创新出新服务。DVB-H 格式在 2004 年被正式应用在 ETSI EN 302 304 标准中。2008 年，DVB-H 格式又被欧盟正式采用为地面移动电视广播的首选技术。其主要的技术竞争对手是 DMB（数字多媒体广播）和 ATSC-M/H。DVB-SH（手携式卫星服务）和 DVB-H2 是这些技术下一步可能的发展方向，它们能提供优越的频谱效率（Spectral Efficiency）和巨大的灵活性。

8.8.2 DVB-H 规范

DVB-H 的商业规范于 2002 年定义在 DVB 项目中。DVB-H 应该为便携移动设备提供视频广播服务，包含可接受质量的视音频流。数据速率对于移动环境来说应该是足够的。DVB-H 格式为每一个视频通道制定高达 10 Mbit/s 的数据速率。传输通道会使用 UHF 广播频段。换句话说，它们使用的就是 VHF III 频段。如果允许使用，则其他的频率也可能会被用到。

图 8-10 所示为一个移动电视系统。DVB-H 可以提供一个高数据的速率来下载数字视频的通道，这个下载服务可以独立使用，或和其他一些移动服务结合。最后，这个新系统应该和现存的地面数字电视 DVB-T 系统很相似。DVB-H 的结构和 DVB-T 网络应该相互兼容，以重用相同的广播设备。DVB-H 扩展了 DVB-T 系统，而 DVB-T 在地面数字电视方面是非常成功的。但是，DVB-H 还需增加新特性，以迎合轻便、电池供电设备的要求。DVB-H 可以和 DVB-T 在相同的多路复用流中共存。DVB-H 旨在工作在以下频段，如图 8-11 所示。

1）VHF-III（170～230 MHz）高频，频率范围为 30～300 MHz。

2）UHF-IV/V（470～862 MHz）超高频，频率范围为 300 MHz～3 GHz。

3）IEEE L（1452～1492 MHz）IEEE 频段 L（20 cm 雷达长波段）是微波频段的一部分（范围为 1～2 GHz）。它主要在通信卫星和地面上的数字音频广播中使用。

据估计，DVB-SH 和 DVB-H2 将会扩展支持 2 GHz 以外的频段。

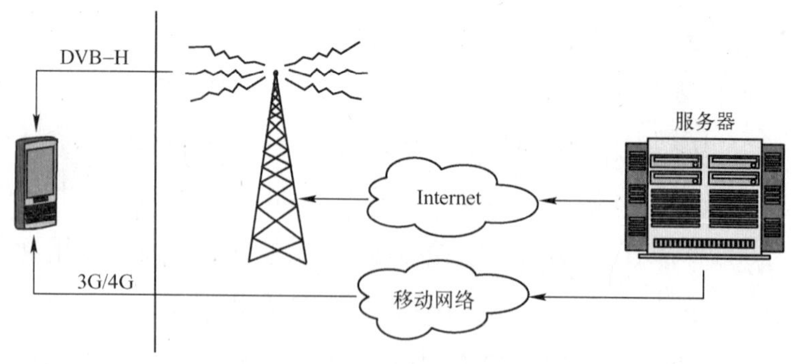

图 8-10　DVB-H 移动电视系统

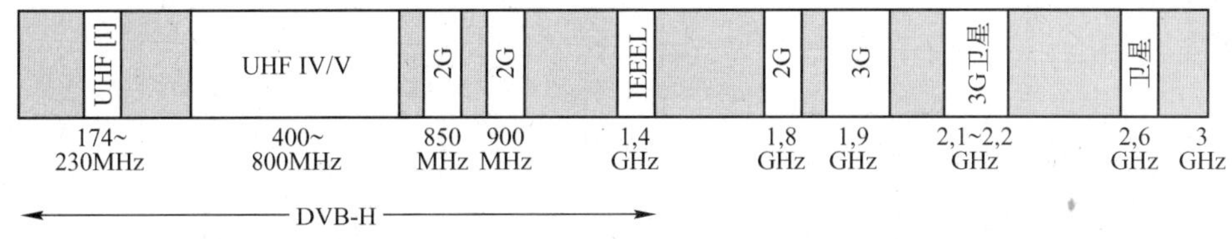

图 8-11　DVB-H 和 DVB-SH 频谱

如图 8-12 所示，时间分片技术用于降低轻小手持终端的能量损耗。数据以包为单位在小时间段内传送。每一个包最多包含 2 MB 的数据（包括奇偶检验位）。对于每一个受 RS（Reed-Solomon）编码保护的 191 bit 的数据都有 64 个奇偶校验位。接收器的第 1 部分仅在数据传输时才打开。在这个很短的时间间隔内，接收大量的数据并被存储在一个缓冲器中。这个缓冲器存储了部分视频流以供在屏幕上再现。所实现的节能依赖于开关时间比。如果一个 DVB-H 流中有 10 个或更多通道，则在接收器的第 1 部分的节能可能会高达 90%。

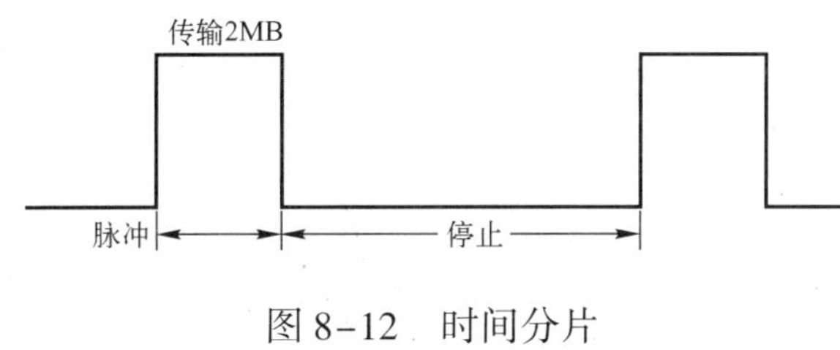

图 8-12　时间分片

DVB-H 有以下优势：

1）DVB-H 允许接收端在静止状态期间终止操作，使其节省 90% 的能量。

2）在 DVB-H 流中允许电视通道的时分复用，如图 8-13 所示。

3）DVB-H 改进了前向纠错。可选的 FEC 多路转换器及错误校正使得 DVB-H 对于传输错误具有更大的弹性。

4）DVB-H 和 DVB-T 共存。例如，一个提供商可能选择发送与一个 DVB-H 并排的两个 DVB-T 服务和多路复用 DVB-T 流。DVB-H 可用于 6、7 频道和 8 MHz。图 8-14 显示的是 DVB-H 中，MPEG-2 视频压缩的使用。

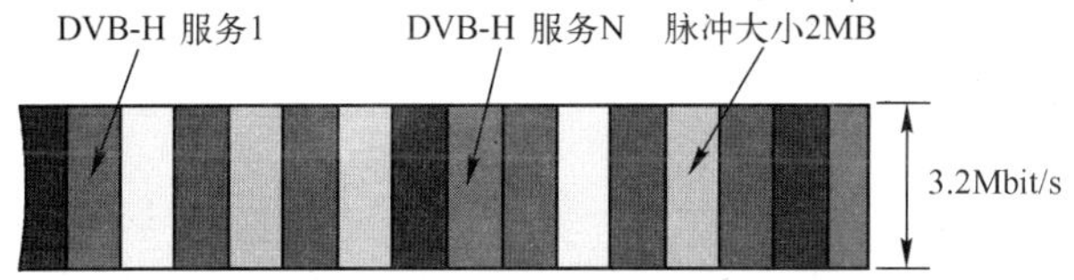

图 8-13　DVB 流上的时间复用

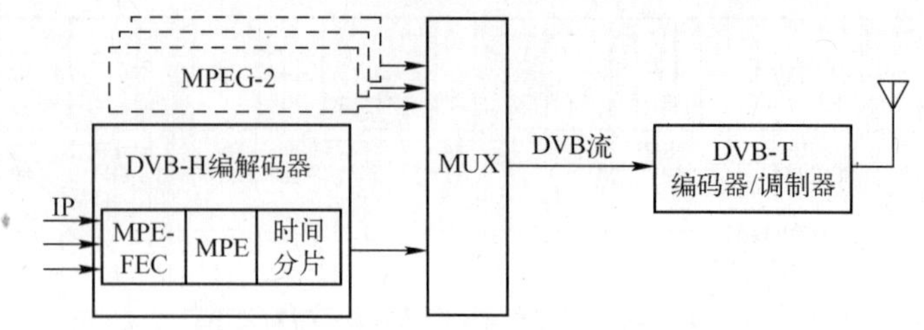

图 8-14 DVB-H 编码器和传输器

卫星 DVB-H（也称为 DVB-SH）是一个移动终端（如移动手机和掌上电脑）上的媒体内容和数据传输格式。卫星 DVB-H 基于一个卫星和地面通信混用的数据下载通道，支持数据从卫星到终端的传送，例如，一个 GPRS 上传通道从终端到卫星上传数据。2007 年，DVB 工程采用了 DVB-SH 标准。DVB-SH 系统频率最高达 3 GHz，同时支持 UHF 以及 L 和 S 频带，如图 8-11 所示。它补充和改进了 DVB-H 标准，提供了更好的频域可供使用，以 bit 或 Hz 为度量单位。它也提供了一个混合的卫星和地面覆盖。与 DCB-H 相比较，DVB-SH 有以下几个改进的地方：

1）可用的帧速率更多。

2）不支持 64 QAM。

3）1.7 MHz 带宽和 1K FFT 支持。

4）FEC Turbo 编码的使用。

5）改进的时空交错。

6）对终端多天线的支持。

8.8.3 ATSC 移动/手持式标准

ATSC 移动/手持式（也称为 ATSC-M/H）服务使用了 ATSC-TS 主服务 RF 通道的 19.4 Mbit/s 的一部分。M/H 系统通过 IP 传输层的发送流数据。在图 8-15 中描述了 ATSC-M/H 配有 TS Main 和 M/H 服务的广播系统。M/H 系统包含 ATSC 物理传送层，它可以在高多普勒速率条件下解码。M/H 系统通过 FEC 加强流的接收。M/H 系统和 ATSC 传统接收器兼容。

8.8.4 ATSC-M/H 的技术规范

ATSC-M/H 支持两种文件或传输类型：内容文件，如音频和视频文件，以及服

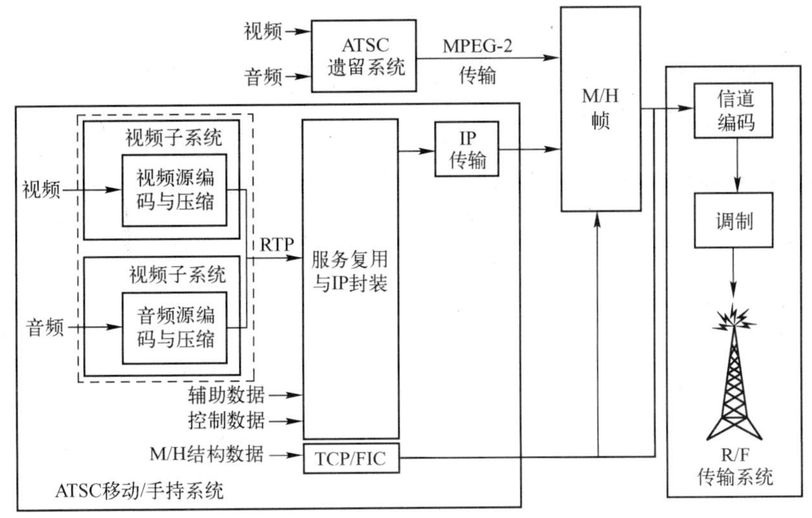

图 8-15 整体的 ATSC 广播系统

务指南部分，它包括版权保护、标志和 SDP 文件等信息。

M/H 数据被分成若干合奏（ensemble），每一个合奏包含一个或多个服务。合奏使用独立的所谓的里德-索罗门帧（Reed-Solomon Frame，RS Frame）FEC 结构，使得 RS Frame 在不同的错误保护层中得到解码。M/H 数据是在包内或网格层上的前向纠错编码，植入了很长的训练序列和可靠性控制数据，这些数据在 M/H 接收端进行处理。而且，M/H 接收端是节能的，因为它可以循环利用调谐器和解调器的能量。

M/H 数据基于时间片与 TS 数据共享 8-VSB 通道，这加强了 M/H 接收器接收 M/H 数据的速率。一个 M/H Frame 的时间间隔被分成 5 个等长度的子间隔，就是所谓的 M/H Subframe。M/H Subframe 又被分成 4 个 M/H 子区域，每一个子区域的时间长度均为 48.4 ms，这是一个 VSB Frame 传输的必需时间。最终，M/H 子区域被划分成 4 个 M/H 槽（slot），所以每个 M/H Subframe 包含 16 个 M/H 槽。

所传输的 M/H 数据事先被组织成 M/H 合奏（ensemble），它们是一系列连续的 RS Frame。RS Frame 被分成 M/H 组，这些 M/H 组又 5 个一组地构成 M/H 队列。M/H 队列由 M/H 组构成，它们要么来自于单个的 RS Frame，要么来自于主级（primary）和次级（secondary）的 RS Frame。这些 M/H 组又分成 M/H 槽（slot），它们均匀地分布在 M/H Frame 的 M/H Subframe 上。RS Frame 组成了基本的数据发送单元，其数量和大小是由 M/H 物理层传输模式决定的。在相同的 M/H 队列中，主级 RS Frame 的尺寸比次级要大。

M/H 传输子系统包含一个快速信息通道，它们用于经由 RS Frame 发送必要的信息，快速得到 M/H 服务。这些信息既绑定 M/H 服务和相关的 M/H 合奏，又涉及 M/H 服务信号通道。

M/H 服务是通过 M/H 多路复用传输的 IP 流。M/H 服务形成电视或音频节目，由广播电视公司控制。

8.8.5 ATSC-M/H 服务事宜

公告子系统提供关于服务的信息，通过服务向导提供。服务向导是一个 M/H 服务，它在服务信令系统中定义。M/H 接收者通过访问指南表 GAT-M/H 获得有效的服务向导信息。GAT-M/H 包含可用的服务向导及其可访问性的信息。ATSC M/H 服务向导是开放移动联盟（Open Alliance Broadcast Services）广播服务套件服务向导的一个扩展的、受约束的版本，它通过一个或多个 IP 流来传送。公告频道是通过主流来传送的，这些主流也伴有零个或多个包括向导数据的流。在单一流的情况下，向导数据通过公告频道流来传输。

M/H 系统定位于从一个传输点到轻便或手持式设备之间的音视频服务的传送。除了 M/H 音视频服务以外，广电运营商也可以编辑和发送额外的补充数据，这些补充数据可以与服务一起使用。这个功能是被应用开发架构支持的。该功能提供了图像内容的补充声明、服务布局、补充内容和服务内容之间的通信。而且，它也使得广电运营商修订服务目录及时间安排控制。此外，应用开发架构支持许多功能，如 M/H 服务在不同设备类型上的统一渲染，以及用户通过操作按钮和输入字段与传输服务之间的交互。

服务保护可以控制收费服务的可访问性，保护其内容的机制。ATSC-M/H 服务保护系统基于 OMA BCAST DRM 整体轮廓，它包含了关键配置、层 1 注册、长期关键信息、短期关键信息和通信加密。ATSC-M/H 服务保护系统基于先进加密标准（AES）、网络配置安全（IPsec）和通信密钥（TEK）标准。ATSC-M/H 系统支持交互式模式和独播模式。在第 1 个模式中，交互式模式，系统包含一个交互的通道，这个通道使得移动接收段和服务提供商的通信，从而下载服务保护信息。在第 2 个模式中，交互频道不存在。在这种情况下，通过其他机制来请求服务访问，如电话或发邮件给服务提供商。

8.9 数字电视的优点和不足

数字电视带来了许多益处，它提供了极佳的图像质量，提高了音频效果。它也在移动设备上有好的收看效果，甚至是移动用户的情形，如在车上。在偏远地区、没有覆盖模拟电视信号的地区（如岛屿），也能提供较好的画面质量。它能在数字电视上显示美丽生动的图像，而且没有伪影和干扰物。当数字电视接收者接收到来自不同发送者发送的两个信号时，最终仅有一个信号被放大和显示，像传统的模拟电视一样。通过缩小每一个频道的带宽，视频和音频信号的压缩可以更好地利用传输频率。因此，多个电视频道可在一个传输频率上广播。相反，每一个 VHF 或 UHF 频率仅支持一个数字电视节目。因此，每一个电视台可以广播许多电视节目，而不是仅局限于一个节目。数字电视提供特殊功能，如节目导视 EPG，它比通过配音和字幕以实现额外语言支持的模拟电视的服务更好。数字电视也提供了互动性支持，这使得一个观众从被动变得更加积极。它也可给那些特殊人群提供服务（如语音到文字的互转换）。对于互动性支持，返回的频道必须满足用户的选择和需求等。这样的频道一般是基于网络的或是基于移动手机端的。而且，显示的广告是根据观众的喜好和兴趣选择性地出现。付费收看或视频点播也可以实现。

HDTV 拥有标清电视（SDTV）的所有优点，并能够提供高清晰度图像和音响效果。其图像质量可以和那些模拟电视、电影相媲美，无论是在分辨率、对比度和特殊效果上。HDTV 也支持 16:9 的宽屏显示，这相较于 SDTV 的 4:3 比例，更能给用户一个置身于电影院的感觉。最后，HDTV 提供了与 CD 播放器相似的高质量的音频，并支持立体环绕声。

移动数字电视是另一个基于移动通信和数字电视的前沿技术。它覆盖地域广，给乘车上班族和那些移动的人提供了流畅电视广播。一些电视台已经向全世界提供了移动电视服务。然而，移动数字电视还有待大规模普及。

事实上，数字电视这一部分并没有什么技术缺点，唯一不足就是有广告，这取决于广播运营商或内容提供者所使用的商业模式等，包括内容加密和查看用户支付了订阅费用等。由于数字电视频道的多种多样，因此观众很容易被所提供的海量信息吸引。互动电视的用户接受度尚未可知，因为传统的用户倾向于被动观看电视。由于数字电视很容易被复制，因此它面临着数字内容被剽窃的困扰。许多研究都是围绕版权的保护展开的，例如，通过加密或数字水印加密视听内容。然而，这个问题还远没有被解决。

第9章

流　媒　体

9.1 流媒体介绍

流媒体（如音乐或视频）是指在局域或广域网中连续不断传输的媒体文件。流媒体不需要等待传送整个文件完成后再开始播放音频和视频，而是在文件传输期间就允许媒体播放。媒体数据通过网络（如互联网）传输、回放。此外，流媒体还允许用户控制媒体文件的播放。

像电视广播一样，数字流媒体允许实时或按需访问音频、视频或其他可选择的多媒体内容，然而数字流媒体同时也可为数字内容提供版权保护。此外，流媒体还可以与用户互动。与模拟电视广播不同，流媒体的数字本质是通过提供一些工具，如视频帧上的可点击的热点，选择自动连接到在特定的时间内媒体播放的WWW 网站的不同 URL 网址，以及使用关键字智能检索的多媒体内容，以便于用户的交互。

数字媒体市场调查显示，70% 的美国互联网用户认为：如果 WWW 网站中包含音频和视频的内容，则会更加吸引人。绝大多数的互联网用户已经开始在线听音乐、看视频。商人也开始通过流媒体盈利。微软公司关于网站的大量研究显示，许多公司已经使用流媒体技术取得丰厚的利润。谷歌的“YouTube”就是一个典型的实例。常见的使用流媒体的业务是媒体、企业通信、销售等。

流媒体吸引了大量的消费者，它的影响力已经在电子商务的发展中得到证明。美国的一项研究表明，使用流媒体的互联网用户是更加有经验的，他们在线的时间比一般的用户要多一倍。此外，美国的一项新研究显示在 18 ~ 35 岁之间的大多数年轻人至少一周一次在线看电视或视频。这些人比其他同龄人花费在网上的时间要长，他们看网络广告和网上购物的概率是其他人的两倍。

流媒体技术允许实时或按需访问在互联网上的音频、视频和多媒体内容。这基本可实现实时地网络传输记录在视频或音频的内容，这种传输方式称为网络广播。流技术也支持将预先记录或处理的流媒体内容按需发布。流媒体是通过媒体服务器传输，并使用客户端应用程序，如媒体播放器，接收、处理和播放流媒体。当媒体播放器接收到足够的数据时就可直接播放流媒体，而不用等到接收完整个数据文件。数据传送到客户端后，存放在一个缓存中，直到数据足量时就播放流媒体。像

"渐进式下载"这样的伪流媒体技术支持在文件传输未完成的情况下播放流媒体。所以，流媒体的一个特点就是在完成文件传输之前就能够开始播放流媒体，但这并不足以区分流媒体与其他技术。由于在接收设备上不会保存任何接收和播放的流媒体的备份文件，因此，流媒体技术的一个非常重要的优势就是它提供一定程度的版权保护，这与传统的"渐进式传输"不一样。

9.2 流技术

9.2.1 文件传输/渐进式下载

传统的媒体传输，用户必须等到整个文件全部传输到客户端，才能播放流媒体。这一过程中，用户倾向于使用文件传输工具，用以保存并播放数字内容，这样，终端用户可以随时保存和播放数字内容。但是，如果艺术家和出版商不允许实际用户存储数据，那么这种文件传输/下载方式就是有问题的，因为在这种非法的文件传播方式下，版权很容易受到侵犯。

与传统的文件传输技术不同，人们熟知的伪流媒体（在 QuickTime 术语中），或快速启动的流媒体等渐进式下载技术支持文件传输完成之前播放。渐进式下载与流媒体不同，它是将媒体文件的副本保存在接收端的硬盘上。如果流媒体不可用，则渐进式下载是一种好的选择，尽管它也有缺陷。渐进式下载实现起来比流媒体更容易，成本更低。

Web 服务流，也称为 HTTP 流，都是渐进式传输的变形/演变。它在本地存储媒体文件的副本，所以无法阻止终端用户复制传输文件。然而，HTTP 流中的一个很有意思的优势是：它能够穿过通常不允许流媒体文件穿过的防火墙，来传输流媒体文件。

9.2.2 流媒体技术

流媒体（Media streaming）是实时进行的，因此支持电台直播或电视广播，而媒体文件传输是不支持的。流媒体服务器向用户提供流控制和交互选择功能。在流媒体中，用户可以以传统方式播放音视频，而这在传统文件传输中是不可能的，因为它必须等到文件传输完成。与始终连续播放的渐进式传输不同，流传输支持内容预览，以及快进/后退。流媒体技术也允许按需点播和实时网络直播。

流传输需要专门的媒体服务器。用流媒体格式编码过的媒体文件通过网络服务器传播。传输的媒体类型，包含用于渐进式传输的媒体文件，通过标准网络服务器来提供服务。但这种服务器不能调节互联网上媒体的传输，因为互联网上会有较大的传输比特率波动。流技术采用互联网传输协议（如 TCP 和 UDP）和客户端服务器技术，以方便音频和视频能实时同步播放。流媒体文件被编码成不同的版本，每一个新的版本都针对不同的传输速率进行优化。一个流媒体服务器传输合适的媒体版本，要么是用户自己选择的，要么是浏览器默认的。在某些情况下，服务器可以根据网络平台和连接速度自动选择最佳版本。根据媒体服务器和媒体播放器功能的不同，流媒体的传输可以根据带宽动态调整。专用的流媒体服务器支持可充分利用网络带宽，给用户传送更好的音频和视频，该服务器也需要支持很多个并发用户并提供充分的版权保护。

由于音频和视频是依赖时间的媒体，因此它们的信息包（packets）必须按时、完美无缺地到达媒体播放器端，以方便播放器能连续地播放音频或视频。然而，互联网本身提供了异步通信功能，而不能保证接收包的达到顺序。TCP 能确保传输文件按照正确的顺序组装回去并在传输过程中实现更换任何丢失或损坏的数据包。这个过程，通常称为错误纠正，但为了保证传输的实时性，流媒体技术通常不使用该错误纠正技术。在流媒体传输中，如果有数据丢失或者毁坏，则一般认为它是永久的丢失了。这种情况导致数据不完整，有时使得音频或视频无法播放。幸运的是，人类的视觉和听觉的感知可以容忍一定程度上的错误，即使一些视频帧或音频包丢失，人们也可以大略地理解这些内容。因此，虽然不能实现文件的无损传输，但流媒体技术也是可行的。

流技术依赖于可用的带宽，因为数据流必须按时被传送到媒体播放器端，以确保实现流畅的媒体播放。流技术需要低比特率的数据传输。一般来讲，在网络环境中数据传输率比数字电视广播低得多，很明显，这也比 DVD 播放器上的传输率低得多。下面是几种降低所需比特率的方式：

1）降低视频帧的空间分辨率（帧像素的总数）。

2）降低视频帧的帧速（每秒帧的帧数）。

3）压缩视频帧以消除视频帧的冗余。

使用上面方法中的一个或多个，视频播放的质量就会下降。高速连接的用户可以播放任何为低速传输条件下编码的流媒体文件，但是观看到的视频质量可能会下降。低速连接的用户将会面临媒体传输顺序的紊乱或延迟。流媒体技术提供的最好解决方案是为不同比特率的用户传输不同分辨率的流媒体，满足各种各样连接速率的终端用户的需要。这种方法叫做多比特率编码（Multiple Bit Rate Encoding）。

9.2.3 流媒体类型

1. 流媒体点播

文件一旦编码完成并放置到媒体服务器上，它们就可以在任意时间根据任何用户请求进行播放。用户能选择快进/后退和暂停/继续播放流媒体文件。流媒体点播的一个主要优点是不管在什么时候，媒体文件都可以使用，媒体提供商就不需要太大的带宽来支持大量的用户连接。流媒体点播的一个主要应用是远程学习。

2. 现场直播

网络直播（网络广播）包含实时事件编码并上传到媒体服务器。服务器将流媒体直接传送给目标观众。现场广播需要比流媒体点播更大的带宽，这是由于现场广播中所有的用户同时连接服务器。除了需要大带宽，现场直播还需要多流媒体服务器来传输负载均衡。将负载分配给多台计算机，那么一台服务器宕机的可能性就会降低。因此，系统的容错性能就会提高，且意外传输延迟的概率就会降低。

9.2.4 编码器、服务器和媒体播放器

编码器、服务器和媒体播放器应用程序是流媒体系统的三个基本构建模块，如图9-1所示。媒体（音频和视频）文件在使用流媒体传输之前，必须使用媒体编码器编码。文件编码后上传到媒体服务器。服务器对来自各种客户端的媒体播放请求做出响应，且在传输期间，用户与媒体播放器保持全双工链路连接。这种双向链路可以允许用户停止播放或前进/后退地浏览媒体内容。这样的命令然后由媒体播

放器传送到媒体服务器去执行。媒体播放器除了视频播放还有其他的功能，如幻灯片、音乐和旁白的全方位多媒体演示。最常见的流媒体播放器有 RealPlayer（RealNetworks 公司）、Windows 媒体播放器（微软公司）、QuickTime（苹果公司）和 FlashPlayer（Adobe 公司）。

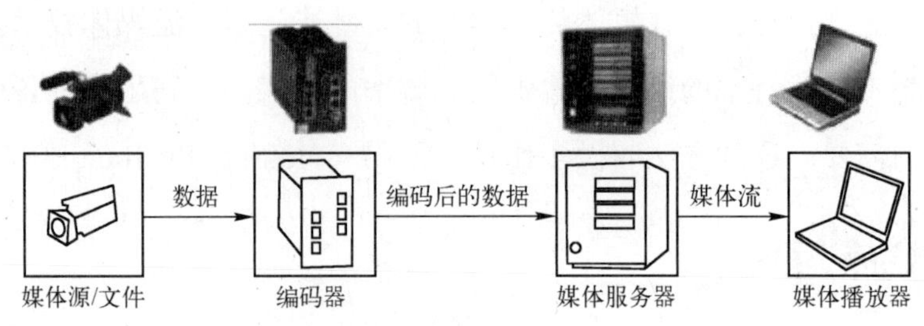

图 9-1 流媒体系统结构

9.2.5 协议、文件格式和编解码器

流媒体系统组件之间是相互通信的。协议、文件格式和编解码器为它们之间的交互通信提供框架，协议规定系统组件之间信息交换的原则。文件格式描述数据是如何被存储并形成流文件的。编解码器用于编码和解码媒体文件信息。下面，详细介绍一下这些概念。

在最底层，超文本传输协议（Hypertext Transfer Protocol，HTTP）可以用于传输互联网上的流媒体文件，并可以实现 HTTP 服务器与媒体播放器之间的交互。由于多种原因，HTTP 通常用于网页传输，但并不是很适用于流媒体传输。也有一些其他协议，但是最后没有统一的标准。上节最后提到的三个主要流媒体平台使用的协议之间的互操作性和兼容性是相当低的。Apple 公司和 RealNetworks 公司使用实时传输协议（Real Time Transport，RTP）和实时流式传输协议（Real Time Streaming，RTSP）。而 Adobe 公司使用实时消息传送协议（Real Time Messaging，RTMP），微软公司使用 RTSP 和一个被称为微软媒体服务器（Microsoft Media Server，MMS）的专有协议。

流媒体数据必须符合特定的规则（文件格式），它们才能被媒体播放器和媒体服务器理解、处理。很遗憾的是，每个商业流媒体平台主要使用的都是自己的文件格式。MP3 音频格式在流媒体中被广泛使用，YouTube 视频使用的是 Flash 视频编码格式。

流媒体数据一旦在接收端被接收，媒体播放器就会对其解码然后准备播放。这个过程会用到视频或音频解码器，如 H.264 编解码器。

9.3 流媒体处理

整个流媒体的处理过程划分为以下 4 个主要阶段：

1）媒体创作，指视听流媒体内容的制作。

2）媒体编码，指使用一种格式将视听内容转换成流的过程。可以使用多种方式进行这种处理，如用特殊的块式媒体编码，或运行编码脚本。

3）媒体制作/出版，即媒体版面设计和演示。演示流媒体的最简单的方法是把它们放在网上，并提供链接地址。

4）媒体托管/交付，使用户可以访问流媒体。这个阶段包含托管/交付设计，实施、维护和分析。该过程是循环往复的。

在上述流媒体处理过程中，媒体编码是最复杂的阶段。

9.3.1 流媒体编码

视频编解码器在各种视频帧中必须采用一种比特率分配策略来改善数据的传输。关键帧必须先编码，其次是差异帧（P 帧或 B 帧）。最后，视频编解码器生成了一个有顺序的编码后的比特流。视频帧分辨率越大，帧编码所需要的比特位数就越多。

除了对视频编码器所遵循的比特分配策略外，还有一个策略需要考虑，即每秒所需编码视频帧的数量。这个数量根据视频内容动态改变。运动/活动较少的镜头所需编码的帧的数量较少㊀，而分配给运动/活动较多的镜头的比特位更多。如果用户设置了最大和最小帧速率，则上述帧速的选择将会受到影响。

如果流媒体管理者想要考虑到不同连接比特率的用户、为每一个用户尽可能提供最高的质量，流媒体管理者应该为每一个可能的比连接特率生成一个对应的流媒体版本㊁。每个版本可以针对特定的连接速度进行优化，通过确定合适的视频帧大小和帧速率的方式产生多流媒体。根据所使用的平台的不同，这个处理过程会产生附加的文件。QuickTime 不支持在单个文件中有多个流媒体，而 RealPlayer 和 Windows

㊀ 所需的比特位也较少。——译者注
㊁ 每一个版本对应不同的音视频分辨率和帧速率。——译者注

媒体播放器支持在单个文件中整合不同传输速率的多流媒体。这些流媒体在编码阶段创建，并提供重要的媒体发布选项。

人们提出了多种流媒体编码方法，这些方法考虑了上述各种因素，并适用于不同的流媒体环境。

1. 恒定比特率（CBR）编码

通常，当我们使用硬件编码的流媒体技术传输视频时，最好有固定带宽的编解码器。编码器有一个内置的数据速率控制单元，这个单元是使用一个缓冲区以平滑流位负载的峰值和最低值来产出恒定的数据速率。编码器控制可用缓存区的大小并动态地改变压缩速率以确保它达到目标数据速率。这个方法就是所谓的恒定比特率编码（CBR）。用来产生恒定传输速率的缓存区大小，是由编码器决定的。由于缓存区不满之前，播放器是不能播放流媒体的，因此视频播放就会延迟。这称为内存延迟，它通常会导致播放延迟。因此，很容易得出这样一个结论：大的内存缓存区可以确保编码视频的播放质量，在快速视频镜头中，缓存能够存储更高的传输速率峰值。因此，避免了使用降低压缩视频质量的更高压缩级别。

在 CBR 编码中，优化内容质量的主要工具是使用延迟内存缓存区，正如上面提到的。缓存区默认可缓存 5 s 的视频，增加缓存区的大小能显著提高视频播放质量。但是，缓存区越大，内存延迟也就越大。内存增加的一个例子就是电影编码，它有一个较大的启动延迟，如 30 s，是有道理的。因为这个时间与电影的播放时间相比不是很长。对于给定的（复杂的）场景来说，如果数据速率太低，则视频编解码器根据可用的 CBR 内存，可能会丢失部分帧，以保持最大数据速率的变化。在权衡/折中内存延迟和视频质量时，我们需要谨记：内存延迟越长，视频质量越好。我们可先设置缓存区大小，然后再考虑需要的视频质量。

另一方面需要注意的是关键帧的间距（以帧的数量为尺度）。间距越大通常视频的质量也越高，这是由于编解码器能够减缓由关键帧编码带来的传输速率峰值。但是，如果播放器暂时失去连接或接收到受损的数据流包，则关键帧是视频流非常重要的同步参考，因为媒体播放器在流媒体中只寻找关键帧。所以，通常不允许长的帧间隔。

2. 二次 CBR 编码

在 CBR 的视频编码中，提前知道接下来视频帧的内容是非常有用的。因为这样可以提前知道每一帧应分配多少比特位，编码器可以做一些最优抉择。例如，在一个新闻中，由一个新闻节目的主持（特写）场景切换到一个广告场景。由于缺乏强的运动场，特写镜头很容易编码。相反，广告倾向于使用大量的镜头剪切来吸引观众的注意。因此，广告编码需要更高的比特率。若编码器不知道广告将在新闻广播后面，则它将分配给新闻广播很多的比特位，会提高新闻广播的视频质量，却导致较少的比特位分配给广告场景，甚至导致明显的失真。

视频编码之前，二次 CBR 编码通过浏览整个视频段来解决比特分配问题。第一个阶段，从分析理论上编码每个视频片段中的不同帧所需的比特率，这个结果将在第二阶段中用于确定每一个视频帧的比特位。由于编码器已经知道未来视频编码的需求，因此它能更好地适应场景突变。这也就意味着视频的整体质量变化会比单 CBR 编码低。二次 CBR 编码一个主要的劣势在于我们需要获取后面的信息，但并不是任何时候都能做到的，如现场广播就做不到。另一个缺点是，二次 CBR 编码会增加一倍的编码时间。

3. 可变比特率编码

有一些内容复杂多变的视频流，一些视频部分用几个比特位编码，而另一些则需要很多的比特位数编码。可变的比特率编码（VBR）支持根据源内容，变化数据输出的速率。因此，没有内存缓存的限制，可以更好地控制视频质量。但需要说明的是，当简单和复杂场景混合在一起进行编码时，VBR 成本更高。VBR 编码为简单的视频分配更少的比特位数，因而有足够的比特空间为复杂场景产生高质量的视频。在长视频中，VBR 编码的效果最好，如电影，这主要是因为电影场景是复杂多变的。过去，硬件编解码器不能很好地支持 VBR 编码，而现在很多的硬件编解码器都支持 VBR 编码，如音频流。

4. 基于质量的可变比特率编码

如果我们的目标是要达到一定的视频质量，并且网络和硬件都可以处理由编码器产生的数据速率峰值，那么可以选择基于质量的 VBR 编码。这样编码器给媒体品质定义了级别：从 1（最低质量）~ 100（最高质量）。当编码器要求适用于其中的某个级别时，它会试图将整个媒体文件达到相同的质量水平，以减少失真，如在快速场景中。基于质量的 VBR 编码是通过主观和客观结合的方法进行评估，以达到所需的质量级别。因此，当编码器使用的质量级别为 50 时，所达到的质量应该是级别 100 对应的视频质量的一半。当然，这样的质量估计是不可能实现的，因为由编码器的客观质量评估未必与观众的主观质量评价一致。

5. 平均比特率（ABR）编码

这个方法是使我们保持一个平均的数据率，而不是平均的视频质量水平。它分为两个阶段：第一阶段，编码器分析视频帧，这个处理过程与二次 VBR 编码相似；第二阶段，编码器会自动确定能够实现平均比特率的视频质量水平。使用 ABR 编码的主要原因是为了达到期望的媒体文件大小，这在很大程度上取决于视频内容。由于 ABR 编码有和固定质量 VBR 编码相同的限制，因此在使用时需要小心。ABR 编码不适用于具有波动带宽、不可靠通信信道的流媒体。此外，当用在持续时间长、内容多样化的媒体文件上时，ABR 的优势就很明显了。

6. 不同编码方式的选择

很显然，选择正确的编码方法对得到较高编码质量很重要。在很多情况下，错误的编码方式的后果不能被随后的优化过程所调整。决定时，应先考虑 VBR 编码方式，然后考虑二次 CBR 和单 CBR 编码。在适当的视频上使用 VBR 编码时，与在相同视频文件上使用 CBR 编码相比，VBR 会产生更好的视频质量。两者的压缩比之差大约是 2:1，这就意味着我们可以得到有相同质量的文件，但是 VBR 压缩后得到的文件大小是 CBR 的一半。而且，如果媒体资源是一个文件，而不是一个实时的，则强烈建议使用二次 CBR 编码。这样我们可以得到比单 CBR 编码更好的质量，又不失 CBR 编码的优势。而在很多直播流编码中，单 CBR 编码是唯一可用的编码方式。

9.3.2 发布和托管流媒体

发布是将制作的可用流媒体文件公开的过程。为了解这个过程，下面先介绍一些关于 Web 浏览器和网络服务器如何操作的基本原理。当用户/客户端向网站发出网页请求时，会发生下面的事件：

- Web 浏览器请求网站主页。
- Web 服务器返回 HTML 代码，包含相关的图片、文本和其他可能来自不同服务器的元素/组件。
- 浏览器解析所接收的数据并向 Web 服务器发送请求，请求相关元素。
- Web 服务器接收请求并发送适当的文件，以及适当的多用途互联网邮件扩展（MIME）文件。使用 HTML、TCP、IP 用于文件传输，如图 9-2 所示。
- 使用 MIME 信息，客户端浏览器接收、显示相关元素，最后显示整个 Web 页面。

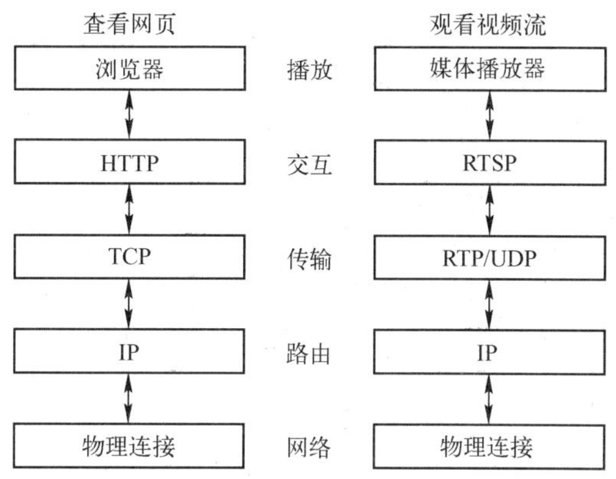

图 9-2　网站浏览和流媒体文件播放

下面的不同场景都可用在视频文件流传输中：

- 流媒体文件通过 HTTP 传输。浏览器中含有用于媒体编码和回放的内置软件，或软件的链接。
- 一个媒体文件通过 HTTP 传输，并且浏览器会将文件导入一个独立的媒体播放器中。
- 文件通过不同的协议传输，并且浏览器会将文件导入一个独立的媒体播放器中。
- 文件通过不同的协议传输，并使用浏览器通过一个适当的软件播放媒体。

原始请求必须使用 HTTP 进行通信，因为 Web 浏览器和 Web 服务器都会使用这个协议来传输数据。如果媒体文件通过流传输或通过 HTTP 的渐进式传输，则 Web 浏览器会使用一个媒体播放器链接在重播/回放上或将它发送到一个独立的媒体播放器中播放。为此，需要从浏览器向流媒体播放器转移控制权，这通过使用元文件来完成。当媒体播放器需要控制时，它可以使用不同的协议来接收媒体文件，如图 9-3 所示。

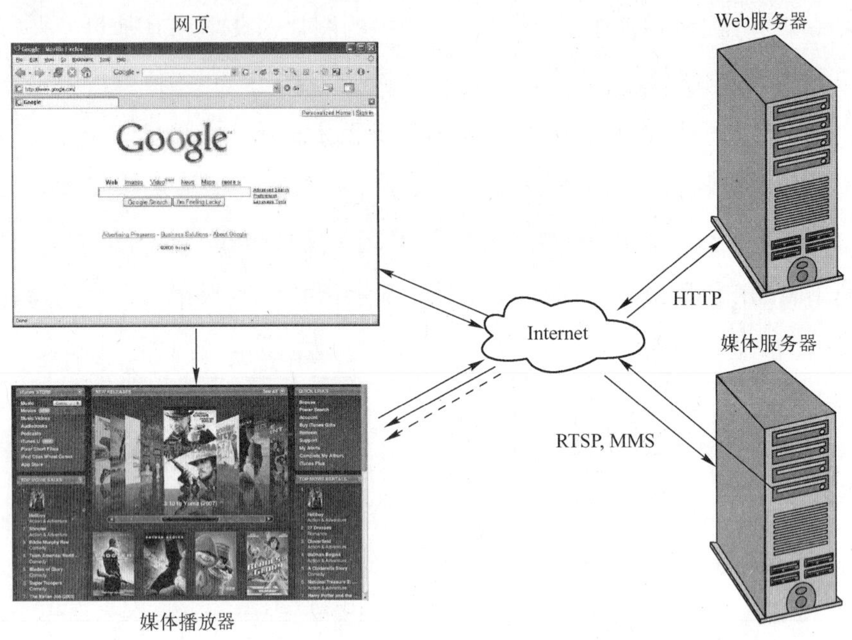

图 9-3　流媒体环境

元文件是便于使用 MIME 类型在流媒体播放器上播放媒体的小文件。这些文件称为元文件（RealSystem 播放器）、Windows 媒体文件（微软媒体播放器）或元数据（QuickTime 播放器）。元文件包含真实流文件的地址和其他信息，如播放列表和选项。

当 Web 浏览器接收到元文件时，根据 MIME 的类型，送到合适的流媒体播放器中。流媒体播放器打开元文件，找到流媒体文件的地址，然后使用不同的协议与另一个端口上的流服务器进行独立的通信。控制从浏览器切换到流媒体播放器。不同的端口号和所使用的协议配合使用，将控制权从浏览器转移到流媒体。这样，我们在收听流媒体广播电台时，可以继续在网上浏览。

虽然元文件是一个聪明的解决方案，但它同时也会带来一些问题。如果有人有几个流媒体文件，每一个流文件有相应的元文件，这本身不是问题。然而，对于具有数千甚至数百万个流媒体文件提供商来说，管理同等数量的元文件便带来了难题。元文件由于是小文件，因此很容易被复制和通过邮件发送。传输了的元文件是不受控制的，并且会产生不可预见的多媒体内容管理问题。

9.3.3 流媒体通信问题

带宽是流媒体中的关键问题，原因有两个。较重要的原因是数字化音频和视频比普通计算机文件要大很多，所以传输时需要更高的带宽。第二个原因是要保持一致的流媒体质量，这需要依赖于流传输使用的各部分网络的带宽。其中，网络的路径分为以下三个部分：

1）用户网络连接。

2）媒体服务网络连接。

3）内网链接。

很遗憾，没有人能控制用户与互联网的连接，这就是说，如果用户的网络不好，媒体服务器将不再重要。我们可以通过以不同的数据速率来提供流媒体，以满足多数用户的需要。

流媒体用以下三种方式传输给用户：

1）单播。一个媒体服务器发送一个单独的数据流到每个用户，如图9-4所示。多个连接提供多个流。按需媒体传输总是使用单播。

2）广播。单个流媒体同时传输到多个用户。每个用户有自己与媒体服务器的连接。大部分的现场直播会用到这种类型。

3）多播。单个流媒体使用专门的IP地址在网络中传输。流媒体数据包在网络结点上复制，然后再到达多个用户。当一个用户进入到一个多播服务器时，媒体播放器就会被导向到该网络特定位置上复制的包。

多播协议的产生是为了减少数据的复制，当有许多人需要接收相同的数据时。这些协议将单个流从媒体服务器发送到目标组，如图9-5所示。多播传输技术是否可行取决于网络硬件的基础设施。多播技术的一个缺陷是丢失对视频的控制。广播和电视的流媒体通常会阻止用户控制媒体的播放。但是，这个问题可使用媒体播放器的缓存来解决。多播传输对局域网（LANS）来说很重要，因为局域网是由单个网络路由控制的。在这样的设置下，多媒体流副本可在局域网上进行分配，对网络拥堵的影响最小。但是，在互联网上实现多播仍不现实。多播和单播的结合可以最小化网络带宽需求、最大化观众覆盖面。

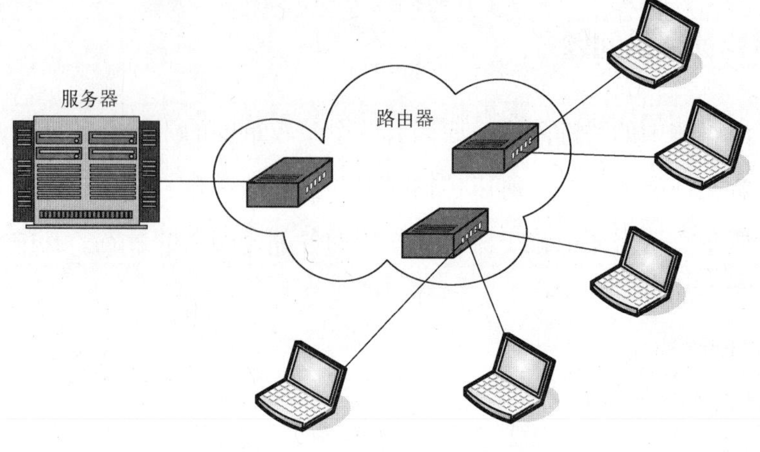

图 9-4　单播

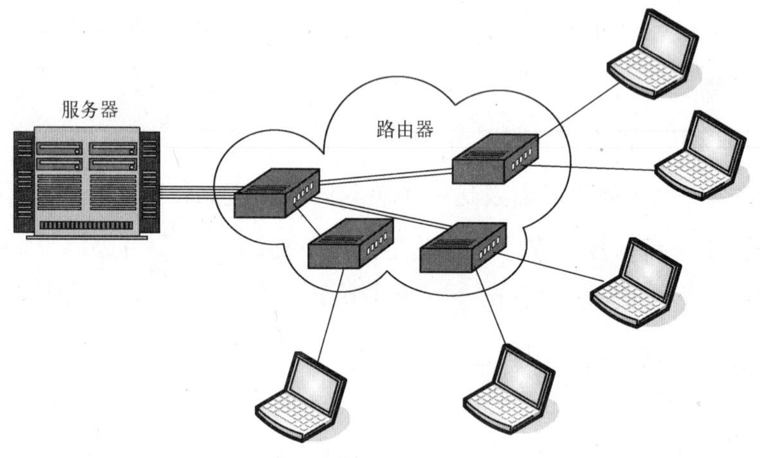

图 9-5　多播

9.4　流式音频和视频文件格式

波形音频文件格式（WAV）是一种容器文件格式，它由微软开发，用于解压和压缩音频。如果计算机上安装了适当的编解码器，则音频就可以播放，如 Windows 媒体播放器。用在 WAV 文件上最常见的编解码器是脉冲编码调制（PCM）和微软自适应差分脉冲编码调制（MS ADPCM）。1 min 的 PCM 音频的大小在 644 KB ~ 27 MB 之间。文件的大小取决于采样频率、声音类型（单声道或立体声）和每个音频样本的比特数量。

MPEG-1 Audio Layer 3，也就是我们所熟知的 MP3，它是一种在 MPEG-1 中使用的音频压缩格式。MP3 格式是由 Fraunhofer 研究所（德国）、AT&T Bell 实验室（美国）和 CCETT（法国）的工程师团队联合设计的。它在 1991 年变成了 ISO 标准。这是消费类音频存储和音乐传输并在媒体播放器上播放时常用的音频格式。MP3 格式采用的是有损的音频压缩。感知编码会用到这种压缩方式。它是使用心理学模型来抑制较少感知到的信息，而用有效的方式压缩音频信息的其余部分。因此，虽然压缩大大减小了音频文件的大小，但它却提供了与原始的未压缩音频几乎相当的音频。使用低、中或高的比特率生成的 MP3 文件，产生的相应的音频质量分别是低、中或高。

音频视频交错（AVI）格式是资源交换文件格式的一种特殊情况。在计算机中，视听内容存储常用到 AVI 格式。这种格式是一种容器文件格式，如果计算机上已经有了合适的编解码器，则 AVI 格式可用来存储压缩的视频或音频内容，并由媒体播放器解码播放。在 AVI 文件中常见的视频编解码器如下：

1）DivX 编解码器（DivX 公司的品牌名）。它可对大型视频文件进行深度压缩，同时保持一个相对良好的视觉质量。DivX 编解码器使用了 MPEG-4 的第 2 部分压缩规范。

2）CinePak 编解码器。该编解码器是 SuperMatch 公司开发的，用于编码传输速率为 150 kbit/s、分辨率为 320×240 像素的视频。

3）MJPEG 编解码器。它将每一个视频帧分别当成一张 JPEG 图片进行压缩。

AVI 文件较常使用的音频编解码器是 MP3（用于压缩的音频）和 PCM（用于未压缩的音频）。

9.5 Real Player

RealPlayer 是由 Real Networks 公司开发的媒体播放器，该播放器支持用户听音频、观看视频。它同时也支持来自网络或本地网络的 RealAudio 和 RealVideo 文件的实时播放，而不用将相应的媒体文件下载或存储到本地硬盘。选择 RealAudio 或 RealVideo 源后，应用程序就连接到对应的 Web 页面，然后自动打开并播放选中的文件。下面几个工具可以帮助视频和音频的播放：IE 浏览器上的 RealPlayer ActiveX

插件，用于播放 Macromedia Shockware 电影的 RealAudio Xtra 和 Netscape 浏览器上的 RealPlayer 插件。

第一个 RealPlayer 版本称作 RealPlayer 4.0，是 1995 年由 RealAudio Player 发布的，这是第一个流媒体播放器。RealNetworks 提供了一系列免费的“基础的”版本和有更多功能的“Plus”版本。RealPlayer 版本对 Mac 系统、UNIX 系统、Linux 系统、Windows Mobile 系统、Palm 系统和 Symbian 系统等都是支持的。

RealPlayer 11 增加了一些新的功能，这些功能包括对 Flash 视频的支持和 DVD/SVCD/VCD 视频录制的功能。另外，RealPlayer 11 Plus 版本向 iPad 在线传送视频较为容易，并且还支持为全球成千上万个电台提供在线广播。该版本也提供了对版权的支持，允许出版商只将数字化内容传送给他们自己的客户。在这点上，我们将分析 RealPlayer 播放器，除了其作为音频和视频播放器的主要用途之外，还提供的额外功能。

1. 应用程序配置文件

RealPlayer 支持通过拖曳功能创建播放列表，同时也支持产生随机播放列表。它支持图形显示，从灯光效果到图形动画，这增强了用户体验。RealPlayer 支持顺序和随机音乐播放，以及全屏视频播放。均衡器和工具箱用于改善音频和视频质量及控制功能。

2. 媒体库和媒体浏览器

媒体库通过音轨编辑和标注实现内容组织。媒体浏览器允许用户在播放数字化媒体文件时浏览网页。

3. 音频录音和光盘创建

RealPlayer 可以制作 CD 光盘。免费的 RealPlayer 版本可以制作数据和音频光盘，高版本的还可以制作 MP3 光盘。此外，RealPlayer Plus 可以从计算机麦克风上直接录制。

4. 格式转换

RealPlayer 播放器可将文件转换为被支持的格式，如 AAC（.M4A）、RealAudio

10（.RA）、MP3、WAV 和一些 WMA 的文件类型。RealPlayer 不能转化受保护的文件格式，如使用订阅服务器下载的受保护的 WMA 文件或 RAX 文件。

5. 附加功能

RealPlayer 的音乐存储提供了歌曲点播功能。此外，RealPlayer SuperPass 允许用户访问选定的录音和现场视频广播。而且在 Windows 系统上，RealPlayer 11 版本允许用户从网站下载视频，如从 YouTube 上下载音视频，并将它们存储为 MPEG2 或 MP4 格式。应该指出的是，YouTube 视频由 Flash 格式编码（SWF）。

6. 文件格式

RealPlayer 支持一些数字化媒体格式，如 MP3、MPEG-4、QuickTime、Windows 媒体文件（AVI、WMA、WMV）；RealAudio 和 RealVideo 格式（RA、RV、RM）；Adobe Flash 文件（AWF）；RealAudio 格式（RA 和 RAM），其是由 RealNetworks 公司开发的。1995 年时发布了 RealAudio 格式的第一个版本，2006 年发布了 RealAudio 10 版本。它采用了多种低速率高保真音频编码的编解码器。低速率形式主要用于高保真连接。当音频流从媒体服务器流式传出时就会被播放。很多网络电台使用 RealAudio 在线实时广播节目。1997 年，RealNetworks 开始支持称为 RealVideo 的一种视频格式。音频和视频格式组合称为 RealMedia（RM）格式。但是，最新的 RealNetworks 版本编码器使用的是扩展名为 .RV 的文件（有声或无声）。通常，这些流有恒定的比特率（CBR）。近期，RealNetworks 开发了一种可变比特率流的容器格式，这种格式称为 RealMedia 可变比特率格式（RMVB）。

RealAudio 是一种流媒体音频格式。HTTP 是使用 RealAudio 流最常见的方式，即将 RealAudio 文件作为正常的网页。当第 1 段音频持续不断地传送出来时，音频播放器就开始播放，而音频文件的剩余部分将一直下载。若音频被预先记录下来过，则此流模式会操作得更好。第一个用于音频流的 RealAudio 版本使用的是渐进式网络音频协议（Progressive Network Audio，PNA）。之后，网络工程任务组（the Internet Engineering Task Force，IETF）采用 RTSP 作为一种连接管理格式，而音频采用真实数据传输协议（Real Data Transport，RDT）传输。

在很多情况下，网页是不直接连接到 RealAudio 文件的，而是链接到 .RAM、

.SMIL 或.SMI 的元文件。此文件包含流媒体文件音频的链接，用户单击这个链接后，浏览器就会下载.RAM、.SMIL 或.SMI 文件并在用户端启动媒体播放器。播放器从文件中读取 PNM 或 RTSP 网址，然后开始流播放。下载的.RAM 文件最终可能成为 Real Audio 文件而不仅仅是文本文件。RA 文件可以由 Windows 媒体播放器和其他基于 DirectX 插件（当有恰当的编解码器可用时）的媒体播放器播放。

为了下载、记录和存储一个 RA 文件，可以使用一个支持 RealMedia、RealAudio 或 RealVideo 格式的录制设备和一个相关的协议（RTSP，PNA 或 HTTP）。WM Recorder 录制工具是一种使用简单且功能强大的流录制设备，它可以存储 Real Audio 和 Real Video 格式的流。WM Recorder 录制工具可以录制来自 RealPlayer 播放器的视频和音频流。即使我们使用 Real Alternative，这是一种能够在没有安装 RealPlayer 播放器的 Windows 平台上播放 RealMedia 文件的编解码器，WM 录制工具依然能够录制流媒体。

9.6 Windows Media Player

Windows Media Player（WMP）是一种媒体播放器，它是微软公司开发的数字化媒体库与播放工具。WMP 经常用于音频、视频和图片的播放。它适用于运行有 Windows 系统、Mac 系统、Mac OS X 系统、Solaris 系统的计算机上，并且可用在安装了 Windows Mobile 系统的手机端和平板电脑上。

第一个发布的 WMP 版本是版本 3。1998 年发布了一个非常成功的版本 6.1。从那之后，Windows Media Player 才开始众所周知。经过这么多年，提供更多新的特性和功能的 WMP 版本也已经发布。Windows Media Player 11 是第 1 个用在 Windows XP 系统上的版本，后来，它就被列入到 Windows Vista 操作系统中。2009 年，Windows Media Player 12 发布，如图 9-6 所示。

Windows Media Player 主要用于音频和视频的播放。此外，它还能制作音频、视频光盘或光盘中的翻录音乐。音频 CD 可以以 48、64、96、128、160 和 192 kbit/s 的速度翻录成 WMA 文件或解压过的 WAV 文件。WMP 可以与外部设备同步播放，如 MP3 播放器或其他音频便携式设备。它为基于本体的数字化媒体内容管理提供了数字化媒体库，如专辑、艺术家、流派等。它也支持访问很多提供租赁和购买音

图9-6 Windows Media Player 12 的屏幕

乐的音乐店铺。

如果文件信息中存在字幕信息，则 WMP 就会显示。它还可以连接到游戏机和其他数据同步的便携式设备。此外，WMP 和 Internet Explorer 合作，通过 Internet explorer 内置的 ActiveX 控件模式，将曲目添加到“正在播放”的播放列表中以及在网页上播放音乐。

Windows Media Player 支持各种各样的音频和视频编解码器，以及 DirectShow 过滤器。支持的文件格式如下：Windows Media Video（WMV）、Windows Media Audio（WMA）、高级系统格式（Advanced Systems Format，ASF）。此外，它也支持本身基于 XML 的播放列表，该列表称为 Windows Playlist（WPL）。一些 Windows Media Player 版本支持高级音频编码（Advanced Audio Coding，AAC）音频和 MPEG-4 Part 10（H.264）视频。WMP 以 Windows Media DRM 的形式为数字数据提供数字版权管理服务，以帮助实现版权保护。

Windows Media Audio（WMA）是一种由微软开发的压缩文件格式。许多消费设备，从便携式音乐播放器和手机到 DVD 播放器都支持 WMA 文件。最初开发它的目的是与 MP3 格式进行竞争，但它从来没有成功地占据过主导地位。WMP 支持变化比特率、恒定比特率和无损音频编码。Windows Media Audio 能够可选择地支持数字化版权管理，这使用了加密技术，如 DES 加密、RC4 流暗号、SHA-1 散列函数的合并方法。WMA 文件通常封装在高级系统格式（ASF）文件中。产生一个 WMP 文件或者 . ASF 文件。如果要使用以 . WMA 为扩展名的文件，那么该音频必须满足 . WMA 音频对应的编码规范。ASF 格式说明了如何编码文件的元文件（如 MP3 文件的 ID3 标签）。

Windows Media Video（WMV）是一种由微软开发的视频文件格式。WMV 文件是 ASF 容器格式的组成部分，ASF 是支持音频和视频的。根据使用的不同文件扩展名，在自己的计算机上安装多个媒体播放器，并将其用于播放音频和视频流。WMV 编解码器的各种早期版本都是为低比特率流而开发的。现在已经开发了很多 WMV 编解码器，但是最常使用的是 WMV 7、WMV 8、WMV 9、WMV 7 和 WMV 8 没有完成 SMPTE（电影与电视工程协会）的需求。具体来说，WMV 7 是由微软公司开发的编解码器，该编解码器似乎是基于 MPEG-4 的第 2 部分变形开发的。WMV 9 与 MPEG-4 的方向不同，并且 WMV 9 已经晋升为一种独立的 SMPTE 421 M 标准，这就是众所周知的 VC-1，它是一种由微软公司开发的商业视频编解码器，它被包含在 Blu-ray 的规格里面。但是它有一种要被 MPEG-4 取代的趋势。

高级系统格式（Advanced System Format，ASF）是一种用于存储同步多媒体数据的容器文件，它主要是基于 Windows Media 格式开发的。它适用于本地媒体播放，专门用于流媒体。如果在计算机上安装适当的编解码器，则使用 Windows Media Player 文件和 ASF 格式文件就可能实现播放音频和视频内容。使用 Windows 媒体式子权限管理器（Windows Media Digital Right Manager）可能实现对视频和音频内容的保护。ASF 文件没有解释是如何编码音频和视频的，但是描述了媒体视频/音频的流结构。也就是说，ASF 文件可以用任何音频/视频编解码器编码。ASF 文件的一个主要优点是它能够有效地将多媒体内容传送给各种网络和协议。ASF 文件是多用途网络邮件扩展（MIME）文件，这也就意味着它们可以提供邮件支持。任何媒体对象都可以被放置在一个 ASF 数据流中，包括音频、视频、文本、ActiveX 控件和 HTML 文件。

媒体传输协议（Media Transfer Protocol，MTP）是 Windows 媒体工具的一部分，它和 Windows 媒体播放器联系密切。Windows Vista 集成了对 MTP 的支持。而在 Windows XP 系统中，对 MTP 的支持则需要安装 Windows Media Player 10 或更高的版本。Mac 系统和 Linux 系统含有支持它的软件包。MTP 是图片传输协议（PTP）

扩展、革新的版本，支持将音乐/电影分别传送到音频/视频播放器。

9.7 QuickTime 媒体播放器

QuickTime 媒体播放器是苹果公司开发的，用来操控各种形式的数字化视频、音频、文本、动画、音乐和各种类型的交互式全景图的媒体播放器。它可用在 Mac 系统、Mac OS X 系统和微软公司的 Windows 操作系统上，并为像 iTunes 和 Safari 这样的软件包提供了必要的支持。该播放器也支持大量的音频、图片和视频文件类型。

特别指出的是，QuickTime VR 支持全景图片，如图 9-7 所示。这样的全景图很容易经过部分重叠实现图片拼接。

a)

b)

图 9-7 全景图片
a）原始图像 b）全景效果

QuickTime（MOV）文件类型是一种容器文件，这种文件可以存储音频、视频和字幕。对媒体无须复制文件就可以现场完成内容编辑。自从 1998 年，QuickTime 格式由 ISO 采纳为开发 MPEG-4 容器格式（MP4）的基础。然而，与 MOV 文件相比，MP4 文件支持更多的编解码器，因为 MPEG-4 是一种国际标准。

1991 年，QuickTime 播放器的第 1 个版本发布。从此之后，又开发了 7 个不同的版本（QuickTime 1. x ~ QuickTime 7. x）。2009 年，QuickTime Q 发布，该版本与之前的版本不兼容。它提供了记录、编辑音频和视频流的功能，同时它们可以共享在 WWW 环境中，如 YouTube 环境。苹果公司为 QuickTime Q 提供了软件开发工具，如 Movie Toolbox（用于操纵多媒体流）和图片压缩管理器（用于媒体压缩）。

9.8 Flash Player

Adobe Flash Player 是一种支持网上音频和视频流的媒体播放器，它也能很好地支持其他媒体，如对3D图像、静态图像和增强高分辨率位图（大于16万像素）的支持。此外，它也提供了Alpha通道透明。

Flash Player 可以打开和播放ShockWave File媒体文件（.SWF）。这种文件可能包含动画和小程序。YouTube使用Flash格式（SWF）编码。LZMA压缩可以将文件压缩掉40%，因而可以缩短文件下载时间。Flash Video（FLV）和音频能保存在SWF文件中。它还支持MPEG-4 Part 10解码，可为很多实时应用提供高质量的视频流服务，如视频会议和网络广播。经AAC或MP3压缩过的视频可以使用Flash Player解码。它支持JPEG-XR静态图像解压格式，可以有效地对无损和有损压缩图像进行解压。

Flash Player 11 可以运行在各种操作系统上，如Windows XP（以及更新的版本）、Mac操作系统、Linux和安卓（手机端）系统。它可以作为插件运行在WWW浏览器上，如IE浏览器、火狐浏览器，同时也可以内嵌在谷歌浏览器中。SWF文件可以嵌入HTML中，在网页中作为流媒体进行播放。这中间用到浏览器中的Flash Player插件播放流媒体。Flash Player也提供对摄像头的支持。此外，Flash Player通过利用GPU图像渲染能力实现对高性能2D/3D图形的支持。

9.9 网络视频会议

视频会议是指两个（点对点）或两个以上（多个）结点/用户之间通过视频和语音进行交流的方式。虽然这种模拟实验至少在1930～1940年就已经出现，但是到1980年，使用数字化数据传输线路后，如ISDN和视频/音频压缩，视频会议才得以实现。最初的数字化视频会议仅是一定程度上的成功，它主要用于商业交流以降低出差花费。从1990年开始，网络视频会议发生了巨大的改变，特别是在2000年初免费的网络视频电话服务引入后。如今，使用计算机麦克风的桌面视频会议平台和网络摄像头分别作为视频和音频的输入，计算机的扬声器和屏幕作为音频/视频的输出，在局域网和广域网中都能实现视频会议。

强大的视频和音频的压缩工具（如H.323标准）可以降低通信负载，并确保在不良或不可信的通信网络中提供一定质量的服务。视频会议系统由若干层（面）组成。在视频会议系统的信号层中，这些信号遵循着某些标准，如H.323或会话发起协议（Session Initiation Protocol，SIP）来控制IO连接。视频会议系统的媒体平面描述音频/视频复用和编码成流的过程。这个系统可以使用各种协议，如实时传输协议（Real-time Transport Protocol，RTP）和实时传输控制协议（Real-time Transport Control Protocols，RTCP）。RTP描述编解码器和技术参数，如视频帧的分辨率和速率，RTCP可以处理流中的错误。

Skype是首先用于桌面通信的一种流行的视频会议应用程序。如今，它可以在世界上任何地方的网络、手机和固定电话网络中发起会话。它也是一个支持视频会议和发送用户之间短信或其他文件的能力的即时通信（Instant Messaging）平台。在实时视频会议中，同时用到音频和视频流。Skype可以运行在Windows、Mac、Linux操作系统和移动手机平台上，如安卓操作系统和Symbian系统。它实现了用户通过手机语音、摄像头视频或网络聊天来实现交流。使用唯一的Skype ID识别Skype用户，Skype ID可以列举在Skype目录中。语音聊天允许用户之间进行电话呼叫和会议电话。Skype的音频会议目前最多支持同时25个用户参加会议。文字聊天允许群聊、发送表情，保存聊天历史记录和先前的消息编辑，可查看用户资料和在线状态。在Skype服务中，在线呼叫其他用户是免费的。但是呼叫公共交换电话网（Public Switched Telephone Network，PSTN）电话和手机，是收费的，可通过信用卡或Skype点卡支付。Skype的竞争对手有基于SIP和H.323的服务提供商，如Linphone、Google Talk Service、Mumble和Hall.com。

两个用户之间的Skype视频会议在2006年被引入到Windows和Mac OS X平台上，而在2008年发布了用于Linux系统的Skype 2.0视频会议系统。目前，Skype视频会议最多可以支持5个人[㊀]。Windows平台上的Skype支持在全屏和多视窗模式下提供高质量的视频，效果类似于中档的视频会议系统。

Skype使用G.729、SVOPC或SILK音频编解码器对音频流编解码。ITU-T G.729是一种对连续的10 ms数字化语音包进行压缩的语音压缩标准。它使用共轭结构代数

㊀ Skype音频最多支持25个用户的音频会议。——译者注

码激励线性预测（Conjugate Structure Algebraic Code-Excited Linear Prediction）编解码器，以 8 kbit/s 的速度编码语音。因为 G. 729 所需带宽较低，所以它最常用在网络语音（VoIP）应用程序上，这类应用必须节约带宽，如会议呼叫。G. 729 为更差或更好的语音质量分别提供了 6. 4 kbit/s 和 11. 8 kbit/s 的编码速率。G. 729 已扩展各种功能，通常命名为 G729a 和 G729b。分组编码的正弦语音（Sinusoidal Voice Over Packet Coder，SVOPC）是一种语音编解码器，它用在 VoIP 应用程序中。它是一种有损的语音压缩编解码器，专门用于有包丢失的通信信道上。它使用的带宽比其他带宽优化的编解码器更多，但它可以阻止包丢失。此外，Skype 使用专有的 SILK 音频编解码器，它是轻量级的、可嵌入的。

Skype 视频会议使用了 VP7、VP8 或 H. 264 视频编解码器。VP8 是由 On2 Technology 开发的开放、免版税的视频压缩格式，后来被谷歌收购。H. 264 编解码器可用于 720 p 和 1080 p 的高清晰的点至点和多点式的视频会议。

第 10 章

数字视频接口标准

在屏幕上播放数字视频，我们需要在一个数字视频源（如一台计算机、数码像机、DVD 播放器）和显示设备之间建立一个连接（视频接口）。我们将在这一章介绍两种当前流行的数字视频接口标准——HDMI 和 DVI。

10.1 HDMI 介绍

高清晰度多媒体接口（High Definition Multimedia Interface，HDMI）是传送数字音频和视频的一种连接格式。它主要用在使用本地线缆传输未压缩的数字音频/视频流。它为任何兼容的数字音频源、视频源和播放设备之间提供了一个接口。HDMI 连接被用在数字电视机、DVD、蓝光光盘播放器、HDTV 线缆以及卫星机顶盒之中，给使用者提供高音质、高画质。HDMI 技术，为传输数字音频和视频提供了最佳的解决方案，很有可能取代 Firewire 和 DVI（数字视频接口）。很多的公司支持 HDMI 技术，如索尼、日立、Silicon Image、飞利浦和东芝。这些公司协同建立了第一个 HDMI 工作组。很多电影公司、服务提供商也支持 HDMI 技术，如 Fox、Universal、Warner Bros、Disney 以及 DirecTV、EchoStar（Dish Network）、Cable labs。HDMI 是计算机、高清晰度视频以及商业电子音乐的通用数字接口标准。它已被超过 700 家公司采纳，而且被安装在数百个符合 HDMI 技术标准的设备上。它支持计算机传送高质量的数字视听内容，包括高清电影以及多波段音频。HDMI 伴随着市场的需求持续发展。新产品实现的是新版本的 HDMI 标准，同时向下兼容老版本的 HDMI。

HDMI 是最佳的数字音频和视频接口标准，因为它把所有的音频和视频线缆合并成一个。所以，人们不用在家庭娱乐系统后面接上很多杂乱的接线。这对使用者来说是个好消息，但对于线缆生产商来说却不那么好了。不过，线缆生产商似乎找到了一种解决这个问题的方法，所以 HDMI 线缆仍然是非常昂贵的。

10.1.1 HDMI 特性

这一小节，我们主要讨论 HDMI 的特性。

1. 音频和视频通过一条线缆传输

HDMI 可以通过一根线缆同时传送数字音频和视频。计算机硬件必须这样设计。声音信号从声卡传送到显卡上，在显卡上，声音信号和视频信号为了通过 HDMI 传送，被恰当地多路复用。

2. 增加的颜色深度

到目前为止，模拟的和数字的彩色计算机被限制在 24 位的颜色深度，可以产生 16 700 000 种颜色。这个调色板常常被称为真彩，因为人眼无法轻易分辨调色板内的颜色间的细小差别。通过提高 HDTV 的图像分辨率，虽然人眼不能轻易地单独分辨每一种颜色，但是人眼可以看出在 24 位颜色图像中的总的颜色质量差异。第一个 HDMI 版本被限制在 24 位颜色，不过随后的 HDMI 1. 3 支持 30、36，甚至 48 位的颜色深度。这极大地增加了所看到的颜色质量。唯一的限制是显卡和显示器必须同时支持 HDMI 1. 3。

3. HDCP

HDMI 包括 HDCP（High- bandwidth Digital Content Protection，即高清晰数字内容保护技术）规范。这确保当数字内容被传输到屏幕上渲染的时候不会被非法录制。每一种兼容 HDMI 的显卡和显示器必须支持这个特性。

4. 向后兼容性

HDMI 向后兼容单链路数字视频接口（DVI）数字视频（DVI- D 或 DVI- I，但不兼容 DVI- A），DVI 数字视频被用在显示器和显卡中，我们在本章后面会介绍 DVI。通过使用一条适配器电缆，HDMI 连接器可以插在一个 DVI 数字视频端口上。这对那些想买一个支持 HDMI 输出系统，而他们的电视或计算机显示器只有一个 DVI 输入的用户来说是非常有帮助的。需要注意的是，这仅适用于视频而不适用于音频。因此，HDMI 音频和远程控制特性将不会起作用。而且，带有 DVI 输入的设备必须支持 HDCP，否则无法完成信号转换。最后，值得提及的是，虽然一个带有 DVI 输入的显示器可以被连接到一个 HDMI 计算机端口上，但一个 HDMI 显示器不能被连接到一个 DVI 计算机端口上。

HDMI 支持已经现有的高清晰视频格式，如 720 p、1080 i、1080 p。它也支持增强清晰标准如 480 p 或 576 p，以及标准清晰数字电视格式，如 480 i（NTSC）或

576 i（PAL）。另外，因为传输带宽的增加，HDMI 1.3 可支持一个更高的分辨率（最高到 1440 p）。

最开始的时候，HDMI 开始传输 8 个未压缩的 192 kHz、24 位的音频信道，超过了所有存在的音频标准。除此之外，HDMI 可以传输任何类型的压缩的音频，如 Dolby（包括 Dolby Digital EX 7.1、Dolby Digital Plus 7.1 和 Dolby TrueHD）以及 DTS，如 DTS-ES 6.1 以及 DTS-HD 主音响。新的 HDMI 源可以从一个 DVD 音频光盘传送 6 信道、96kHz 的未压缩音频。

HDMI 和 DVI 技术一样，使用最小化传输差分信号（Transition Minimized Differential Signaling，TMDS）数字数据传输标准来传输音频和视频。TMDS 编码提供了很大的优势，如在铜线中的干扰降低。它是基于 8～10 位的字转换。这些被选中的字有一些有趣的属性。例如，合适的 0 和 1 分布支持一个低的 DC 级别。10 位的 TMDS 提供 1024 字的组合：44 种组合被用来控制，例如，用来水平或垂直同步；460 种组合被用来代表 8 位的字（取代传统的 $2^8 = 256$ 种组合）；多数的 8 位字有两种不同的 TMDS 码，而另一些只有一种 TMDS 码。选择 TMDS 码是为了减少 DC 信号（直流信号）级别。最后，560 组合不会被使用。为了传送视频、音频和数据，TMDS 使用 3 种类型的传送时期：

1）视频数据期，用来传输视频。

2）数据岛（data island）期，它被用来传送音频和不同的数据类型。这样的传送发生在视频的水平和垂直消隐间隔。

3）控制周期，它发生在视频数据期和数据岛期之间。

10.1.2 HDMI 版本

有许多不同版本的 HDMI，它们向下完全兼容早期的 HDMI 版本。虽然每一种新版本的 HDMI 都使用相同的线缆，但是它们加大了传输的带宽。每一种版本支持的音频格式也不一样。所有的 HDMI 版本必须能够传送高清晰度的 1080p 视频。

1. HDMI 1.0（2002）

它解码大多数包含在 DVD 和数字电视信号中的音频格式，包括杜比数字和 DTS（数据传输服务），它使用一个单一的线缆来进行数字音频和视频的连接。最大速率可以达到 4.9 Gbit/s。它支持多达 165 个万像素/s 的视频格式和 8 通道的 192 kHz/24位的音频。

2. HDMI 1.1 (2004)

它基于以前的版本有所改进。因为它支持 DVD 音频，这意味着用户使用兼容的唱片和播放器可以听到 5.1 声道的环绕立体声，不用使用 6 个独立的 RCA 音频电缆。

3. HDMI 1.2/1.2a (2005)

HDMI 1.2 添加的特性和性能使得 HDMI 更加方便，不论是在消费电子市场还是计算机工业市场。HDMI 1.2 主要改进的地方在于添加了 Super Audio CD（超级音频光盘，SACDs）和 DSD（直接数字流）支持，这意味着用户不需要依靠 iLink 或模拟电缆来收听 SACDs。这个版本也支持，一个目前没有使用的，A 型连接器。它也同时支持 RGB 和 YC_bC_r 颜色格式。HDMI 1.2a 引入了 HDMI 授权测试中心（ATC）使用的 HDMI 符合性测试规范（CTS）。每一个电缆生产商必须把所有新的 HDMI 电缆提交给 ATC 进行审查。如果一台设备的所有连接都包含在一个被 ATC 认可的链接列表里，那么它就通过了 CTS 1.2a 检测。

4. HDMI 1.3/1.3a/1.3b (2006)

它支持 Dolby TrueHD 音频和 DTS-HD 音频，用于蓝光播放器。此外，HDMI 1.3 支持杜比数字+（Dolby Digital Plus，DD+）音频，以及增强的 AC-3 音频。进行有损音频压缩时，HMDI 1.3 的压缩速率为 6.1 Mbit/s。相比传统的只能运行在 0.64 Mbit/s 的杜比数字 5.1，这是一个巨大的改进。比起杜比数字 5.1 环绕声可以传送 5.1 声道，杜比数字可以传送多达 13 个音频通道。其数据速率和杜比 TrueHD 以及 DTS-HD 主音频的一样，HDMI 1.3 具有以下特点：

1）更大的比特率。HDMI 1.3 增加其最大范围到 340 MHz 来支持未来的高清显示器的特点，如更高的分辨率、更大的颜色深度和更高的刷新频率。

2）更大的颜色深度。HDMI 1.3 支持 10 位、12 位和 16 位（RGB 或 YC_bC_r）色彩深度，这是比以往的 HDMI 版本的 8 位更高的颜色深度。

3）颜色范围。HDMI 1.3 支持 xvColor 颜色标准（IEC 61966-2-4 xvYCC），几乎达到完美的色彩。

4）较小的连接器尺寸。HDMI 1.3 为便携式设备提供了一个新的更小的连接器，如高清摄像机，它必须连接到高清电视。

5）同步。HDMI 1.3 包括自动音频同步，使设备自动精确同步。在用户设备上的音频和视频同步是一个很大的挑战，因为用来提高内容质量的数字信号处理操作是很复杂的。

5. HDMI 1.4/1.4a（2009）

它支持 4 K×2 K 高分辨率，例如，数字高清电影 3840×2160 p 和 4096×2160 p，3D（立体电视）分布和一个新的微型 HDMI 连接器。HDMI 1.4a 扩展了 3DTV 广播内容，支持 720 p、1080 i 和 1080 p 的分辨率和 24/50 Hz 帧频。

10.1.3 HDMI 连接器和电缆

HDMI 已扩展到包括三种连接器类型，每一种都有不同的市场。A 型 HDMI 连接器如图 10-1 和图 10-2 所示，有 19 个针，尺寸为 13.9 mm×4.5 mm，可以支持 SDTV（标清电视）、EDTV（增强清晰度电视）和 HDTV（高清电视）。它是最经常使用的插头之一。A 型连接器兼容任何 DVI-D 单链路。B 型 HDMI 连接器是一个定义在 HDMI 1.0 上的高分辨率的版本，它不常用。它有 29 个针（宽为 21.2 mm），允许向高清屏幕上传送高清视频频道，分辨率是 3200 px×2048 px。它与 duallink DVI-D 兼容。HDMI C 型迷你插头，用于便携式设备，如高清视频录像机。它比 A 型连接器小（尺寸为 10.42 mm×2.42 mm），有 19 个针。

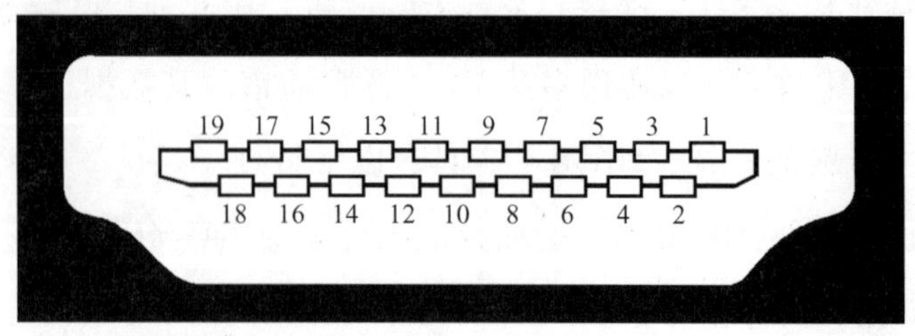

图 10-1　A 型 HDMI 母插头

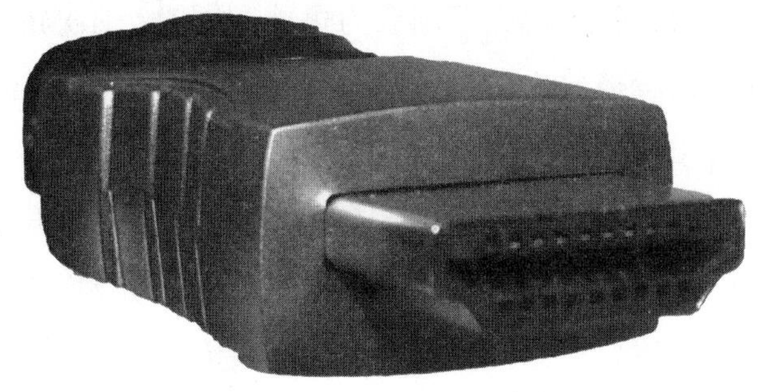

图 10-2　A 型 HDMI 插头

当消费者购买一台 HDMI 兼容设备时，他们必须考虑 HDMI 输入和输出的需要。最近，我们观察到在消费设备的 HDMI 输入和输出设备的增加。例如，由于 HDMI 的大规模使用，高清电视经常有 3 个或 4 个 HDMI 输入，它们往往有连接游戏机和像机额外的输入。决定将成为家庭娱乐系统的一部分的相关设备的数量很重要，这样才能确保它具有所需的 HDMI 接口数。

选择 HDMI 电缆时，电缆长度是一个非常重要的标准，尤其是相对于其视听格式支持。一个应该考虑到的问题是内部线的厚度或规格（一个度量线缆直径的单位）。例如，如果一个 HDMI 电缆内部导线的直径是 28 Gauge（厚度表示单位），则它可以传送视听信号，在理想的条件下，最远距离可达 15 m。对于很长的连接，替代方案可以使用，如 CAT-5 电缆可延长传输距离到 90 m。

10.1.4　HDMI 的优点

与模拟视频标准比较而言，HDMI 技术提供了大量的优势，如复合视频、S 端子、分量视频。首先，HDMI 是数字标准，这意味着它固有的数字连接上提供了最佳的视听质量，因为不论是音频信号还是视频信号上都没有必要进行模/数和数/模转换。HDMI 传输的视频质量比模拟接口显著优越，尤其是在高分辨率上，如 1080 p。此外，HDMI 很好地解决了视频传输噪声的问题，并提供平滑和明亮的图像。HDMI 的另一个好处是易于使用，因为它混合了视频和多通道音频在同一根电缆中。

此外，HDMI 数字特性可以很好地支持数字显示器，如液晶显示器、等离子和 DLP 投影机。HDMI 电缆可以很精确地使屏幕分辨率和输入视频的分辨率相匹配。HDMI 允许图像转换为所需的屏幕高宽比（特别是 16:9 和 4:3）。此外，它提供了一个单一的有线控制装置，使远程控制成为可能。同时，HDMI 支持最高清晰度达 1080 p 的高清蓝光的内容播放。HDMI 1.3 支持无损杜比 True-HD 音频和 DTS-HD 音频，尤其是蓝光音频。增加的颜色深度（30、36 或 48 位）是另一个 HDMI 的优点，因为它可以产生上亿种颜色和视觉细节。最后，HDMI 支持 TOSLINK 光纤音频传输，这是一个光纤连接，通常由 1 mm 的光纤或几种石英玻璃光纤组成。TOSLINK 技术可以为家庭娱乐系统提供很高的音频传输率。

HDMI 唯一的限制是它基于 HDCP（高清晰数字内容保护）的视频内容保护机制。因此，消费者应该检查，当购买 HDMI 兼容设备时，这些设备是兼容 HDCP 的。

10.2 DVI 介绍

数字视频接口（DVI）是计算机数字视频传输标准，它由数字显示工作组（DDWG）在 1999 年设计和开发。它最初是设计用于从计算机到 VGA 屏幕传输未经压缩的数字视频。后来的实现使液晶屏和等离子屏幕的画质达到最大化。

DVI 接口的主要优势是，它只使用一根电缆来传输 RGB 视频信号。视频传输速度显著大于模拟接口的速度。DVI 结合 HDCP，是在 HDMI 之前首选的视频转换格式。这里有种趋势，那就是电视和 DVD 系统制造商在 DVI 连接中包含 HDCP。这意味着使用 DVI 技术的消费者应该检查他们购买的硬件是否兼容 HDCP。最后，数字 DVI（DVI-D）部分兼容 HDMI。

10.2.1 DVI 技术

今天几乎所有的计算机显示器都是数字显示器（通常是液晶显示器）。如果一个液晶显示器没有数字输入，则必须使用一个模拟的连接。显卡需要将数字信号转换为模拟信号，液晶显示器应该完成从模拟信号到数字信号的转换，如图 10-3 所示。这会导致图像质量的很大损失。如果有一个数字 DVI 连接，那就没有必要做这样的有损信号转换，这样，高分辨率的图像的高分辨率就容易被观察到。

DVI 基于 TMDS 传输标准，TMDS 也被用在 HDMI 连接中。这说明了 HDMI 和 DVI 接口之间的兼容性。DVI 至少需要一个 TMDS 链路，虽然有时需要使用两个

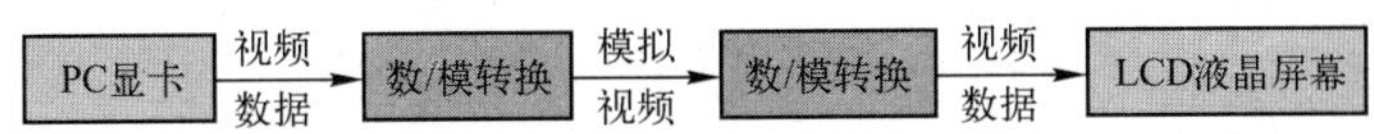

图 10-3　一个模拟计算机显示器连接中的数/模和模/数信号转换

TMDS 通道。一个单一的 TMDS 链路包括传送 RGB 数据的 3 个通道和时钟的 1 个通道，如图 10-4 所示。在 TMDS 传输中，8 bit 的视频数据被转换成 10 bit 的字。所产生的信号已接受直流项抑制（DC term suppression)，这能保证一个非常好的传输，同时尽量减少电磁干扰。因此，使使用 DVI 电缆长距离传输可靠的数据成为了可能。

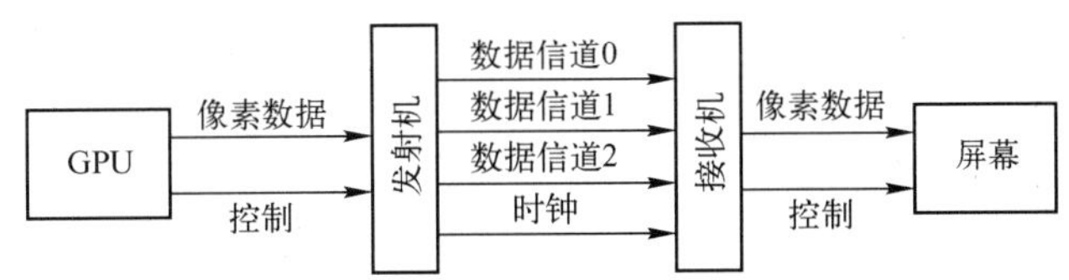

图 10-4　在一个 DVI 连接中的单一 TMDS 链路

所有的 DVI 设备应该在一个长 5 m 的电缆中传输视频信号。近 8 m 长的 DVI 电缆可以用，可能得连接一个 DVI 信号放大器。在各种 DVI 兼容家用设备上的测试表明，可以通过不超过 10 m 的线缆产生好的连接。遗憾的是，即使是通过一根 DVI 线缆，数据也会丢失。在这种情况下，消费者可能在屏幕上看到一些静态像素点。进一步的信号衰减将导致图像闪烁。在 12 m 的电缆上的测试表明，DVI 传输一般会导致信号损失严重、图像质量恶化，当电缆长度大于 12 m 的时候会导致传输完全失效。当使用长的 DVI-I 电缆时，可能会出现图像完全失真的情况。在这种情况下，模拟 VGA 或数字 HDMI 连接是一个很好的替代方案。如果我们要使用 DVI 连接，则 DVI-D 电缆是最好的选择。

10.2.2　DVI 类型和功能

DVI 线缆有三种不同的格式可供选择：DVI-A、DVI-D 和 DVI-I。左插头的一个扁平针指示线缆是数字的还是模拟的。如果扁平针是独立的，如图 10-5 所示，则表明是一根数字 DVI-D 线缆。如果扁平针被其他 4 个针包围起来，则表明它是一根 DVI-A 或 DVI-I 线缆。线缆是单环的、双链路的还是模拟的，针数是不同的。2 组 9 针表明一根单链路线缆，一组 24 针表明一根双连接电缆，如图 10-5 所示。

两组分开的8个和4个针表明一根DVI-A线缆。

DVI-A（DVI模拟）是一种用于连接模拟视频源的模拟标准（如，VGA计算机显卡）的模拟显示，如CRT屏幕。在DVI-A插头中，扁平针周围有4个针。有从SVGA到DVI-A转换的适配器，反之亦然。

DVI-D是一种用来连接数字视频资源的数字连接标准。例如，显卡到数字显示器（液晶显示器和等离子显示器）。有2种类型的DVI-D线缆：单链路和双链路DVI-D，如图10-5所示。单链路和双链路DVI-D连接都使用TMDS传输。电缆选择（单链路或双链路）取决于所需的应用程序。单链接DVI-D提供1.65 Gbit/s的传输速率，它支持高达1920×1200像素视频分辨率，像素时钟频率的范围为25~165 MHz。双链路DVI-D可以获得更好的性能，可以显著地加倍传输速率。它支持的像素时钟频率高达330 MHz，视频分辨率高达2560 px×1600 px。它提供2 Gbit/s的传输速率，向后兼容单链接DVI-D。

图10-5　单链路DVI-D（左）和双链路DVI-D连接器（右）

DVI-I是一种多类型线缆。它既能传输数字到数字（digital-to-digital）信号，也能传输模拟到模拟信号。值得一提的是，DVI-I线缆不能连接一个数字输出到一个模拟输入，反之亦然。一个DVI-I插头可以连接到任何类型的DVI电缆。然而，必须确保信号源和接收器支持相同的信号类型（数字或模拟）。DVI-I支持单或双TMDS链路，如图10-6个图10-7所示。

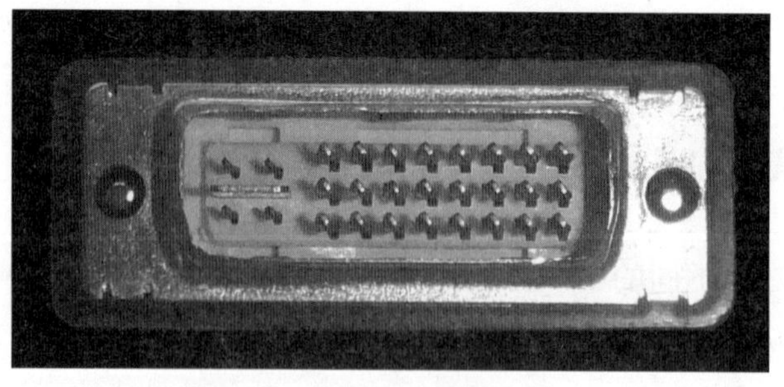

图10-6　单链路（左）和双链路（右）DVI-I连接器

在这一点上，应该提到的是，数字和模拟DVI电缆不能互换。这意味着不仅

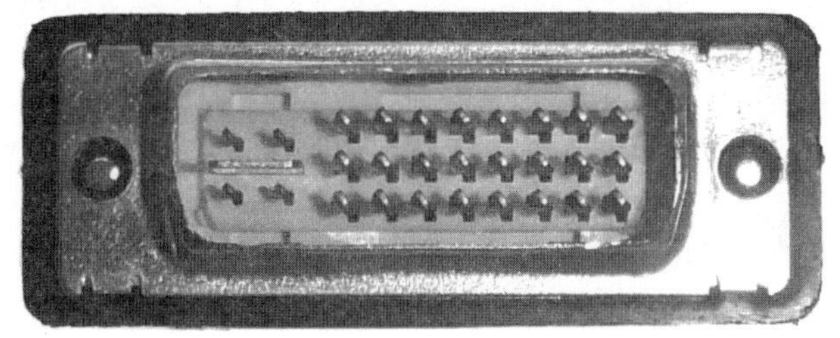

图 10-7　DVI-I 连接器

DVI-D 不可以工作在一个模拟系统上，而且 DVI-A 也不可以工作在一个数字系统上。为了连接模拟源和数字屏幕，需要一个电子转换器完成从 VGA 到 DVI-D 的转换。同样地，需要一个 DVI-D 到 VGA 的转换器，以将一个数字输出连接到一个模拟显示器上。

10.3　HDMI 和 DVI 对比

DVI 视频接口标准，旨在最大程度地提高数字显示设备的视觉质量，如液晶显示器和数字投影仪。HDMI 同时支持音频和视频连接，并在一个单一的技术接口中提供更多功能的标准，因此，音频和视频可以通过一个单一的电缆传输，实现更好的质量并减少消费者系统的电缆数量。此外，HDMI 兼容 DVI。HDMI 提供消费电子控制（CEC）功能，它允许用户远程控制设备。

HDMI 标准，相对于 DVI 的另一大优势是插头尺寸。DVI 插头标准在尺寸上和 VGA 插头有相似的大小。HDMI 连接器的尺寸大约是一个 DVI 连接器的1/3。此外，HDMI 版本 1.3 和 1.4 提供便携式计算机和设备的小型、微型 HDMI 连接器，如数码像机和摄像机。最后，HDMI 仍具有较大的发展空间，而 DVI 是一个较旧的技术。

第11章

数字视频外围设备

在过去的10年中，数字视频显示和存储的外围设备发生了巨大的变化。新的大容量光学存储设备（如蓝光光盘）已开发出来，能够在一个光盘中存储高清分辨率的电影。新的电视和计算机监控技术（如等离子和液晶显示器）使高品质的高清视频显示成为可能。新的数字视频投影机使得在家里获得一种真实的电影院体验成为可能。自动立体电视显示器已经出现。本章在随后的小节中将详细介绍外围设备的技术。

11.1 DVD介绍

当索尼和飞利浦20世纪70年代后期在市场上推出首个数字光盘（CD）的时候，它们提供了在音乐领域里的第一次数字体验。CD技术已经取得了巨大的成功，它几乎被所有的消费电子产品制造商所接受。尽管CD技术取得了巨大成功，媒体压缩技术和激光技术的进步却从未间断过。而且，CD在市面上出现后不久，一场关于它的替代品的辩论便展开了。讨论的目标是增加光盘的容量，同时增加其播放速度，以便使一部完整的高清电影能够在一个单一的磁盘上存储。在1994年，7家电影公司，即哥伦比亚（索尼）、迪士尼、MCA/通用（松下）、MGM/UA、Paramount、Viacom和华纳兄弟（时代华纳）决定创建一个新的光盘标准，称为数字视频光盘（Digital Video Disk，DVD）或数字多功能光盘。DVD有以下特点：

1）允许在磁盘的一面上存储一部135 min电影的存储容量。

2）比现有光盘更好的图像质量。

3）在一个磁盘上支持3～5种不同的语言。

4）防止盗版。

5）支持宽屏观看。

6）家长控制。

在1993年，成立了两个占统治地位的生产商联盟：第一个是索尼和飞利浦，独立公布了它们的多媒体光盘（MMCD）联合标准：一个光盘的读出是基于红色激光束，光盘的一面上的容量为3.7 GB。第二个，由6家公司组成，即日立、松下、三菱、维克多（日本胜利公司）、先锋汤姆森（RCA/GE）和东芝，它们支持SD（超级光盘）。争议持续到1995年，争论的焦点在于存储规模上，以满足电影公司的要求。然而，这种争论不决的状况，使计算机制造商为之担忧。于是，在 1995 年，5 家计算机生产商（苹果、Compaq、惠普、IBM 和微软）形成了一个技术咨询委员会，将上述竞争者统一为一个标准，这个标准包含以下特点：

1）通用的存储和文件格式标准，用于计算机和电影播放器。

2）兼容已有的光盘和刻录光盘以及未来的可擦写光盘。

3）与现有的光盘和刻录光盘相同的成本。

4）磁盘独立性。

5）与 CD 上的信息的可靠性相似或更优。

6）增加存储容量。

7）在视频播放和数据转换上性能优异。

为了充分满足这些要求，咨询委员会提议采用通用磁盘格式（UDF）文件系统。它支持磁盘记录和读出并且通过光学存储技术协会（OSTA）开发。OSTA 同意进一步开发 UDF，它将同时兼容计算机和视频播放系统。

最后，在 1995 年底，两家制造商联盟宣布最终的标准。新标准包括了基本的 DVD-ROM 格式，还包含了多数由好莱坞工作室和计算机制造商所提出的建议。最后，一个新的制造商联盟形成，称为 DVD 联盟，包括飞利浦、索尼等 7 家主要的 SD 同盟的参与者以及时代华纳。DVD 专利权在这些参与者之间共享：总计 4000 项专利，松下（Matsushita）获得其 25%，先锋、索尼各得到 20%，飞利浦、日立和东芝每家占 10%，三棱、JVC 和时代华纳分享了剩余的 5%，如图 11-1 所示。

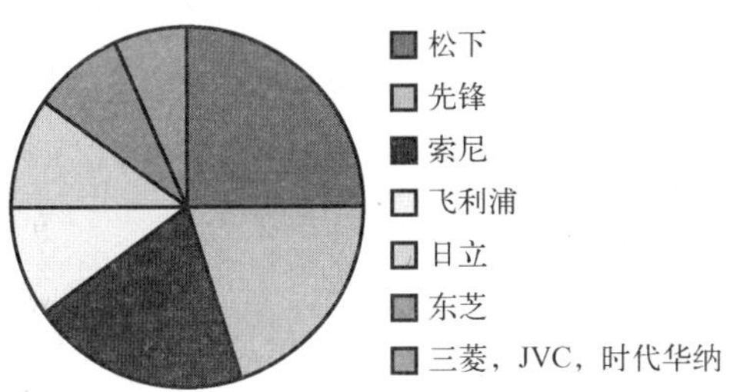

图 11-1 DVD 联盟专利份额饼图

第一个 DVD 在 1999 年出现，在后续的几年时间中，它被作为家庭娱乐和计算机行业的标准。在消费者市场，DVD 已经完全取代了传统的使用模拟 VHS 录像带来存储电影。几乎所有的电影都存储在数字化光盘上。复杂的计算机游戏也能够制作在一张 DVD 光盘上。

11.1.1 DVD 技术

DVD 光盘通常由聚碳酸酯化合物制成，也可以由丙烯酸或类似的透明材料制成。数字信息存储在螺旋轨道上，这些轨道由一系列在激光反射表面上不能反光的凹点或可以反光的平面组成。激光束用来读取凹点/平面，读取对应位置上存储的信息。DVD 的横截面如图 11-2 所示。DVD 和 CD 在表面上没有什么不同的地方。DVD 光盘厚度是 1.2 mm，直径是 12 cm。轨道槽间距，即轨道之间的距离，CD 上是 1.6 μm，DVD 上是 0.74 μm，蓝光光盘上是 0.32 μm。凹点的最小长度，在 CD 上是 0.834 μm，DVD 上是 0.4 μm，蓝光光盘上是 0.14 μm。DVD 的红色激光的波长为 640 nm，蓝光光盘和 CD 的波长分别是 405 nm 和 780 nm。记录数据的螺旋轨道的长度，DVD-5（容量 4.7 GB）是 12.5 km，DVD-9（容量 8.5 GB）25 km。而 CD 光盘的螺旋轨道是 6 ~7.5 km。蓝光螺旋轨道长度分别为 27 km 和 54 km，对应的存储容量为 25 GB 和 50 GB。

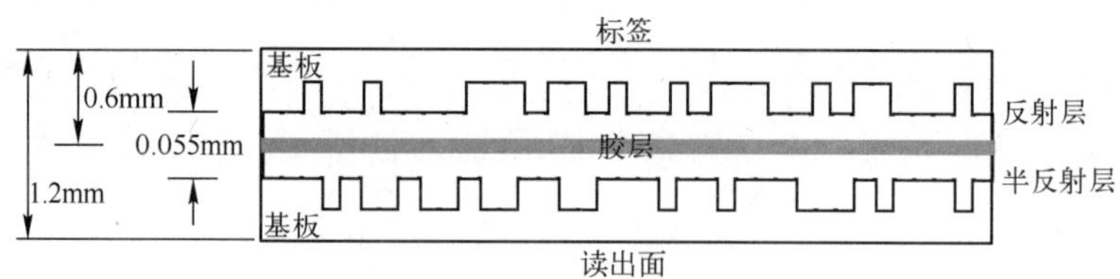

图 11-2 DVD 光盘横截面

在 DVD 光盘的第 1 层，数据是从中心向周边写入的。在第 2 层上，数据写入的顺序是相反的——从周边向中心写入（反向模式），如图 11-3a 所示。这样设计的目的是避免在数据传输、刻录和读出时的速度延迟。数据可以并行地写在两层上，如图 11-3b 所示。DVD 所采用的纠错码（ECC）比 CD 要好，更耐划痕和污垢等。

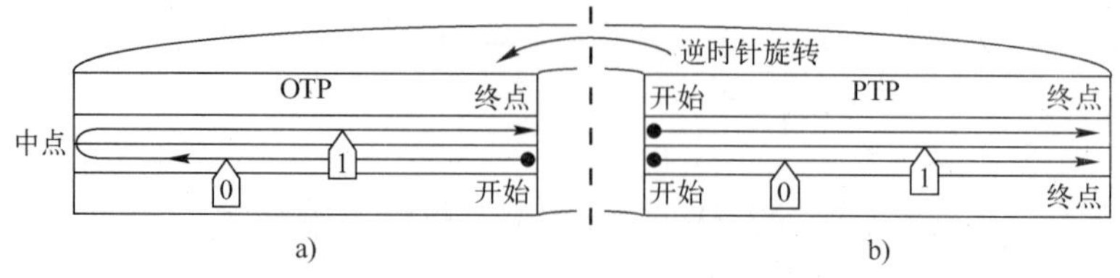

图 11-3 双层 DVD 中的读/写操作

DVD 被分成三个区域。导入区，主要中间数据刻录区和导出区。导入区和导出区设置数据存储会话的开始和结束。它们在多段写入 DVD 刻录或想要添加数据的时候是非常重要的。因为多段写入 DVD 还不完全兼容，所以导入区和导出区规范是很重要的。

DVD 的主要类型根据它们存储容量的不同而确定。此外，DVD 被分为直径 12 cm 的和直径 8 cm 的两种。其次，DVD 可以根据它们的特性和使用类型（可刻录、可读写、视频、音频等）进行分类。12 cm 的 DVD 分类如下。

1）单层（Single Layer，SL）DVDs：

- DVD-5 容量 4.7 GB，单层。它是最流行的格式。消费者的认可度以及大规模生产使它的价格下降到和那些刻录 CD 同样的价位。
- DVD-R SL，DVD-R/RW（可读写），DVD+R SL，DVD+R/RW。
- DVD-RAM SL（随机存取存储器）2.1 版本。它的结构和硬盘很相似。它比传统的可刻录 DVD 更加健壮。它们是摄像机和桌面视频录像机和播放机的理想搭配。然而，它们价格相对较贵且不能被所有的 DVD 设备所识别。它的规格使得低成本生产不太可能。摄像机中硬盘的使用，使得它们未来的使用充满了不定性。
- DVD-10 9.4 GB 容量，单层双面（SLDS）。

2）双层（DL）DVD：

- DVD-9 8.5 GB 容量 DL。
- DVD-R DL，DVD+R DL，DVD-RAM DL 2.1 版本。
- DVD-18 17 GB 容量，双层双面（DL DS）。

迷你 DVD 主要用在数码摄像机中。它们分为单面和多面两种，容量分别是 1.4 GB 和 2.8 GB。DVD 的容量见表 11-1 所示。

表 11-1　DVD 磁盘特征

类型		面数	层数	直径/cm	容量/GB
DVD-1	SS SL	1	1	8	1.46
DVD-2	SS DL	1	2	8	2.66
DVD-3	DS SL	2	2	8	2.92
DVD-4	DS DL	2	4	8	5.32

（续）

类型		面数	层数	直径/cm	容量/GB
DVD-5	SS SL	1	1	12	4.7
DVD-9	SS DL	1	2	12	8.54
DVD-10	DS SL	2	2	12	9.4
DVD-14	DS DL/SL	2	3	12	13.24
DVD-18	DS DL	2	4	12	17.08

11.1.2 DVD 数字音频/视频存储

视频 DVD 光盘存储数字视频。视频播放需要一个独立的 DVD 播放器或计算机 DVD 驱动器和一个视频读取、解码软件。通常，电影使用 DVD 视频格式压缩。这种格式是基于 MPEG-2 的，这样一部影片就能存储在一张 DVD 中，没有明显的图像质量损失。视频 DVD 和音频 DVD 规格被定义成 DVD 格式。DVD 上媒体的数据传输率范围是 2～10 Mbit/s。可以得到的最高图像质量对应于一个 10 Mbit/s 的传输速率上对应的图像质量。然而，即使传输速率为 2 Mbit/s，视频压缩后也能产生可接受的视频质量。视频 DVD 包括：

- MPEG-1 或 MPEG-2 视频压缩分别为 1.8 Mbit/s 和 9.8 Mbit/s。
- PAL（576i）或 NTSC（480i）视频分辨率分别是 720 px × 576 px 和 640 px × 480 px。25 帧/s 的视频分辨率为 352 px × 288 px。
- 音频编码：PCM 高达 6 Mbit/s，DTS 高达 1.5 Mbit/s，MPEG-1 音频层高达 912 kbit/s，多路 AC-3 环绕声高达 448 kbit/s。Dolby AC-3，尽管它的比特率低，但它却是最常用的音频格式，且拥有卓越的音效质量。
- 多达 32 种不同的字幕。

DVD 音频提供了一个采样率高达 192 kHz 的多声道音效，每个声道 24 位，且有接近 9.6 Mbit/s 的数据传输率。声音不总是压缩的，因为一个 DVD 的容量最高可以是一个 CD 容量的 12 倍。DVD 音频播放器相比 CD 音频播放器来说仍然没有被经常使用。一个方便的办法是在计算机上播放 DVD 音频。

DVD 的刻录遵循 ISO 9660 标准文件系统，也被称为光盘文件系统（CDFS），它有文件名长度和文件大小的限制。文件大小最大只能到 2 GB，允许有 8 个子目录。文件名必须为 8 个字符（ISO 9660 Level 1）或最多有 180 个字符（ISO 9600 Level 2）。目录和子目录的总数不得超过 65535。一个记录在 DVD-ISO，满足 ISO 9600 标准的 DVD 与所有的操作系统和设备兼容。在一个通用磁盘格式（UDF）文件系统中，文件可以达到 2TB 的大小，而且没有文件名长度的限制。虽然有多个版本的 UDF，但 1.02 版是最受欢迎的。蓝光光盘遵循 UDF 2.60 文件标准。

对于世界范围内的 DVD 视频分销，根据不同的电影价格以及发行政策，全球被划分为 6 个区域。在过去，可以找到多区域的 DVD 播放器。然而，即使是现在，这个限制可以被一个光盘播放器固件越狱（非法的）所绕过。

11.2　蓝光及蓝光技术介绍

蓝光光盘（Blu-ray Disc，BD）是新一代光盘存储磁盘的名称。它们的主要用途是高清视频录制、播放和海量数据存储。蓝光光盘和标准的 CD、DVD 有同样的尺寸，只不过它的容量较大，单面最大可以达到 25 GB，双面最大容量为 50 GB。

蓝光光盘规格是由蓝光光盘协会（BDA）制订的，BDA 由全球 180 多家公司组成，包括消费电子、计算机和电影生产等公司。最近，它由如下几家公司代表领导：苹果（Apple Computer）、戴尔（Dell）、惠普（Hewlett Packard）、日立（Hitachi）、LG 电子、松下、三菱、先锋、飞利浦、三星、夏普、索尼、Sun Microsystems、TDK、Thomson 多媒体、20 世纪福克斯、迪士尼影业和华纳兄弟娱乐。

高清视频光盘的概念来源于高清电视（HDTV）的出现。在 1998 年，商业的高清电视便开始出现在市场上。但是，却没有公认的、廉价的方式来记录和播放高清晰度内容。除了数字录像机和 HDCAM 工业标准，没有满足所需的存储容量的设备来容纳高清视频内容。而且，众所周知的是，较短波长的激光能使光存储在一个更高的空间密度上。蓝色激光二极管的发明使这成为可能。然而，一场涉及专利权的诉讼，推迟了它们在市面上出现的时间。

第一代 BD 消费设备是一种 BD-RE 刻录机，它于 2003 年 4 月在日本上市。然而，对于已经录制的视频没有标准，而且也没有对应的发布的影片。蓝光光盘的标准几年后才建立，因为好莱坞电影公司在接受它之前需要一个新的安全的版权保护系统或数字版权管理系统。

关于高清晰度光盘标准制订引发的“第一次战争”，一直持续到2008年，蓝光光盘格式一直都在和HD DVD格式竞争。2008年，东芝——HD DVD的主要支持者，宣布它将不再支持这种格式，标志着蓝光光盘作为这场战争的胜利者。导致这个结果的原因主要有以下两个：

1）主要的电影制造商和零售经销商发生了变化。

2）索尼决定在PlayStation 3视频游戏机中包含蓝光播放器。

第1代BD-ROM播放器在2006年6月出现，伴随着一些电影新的格式的发布。第1个版本使用MPEG-2视频压缩，和DVD使用的压缩格式一样。2006年9月，在第1个发行版本中，使用了较新的视频编解码格式VC-1，而且提出了新的格式MPEG-4 AVC。第1部使用双层蓝光光盘（50 GB的存储容量）的电影出现在2006年10月。2006年7月，索尼发布了第1个大众消费的蓝光设备，可以在上支持可擦写光盘。它可以在单层和双层BD-R与BD-RE光盘上刻录。

蓝光标准包含了多家公司的几项专利。在2010年，由三菱、Thomson、东芝和华纳兄弟组成的听证组开始许可他们对于生产和发行的蓝光光盘来说必不可少的专利描述程序。

蓝光光盘的名字来源于使用蓝紫色激光来刻录和读取数据。Blu中的字母e是故意省略掉的，因此Blu-ray这个词可以作为商标注册。由于蓝色激光的使用，有一个较短的波长（405 nm），相比较使用红色激光（650 nm）的DVD来说，蓝光光盘可以存储更多容量的数据。一个双层的蓝光光盘可以存储50 GB的数据，容量几乎是双层DVD光盘的6倍。

蓝光光盘可以存储MPEG-2、MPEG-4和VC1编码的视频。支持的视频分辨率最高可以达到1080p。许多这种蓝光格式的电影已经在市面上有售。存储1 h的高清视频需要14 GB的容量，这在过去相当于13 h的标准视频。蓝光光盘支持多声道5.1或7.1的环绕音效标准。

大多数的蓝光光盘使用24p（24帧/s）的真实剧场技术。在视频技术中，24p指的是一种视频格式，它可以真正地以每秒24帧（或在正式使用NTS视频设备时为23.976帧）进行逐行扫描。最初，24p技术被用在非线性数字电影的编辑上。不论NTSC还是PAL视频处理工作流，都可用于24p的媒体生产。使用PAL解决方案处理起来更加简单。

蓝光光盘相比传统的 DVD 光盘有更大的存储容量，如图 11-4 所示。它们也提供了新的交互标准。用户可以连接到互联网，直接下载字幕，还可使用其他的电影互动功能。使用蓝光，用户可以：

1）记录高清电视节目，没有任何质量损失。

2）访问电影中的任何一个地方。

3）在观看另外一个光盘内容时录制一个电视节目。

4）创建播放列表。

5）处理和重新构建已经记录在光盘上的电视节目。

6）自动搜索空余光盘空间。

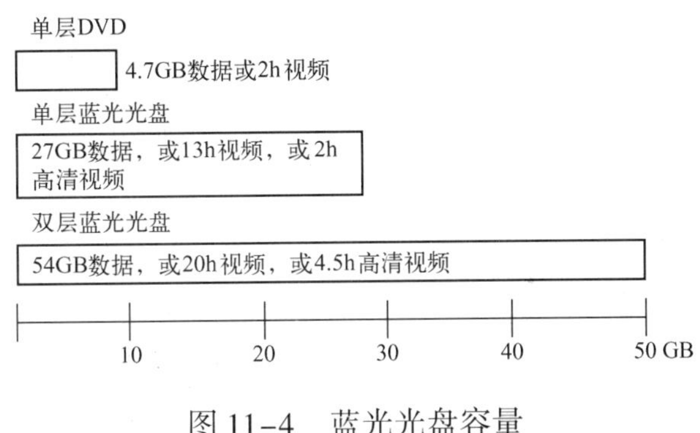

图 11-4　蓝光光盘容量

蓝光光盘最开始被设计成几种不同的格式。而 DVD 和 CD 开始只是一种可读的格式，而且后来才支持可刻录以及可读写格式。蓝光支持以下几种格式：

1）BD-ROM（只读），用于预先录制的内容。

2）BD-R（可刻录），用于 PC 存储。

3）BD-RW（可读写），用于 PC 存储。

4）BD-RE（可读写），用于 HDTV 录制。

蓝光光盘在螺旋轨道槽上存储数字编码视频和音频信息，如图 11-5 所示。从盘中心向其周边开始。反射的激光束被读取，以便播放存储在 DVD 上的电影或程序。当槽变得更窄或凹点变得更小时，光盘的容量增加。凹点越小，激光束的读取精度越高。蓝色激光射线比在 DVD 中用到的红色激光线聚焦更精确，而且可以读取记录在凹点长度仅为 0. 149 μm 的信息。这种凹点长度要比 DVD 中的短两倍多，如图 11-5 所示。此外，蓝光把轨道间距从 0. 74 μm 缩短到 0. 32 μm。更小的凹槽和凹点长度使蓝光光盘可以在一个单层上存储 25 GB 容量的信息，存储容量大约是

DVD 中可存储容量的 5 倍。

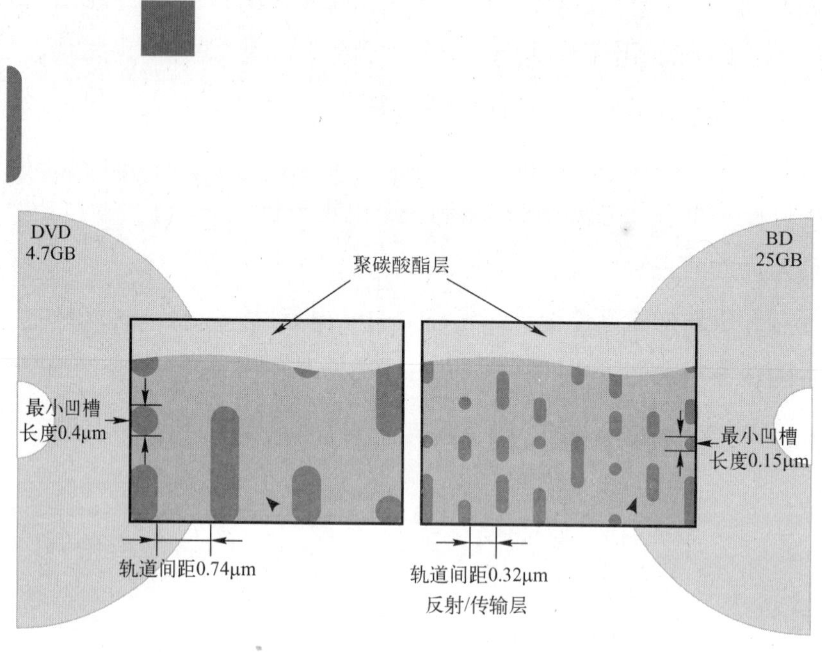

图 11-5　DVD 和 BD 光盘结构

双层光盘只添加了另一个在第一个层面背面的记录层。在这种情况下，在记录层背面，最接近激光源的金属层是半透明的。当它集中在更深的层时可以使激光束通过。

一个蓝光光盘（1.1 mm）和一个 DVD 光盘（1.2 mm）有大约相同的厚度。不过，这两种类型的光盘用于存储不同的数据。在 DVD 中，数据位于两个 0.6 mm 聚碳酸酯的层之间。数据层上的聚碳酸酯层的存在可能会导致双折射，由于在下面的层可能将激光折射成两条单独的光线。如果两条光线之间的角度太大，则数据就不能被读取。此外，如果 DVD 表面不平（因为这个原因，它不完全垂直于光束），则激光束可能会扭曲（光盘倾斜问题）。所有这些问题导致了一个复杂的 DVD 生产过程。

相比较于标准的 DVD，一个蓝光光盘最初更容易受到划伤，蓝光光盘中的数据层更接近于光盘表面，如图 11-6 所示。因此，第一个光盘被封闭在一个保护的情况下使用。

然而，聚合物技术的进步，最终使这些保护变得多余。

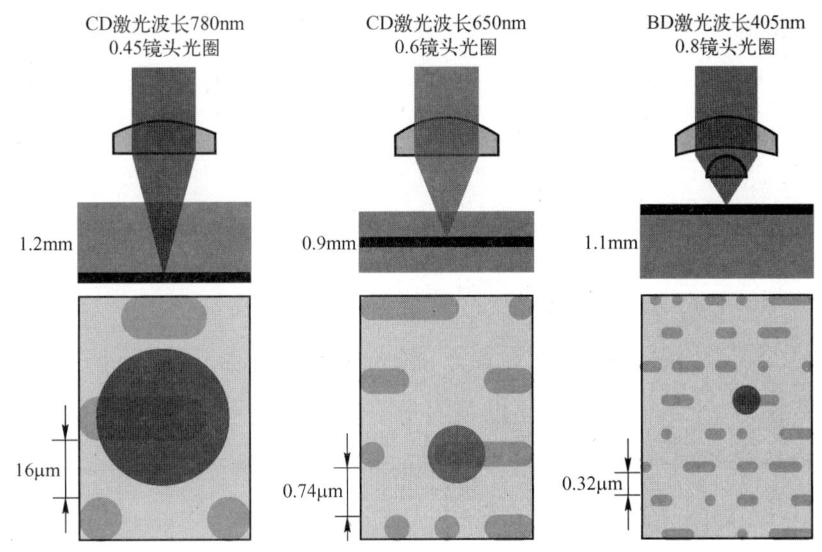

图 11-6　CD、DVD BD 用一个激光束读出

蓝光光盘通过将数据放置在一个 1.1 mm 的聚碳酸脂层的顶部，克服了前面提到的 DVD 读取问题，如图 11-6 所示。数据放置在顶部，避免了双折射，因此减少了可读性问题。此外，由于刻录层是接近读取装置的物镜，因此光盘倾斜的问题几乎消除了。因为数据更接近于光盘表面，一个坚硬的外部磁盘层被放置在顶部，以保护它免遭划痕、灰尘和指纹污染。

蓝光光盘的设计降低了它的制造成本。传统的 DVD 是通过粘接两盘制造的。记录层放置在它们之间。DVD 的这个过程必须仔细完成以下三个步骤以避免双折射：

1）采用注塑成型的聚碳酸酯基片制作。

2）记录层被添加到其中一个磁盘上。

3）两只光盘黏在一起。

在蓝光光盘中，只形成了一个 1.1 mm 厚的聚碳酸酯光盘，从而降低了成本。这种节约抵消了在记录表面上添加坚固保护层的成本，所以最终的价格不会超过传统的 DVD 光盘的价格。

相比 DVD 光盘（10 Mbit/s），蓝光光盘具有更高的数据传输速率（36 Mbit/s）。一个蓝光驱动器可以在 1.5 h 内写入 25 GB 的数据。就安全性而言，蓝光光盘比 DVD 具有更好的配置。它们有一个唯一的 ID（基于一个安全的加密系统），保护数字内容防止盗版和侵权。

11.3 视频投影仪

视频投影仪接收一个视频输入信号，然后通过光源和透镜系统在反光银幕上显示相应的图像。一个数字视频投影仪的示例可以参考图 11-7。所有的视频投影仪都使用明亮的光源投射屏幕上的图像。目前的投影仪技术允许不同的图像投影的调整，如长宽比、宽度/对比度变化以及投影几何校正。投影仪广泛使用在会议室、教室或家庭影院中。大多数投影仪支持的常见的图像分辨率是：SVGA（800 × 600）、XGA（1024 × 768）、720p（1280 × 720）、1080p（1920 × 1080）。通常，一个720p 分辨率的投影仪兼容 1080p 技术（可显示诸如蓝光高清视频等内容），能以低分辨率重现同样的内容。

图 11-7　数字视频投影仪

投影仪的成本取决于它的图像分辨率、亮度以及噪声/对比度等特性。多数现代投影仪在暗室或可控光照的情况下（主要用于室内投影）为一个小屏幕提供足够的光照。对于较大的屏幕或室内的白天投影，投影仪需要一个更明亮的光源。光源亮度以流明（lumens）为测量标准，它是测量光通量的单位，即人眼所能感觉到的光源发出的光的强度。一流明是一烛光（cd，坎德拉 Candela，发光强度单位，相当于一只普通蜡烛的发光强度）在一个立体角（半径为 1 m 的单位圆球上，1 m^2 的球冠所对应的球锥所代表的角度，其对应中截面的圆心角约为 65°）上产生的总发射光通量，即 1 lm = 1 cd × 1 sr。一个普通的 100 W 的白炽灯泡可以发出大约 1700 m（流明）。而一个 100 W 的钠灯可以发出大约 15000 lm（大约 9 倍的亮度）。美国国家标准协会（ANSI）建立了一个标准化程序来测试投影仪。投影仪的光通量根据这个过程按照 ANSI 流明标准已经经过测试，对各种投影的技术规格进行了精确的对比。测试规格说明定义在标准文档 IT7.215（1992）中。峰值流明是 CRT 投影仪常用的测量光通量的指标。在这个框架中，一个大小等于 10% 或 20% 的总屏幕面积的白色区域被使用，屏幕的其余部分仍然是黑色的。光功率只有 9 个这样的区域，然后测量，结果取平均值，然后在整个投影屏幕上调整提供峰值流明。中等大小的屏幕带有一个小的环境或昏暗的照明需要 1500 ~ 2500 ANSI 流明的投影器亮度。亮度超过 4000 ANSI 流明适用于大房间、非常大的屏幕，以及不可控制的照明条件（如在一个礼堂里）。

投影仪对比度表示为黑暗图像区域和明亮图像区域的比值。对比度越高，视频图像看起来越清晰生动。对比度在 1500∶1 和 2000∶1 之间被认为是较好的，当对比度高于 2000∶1 时是极佳的。ANSI 对比度测量是非常可靠的。

投影时候的色彩再现也同样重要。通常，它和颜色深度（24 或 36 位/px）及其他技术性特征有关。好的投影仪具有自然的色调和随着时间推移的好的色彩重现，以及色彩稳定性。

3D 电视内容的投影是由好的视频投影机提供的。使用视频投影机和屏幕，而不是显示器（因为显示器屏幕更大），可以获得更舒适的 3D 电视内容观看体验，以保证更高的体验质量。

最后，投影机的重量和可携带性在某些特定的市场领域中也是非常重要的因素，例如，在贸易展览会上，使用便携式投影仪更加方便。

显示屏幕的大小是很重要的，因为光通量不会改变，随着屏幕尺寸的变大，可感知的屏幕亮度会变低。通常屏幕是用对角线的长度来度量尺寸的，而没有考虑更大屏幕需要更多的光（正比于屏幕表面，而不是其对角线长度）。屏幕对角线长度增加 25%，平均图像亮度将减少 35%。对角线长度增加 41% 会使图像亮度降低一半。

11.3.1 视频投影技术

CRT 投影仪使用阴极射线管（CRT），红色、蓝色和绿色通道各对应一个阴极射线管。它们几乎不用维护，不像使用昂贵的灯且需要定期更换的投影仪。CRT 投影仪基于一种相当古老并且不再流行的技术，因为它们的庞大尺寸使得它们不适合家庭影院使用。然而，对于相同价格的投影仪来说，它们可以支持的屏幕尺寸最大。

液晶投影仪使用液晶光阀多晶硅面板投影。棱镜反射照明光源并且把它投射到三个面板上，每个 RGB 通道对应一个液晶。门控面板被电子控制，所以特定的 RGB 像素通道可被打开或关闭。红色、绿色和蓝色的光束通过透镜后在屏幕上再现彩色视频。它是一种简单的、廉价的投影技术，在家庭影院和商业使用中很常见。在液晶投影仪中最常见的问题是屏幕门效应（SDE）：由于细纹分离的面板的光阀（像素）也被投影在屏幕上，我们认为视频被视为通过一个蚊帐屏幕或网格。因此，精细的细节，例如，在一个足球场上的草的光学纹理似乎显得模糊。最近的进展已把这个问题降到很小了。其他投影机（如 CRT）没有遇到过这种问题。

数字灯光处理投影仪采用微型电子镜放在半导体芯片上的网格完成图像的投影，这种技术通常被称为数字微镜装置（DMD），是由德州仪器（TI）公司开发的。微镜芯片具有与所显示的图像相同的分辨率。微镜可以被控制反射到透镜或不反射。开/关操作的速度可以产生灰度色调。有单个、三个 DMD 芯片投影仪版本。在一个有 3 个 DMD 芯片的投影仪中，棱镜将金属卤化物灯光投射到三个 DMD 芯片上，然后使用透镜重组灯光。在一个有 1 个 DMD 芯片的投影仪中，采用彩色旋转轮进行彩色图像投影。彩色旋转轮被放置在光源和 DMD 芯片之间。大多数彩色旋转轮由红色、绿色、蓝色，有时候由空白区域组成。其他也有黄色区域，或对应于所有 6 个主要的正面和负面的颜色（红色、绿色、蓝色、青色、黄色、紫红色）的区域。

DMD 投影仪最常见的问题是一个可见的“彩虹”（可见颜色分离）。当人们转移他们的目光时会看到。所谓的彩虹效应（RBE）是一个频闪现象，迫使一些人看到红色、绿色和蓝色的闪光。这是因为人眼和大脑是以一个高速旋转的彩色滤光片这种方式来感知运动的物体的显示的。这种效果在视频中是一个主要问题，而不是在静态的幻灯片放映中。当白色的区域在很暗的背景中快速移动时更为明显。白色或灰色色调的存在是必要的，以完整地感知这种效果。“彩虹”问题只影响到一小部分观众。然而，有些人（占总人口的 5%）对这种现象非常敏感。3 DMD 系统没有遇到过这种问题。现代的 DLP 投影仪通过高轮速和优化的色轮使这一状况降到最小。DLP 投影仪还可用于背投电视的屏幕中。

最后，还有另外的一种被称为硅上液晶（LCOS）的投影技术，这是一种介于LCD（透射）和 DLP（反射）投影技术之间的混合技术。它利用一种反射式的CMOS 液晶技术芯片来调制光线。液晶单元上反射基板，可以调节光的反射。彩色视频投影机使用 3 个 LCOS 芯片。LCOS 投影机可以使用发光二极管作为光源，因此不需要更换灯泡。日本胜利公司所采用的直接驱动图像光增强器（D – ILA）投影仪就是基于 LCOS 技术。

通常地，用于家庭影院和商务投影仪上的投影灯的寿命，约为 2000 h 或 3000 h，分别对应全功率使用和低功率使用的情况下。这是一种传统的高压汞蒸气灯在许多投影仪中使用的情况。一些昂贵的投影机中使用的是昂贵的氙气灯，通常它们的使用寿命更短。大多数生产商认为，一只灯泡的使用寿命在它的亮度减少到原来的一半时就结束了，而不是等到它们停止运作的时候。

11.3.2　投影屏幕

有多种类型的投影屏幕。银幕在很大程度上是一种过去使用而现在只保留它的隐喻意义。然而，透镜银幕使用偏振光，在 3D 电影投影中很受欢迎。金属屏幕（银或铝）不干预偏振光，因此适合 3D 内容的可视化。白色雾面屏很容易制造且提供了非常广泛的观看视角。现在，它们非常受欢迎。

珍珠光泽和玻璃熔接的屏幕提供更窄的观看视角及更多的反射光。高对比度屏幕吸收周围的亮度，它能在不可控制的环境照明的房间内达到理想的高对比度投影。

11.4　显示器/显示屏幕

11.4.1　液晶显示器

液晶显示器（LCD）的显示建立在两透明电极和两垂直偏振滤波器之间薄薄的一层液晶基础之上。背光源用来创建图像。光穿过第一偏振滤光器，并自身极化。电刺激改变液晶分子的取向，因此，光的偏振通过液晶层。根据受控的偏振光的角度不同，偏振光可以通过或不通过二次过滤器。因此，我们通过使用一个像素级的液晶激活的多路复用的方式，可以在像素级控制输出图像的亮度。薄膜晶体管（TFT）采用晶体管的有源矩阵（每个像素一个晶体管）更好地控制像素的亮度。彩色 LCD 显示可以通过使用一套额外的 RGB 滤波器得到。因此，每个像素可被分成 3 个 RGB 子像素，可以独立控制，产生一个非常大的调色板。TFT 技术减少屏幕面板的厚度。相比其他显示器类型，LCD 的优势是重量和能量消耗的减少，它被广泛用于计算机或电视显示器中。

液晶显示器技术非常古老。在 1888 年，植物学家莱尼兹发现了液晶，在 1890 年，他开始生产第 1 个合成液晶。在 20 世纪 50 年代，新材料的开发使制造液晶显示器成为可能。1967 年，湿扭曲向列相液晶（TN）晶体被发现，第 1 块功能液晶屏被制造出来。1979 年，第 1 个采用 TFT 技术的彩色液晶屏产生。第 1 个商用液晶彩色电视屏幕出现在 1985 年，它的显示屏尺寸为 2 in（1 in = 2. 54 cm）。现在液晶屏幕的大小可超过 40 in。目前，第 7 代液晶显示器的主要制造商（如三星、索尼、LG、飞利浦、夏普）宣布液晶显示器有更大的面板尺寸，从 40 ~ 108 in 不等。液晶显示技术的改进，降低了与等离子显示器的技术差距，允许厂家生产更轻、更高的分辨率和更低的能耗的屏幕。液晶电视比等离子电视在市场上更具竞争力。现在液晶显示器数量上已经超过了等离子显示器，尤其是在 40 in 或以上的这些重要显示器的市场上，而在此之前，等离子屏幕占据了绝对的优势。

11. 4. 2 等离子显示器

等离子显示屏（Plasma Display Panels，PDP）是常用在大电视机（超过 37 in 或 940 mm）中的平面显示屏。在这些显示屏中，许多微小的单元位于两个玻璃面板之间，这两个玻璃面板内有混合气体（氖气和氙气）和极少量的汞。气体被电解成等离子，然后是贡，最后是磷原子，绘在细胞表面，发出光。等离子显示器往往会与液晶显示器混淆，后者使用一个非常不同的技术。

等离子屏幕是伊利诺伊大学香槟分校（1964 年）的一项发明。原始的单色（橙色、绿色、黄色）屏幕在 20 世纪 70 年代初非常流行，因为它们既不需要内存也不需要电路来更新图像。随着半导体存储器使 CRT 显示器比等离子更便宜，它们在 20 世纪 70 年代末被遗弃。但是等离子显示屏相对更大的尺寸和更薄的机身，使其适合在接待大厅和会议室中使用。等离子屏幕在 1981 年第 1 次被用在计算机终端上。

随着等离子屏幕的出现，屏幕尺寸也有所增加。直到最近，它们与竞争的 LCD 技术相比，亮度更好，响应时间更快，色彩频谱更大，视角更宽，使它成为一种高清晰度平面显示屏的最热门的技术。很长一段时间以来，液晶技术被认为只适合小电视机，不能与等离子技术在较大的屏幕尺寸上竞争，特别是 40 in (100 cm) 以上。由于液晶显示器的低功耗，较低的重量，降低的价格，更高的分辨率（对 HDTV 来说是至关重要的），通常，液晶显示器比等离子显示器更具有竞争力，这也包括大于 40 in 的显示器的市场，那里的等离子技术过去也曾占据主导地位。

等离子显示器亮度好（1000 lx 或更多），有一个广泛的调色板，可以在大型面板上制造，对角线长度最高可达 380 cm（150 in）。和等高的 LCD 显示器的高亮度黑电平（brightness black level）相比，等离子显示器有一个非常低的黑电平。面板厚度只有 6 cm（2.5 in），其全部厚度，包括电子管，少于 10 cm（4 in）。等离子显示器和 CRT 屏幕使用同样多的每平方米功耗。根据图像内容的不同，其功耗变化很大，明亮的场景所消耗的功耗比深色的更明显。一个 50 in（127 cm）的屏幕的额定功率通常为 400 W。当设置为影院模式时，较新的一个 50 in 的屏幕的使用功率为 250 ~ 350 W。用于家庭使用时，大多数的等离子显示器按照预先设定的模式会消耗两倍的这个功率。最新一代的等离子显示器的使用寿命估计有 60,000 h 的实际运转，或按每天工作 6 h 算，共 27 年。在这个时间跨度内，最大亮度将衰减到原来的一半。

11.4.3 背投电视

DLP 背投电视（rear-projection TV）只是一个在电视机盒子里的 DLP 投影仪。它们是低成本的解决方案，但一般来说，它们有较高的运营成本。虽然比大尺寸（42 ~ 50 in）的等离子或液晶屏幕便宜，但从长远说，它们并不比等离子屏幕便宜。DLP 背投电视使用电子灯管，这种灯需要经常更换，而且花费在 200 ~ 400 美元。它们的使用寿命为 6000 ~ 8000 h。最终，每两年或更少的时间就应该买一个新的灯管，如果人们经常看电视的话。一台 DLP 背投电视总共可能要花费两倍等离子电视的价格，在 5 ~ 6 年的正常使用时间跨度上。在其使用周期内，这样一台 DLP 背投电视可能是一个等离子屏幕花费的 3 ~ 4 倍。而且，它们体积庞大，不能挂在墙上。

就目前的观点来看，尽管 DLP 背投电视在性能上得到了改善，但仍然无法提供和等离子电视相比的观看视野。虽然它们的画质得到了改善，但仍落后于它们的竞争对手。许多人对视错觉（visual illusions）和图像块效应有抱怨。因为所有这些缺点，几家电视机制造商已经停产或计划停产 DLP 背投电视机。

11.4.4 显示器技术对比

1. 等离子显示屏

等离子显示屏的一个关键优势在于它的耐用性。因为等离子电视的平均寿命是 50,000 ~ 60,000 h，几乎无须维护。当它的亮度减少到原来的 50% 时，它仍然是一个正常的电视亮度的两倍或三倍。另一个优势是它的宽视角，因为等离子显示器可以提供 180°的视野，且没有任何图像质量损失。等离子显示器比一般的电视机亮 4 ~ 5 倍。此外，等离子屏幕有很大的对比度（1000:1 或更高）。

等离子屏幕的价格很有竞争力：一台 42 in 的电视等离子显示器的成本大约是 40 in 液晶显示器的一半，虽然市场价格会变化。和液晶显示器相比，它们的图像显示几乎没有时间延迟。等离子显示器在图像显示方面具有非常自然的颜色。等离子显示屏具有以下优点：

1）很薄。一个等离子显示屏可以挂在墙上，并占用大约一幅图画框的空间。

2）几乎所有的等离子显示屏都有 16:9 的长宽比。

3）许多等离子显示屏都有升级视频卡，以兼容未来的视频标准。

等离子显示屏也有一些缺点。如果静态图像在显示屏上停留时间过长，会导致屏幕老化/残影现象。由于这个原因，使用等离子显示器作为计算机显示器是不合适的。如果老化现象偶尔发生，一些等离子屏有一个白色的闪光功能，可以缓解该问题。等离子显示屏不可用在 37 in 以下的尺寸。大多数等离子显示屏没有电视接收器（调谐器），而一些等离子电视有更便宜的、可选的低质量的电视接收器。另一个缺点是有缺陷的像素。所有主要的等离子显示屏品牌都有像素质量的规定/说明，可以允许一块屏幕上有一个或两个坏像素点。这在50 in显示器（拥有超过983000个像素点）上是不可观察到的。如果等离子屏幕支持所谓的轨道器操作，则将大大减少像素点坏点的可能性。

2. 液晶屏

液晶屏（LCD）的优点可以概括如下：

1）它们在静止图像上可以良好地工作，可以用作计算机显示器。

2）性价比高，特别是对规模较小的尺寸（小于30 in）。

3）具有高亮度、高质量监视器。

4）一块液晶显示器可以悬挂在墙上，占据差不多一幅图像框的空间。

5）运营成本低。

6）使用寿命比较长（30 000～50 000 h）。

7）它们被称为“绿色电视”，因为它们不伤眼睛、低功耗，使用寿命长。

一个不能忽略的问题是，液晶屏显示图像时有一个固有的时间延迟，当一个物体在液晶屏上显示的一个场景中快速移动时，这种延迟会导致一种错觉。图像中相似的像素点会形成一个像素组，这是因为屏幕显示不能与物体的运动保持同步。新的液晶屏幕有较小的时间延迟，有不可观察到的较少的光学错觉，特别是在小于30 in或35 in的屏幕上。对于较大的屏幕，时间延迟有时是相当烦人的。另一个缺点是低黑电平，因为背光照明不能被完全阻断。因此，黑色的区域是非常黑暗的灰色，即使是最好的液晶显示器也有相当狭窄的视角。当一个人垂直地看着屏幕时，画面看起来很棒。当一个人不断往侧面移动，图像质量下降，最终，图像消失了。实际上，在一个好的液晶电视上，图片在90°的视角范围（45°的视角范围是在每一面上）必须是可见的。

市面上有很多的液晶显示屏，但很少有好的视频处理能力。如果一块液晶屏被制造成计算机的显示器，则它的视频显示能力通常是很差的。如果我们想要使用一块液晶显示屏作为一个电视屏幕，则应该买一块为视频设计的显示屏，而不是液晶计算机显示器或电视调谐器。如果为了双重用途，最好是购买带有计算机输入功能的液晶电视，而不是一个带有调谐器的液晶计算机显示器。超过35 in的液晶显示屏是很昂贵的。液晶屏幕的一个缺点是它们可能有坏的像素点，一块20 in的液晶显示屏有超过300000个的像素点。因此，一个或两个非功能的像素点是不可观察到的，除非有人非常靠近屏幕。然而，要注意的是，计算机用户离液晶显示器的距离要比等离子（或液晶）电视显示器近得多。最后，人们观察到，许多液晶显示器往往只是提供“数字显示”的外观和图像的感觉。在这种情况下，它们似乎不能自然地再现色彩。

第 12 章

数 字 电 影

12.1 数字电影简介

电影业是由数字革命带来的最新娱乐产业，直到最近，大多数电影都是靠人工拍摄和胶片制作而成，这种电影制作方式直到19世纪末还或多或少地存在。甚至现在，还有一些电影院仍然使用35 mm电影播放机播放电影胶片。在过去的50年里，电影院基本都以这种方式播放电影。

数字革命已经给音乐界和家庭影音娱乐产业界带来了变化，对电影娱乐产业界更是产生了巨大的影响。星球大战第2部《克隆人的进攻》（Attack of the Clones）由乔治-卢卡斯导演制作，是第一部以数字技术为基础制作的电影。由此，在电影制作方面一个新的领域便诞生了。数字电影的出现给电影娱乐产业界带来了挑战。由于现在数字技术在电影娱乐产业界只是刚刚开始使用，因此日后数字技术在电影娱乐产业界必将产生越来越重要的影响。

12.2 数字电影的定义和优势

数字电影（Digital Cinema）或数字影院，是指数字技术在电影拍摄、后期制作、电影发布以及屏幕播放等方面的应用。然而，我们可以发现，以上定义并没有完全包括数字电影的各个方面。电影被定义为一种在“大屏幕”上展示画面的艺术，其视觉效果和音频质量通常是在其他媒体上无法体验到的，如电视机。可以说一个电影的质量好坏，完全可以由视觉效果和音频质量决定。现在说某电影为“数字”的，也就是说其质量至少是相当于一个35 mm的胶片电影。

使用数字电影技术，电影的画面和声音都是以数字的形式记录下来的。这就要求使用计算机对电影进行处理，或使用计算机从头构建整个场景，以提高色彩的质量并设计出完美的视觉效果。数字电影的制作流程如图12-1所示。

最终制作好的数字电影是通过压缩、加密和刻录在硬盘/光盘后才发布的，或通过互联网、电影院等方式发布。对于电影拍摄来说，已不再使用传统的拍摄技术，而是采用数字拍摄技术。数字拍摄技术具有画面亮度高、传输速率快、分辨率高和颜色质量高等特点，并且录制的画面和视频可被重复利用。

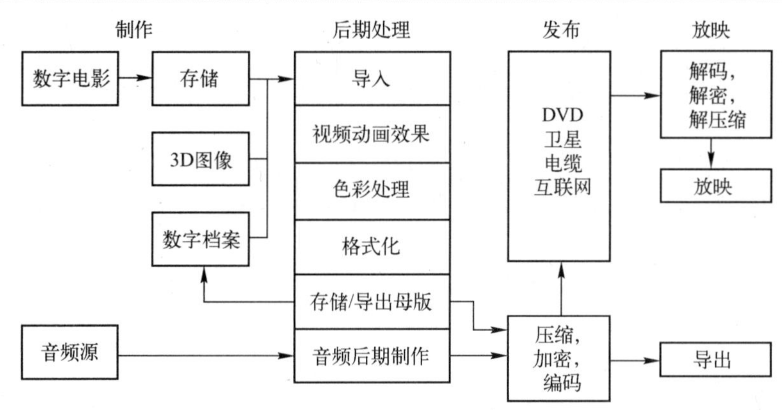

图 12-1 数字电影的制作流程

数字电影是一个相对比较新的术语。在过去的 20 年中，数字电影也有一些其他的术语，如数字影片、数字摄影、电子制片。可以说这些都是在取代胶片电影过程中的一些新尝试。数字影片（Digital Film，D-Film）多指电影最终的数字形式；数字摄影（Digital Cinematography）多指数码摄像机在电影中的使用；电子制片（Electronic Cinema，e-cinema）是和数字电影（Digital Cinema）比较接近的术语，它们之间主要的不同点在于，后者可以支持 2048×1080（2K）分辨率甚至更高的分辨率，而在分辨率略小的情况下，电子制片效果更好。电子制片可以脱离数字电影独立发展，并且在某些应用中已被证明是可行的，如在低成本广告行业中的应用。数字电影的规格，除了指完整的电影外，也指任何具有相似质量要求的视听内容。

数字电影在处理、传输、放映等方面有许多优势。数字信息比模拟信息更加容易处理。计算机对数字图像的处理很容易，但是对模拟图像数据流的处理却并不容易。外观质量是数字电影的主要特征之一，其具有较高的图像分辨率和清晰度，以及优质的音频质量和视觉效果，使得观众具有独特、兴奋的体验。数字数据文件具有更快、更容易和更经济的发布方法，如互联网、有线或卫星发布等。数字技术使得电影的发布更加安全和防盗版，因为数字电影需要经过加密和解密才能在影院播放，而解密必须通过持有正确密匙的合法人员。数字电影还允许在电影院以新的内容和形式进行展示，这包括很多方面，如体育赛事、教育、直播或录播音乐会和文化演出等，例如，歌剧或戏剧的播放也可以吸引新的观众。

12.3 数字电影的标准化工作

电影与电视工程协会（SMPTE）在 2000 年初召开了 DC28 技术会议，目的是研讨使用数字电影带来的影响以及采用统一的制作指南和推荐做法。与此同时，由好莱坞重要电影厂商组成的数字电影促进会（DCI）成立。DCI 成员和国家剧院业主协会（NATO）以及 DC28 协会共同颁布了开放的数字电影标准，确保在数字电影中使用统一的、高性能的、可靠的、质量可控的技术标准。2001 年，欧洲数字电影论坛（EDCF）在瑞典首都斯德哥尔摩成立，该论坛致力于促进数字电影在欧洲的发展和应用。EDCF 协会联合其他相关组织在电子和数字电影方面采纳了合适的国际标准，但其本身不会发布任何规范制度，并且只对数字电影的图像压缩、传输交付、加密、影院系统、音频、声学、投影和服务系统感兴趣。

在德国，由 4 个弗劳恩霍夫研究所（Fraunhofer research institutes）联手组成的弗劳恩霍夫数字电影协会，致力于发展先进的数字电影技术。在法国，法国国家标准化组织（AFNOR）已经对图像领域的分辨率颁布了质量要求，并且完全符合 DCI 标准。在日本，日本数字电影联盟（DCCJ）是一个非营利性组织，致力于对高质量的数字电影标准和基础设施进行开发、测试、验证。DCCJ 的目标如下：

1）搜集信息和研究数字电影的技术现状和未来趋势，鼓励数字电影的应用。

2）和其他相关组织进行交流，对数字电影的标准化提供帮助和支持。

3）对数字电影的使用者提供技术支持，帮助他们建立数字电影应用系统。

4）在数字电影制作、发布、放映等方面对制片人给予支持。

12.4 DCI 技术标准

早在 2005 年，DCI 已经对数字电影规范化进行了详细和全面的定义，并且在持续不断地更新（1.2 版本）。DCI 标准已经成为国际标准并被普遍使用，基本的 DCI 标准包括图像压缩、音频/声学、文本、传输、加密等。

数字图像的尺寸必须是 2 K 或 4 K，相当于 2048 px × 1556 px 和 4096 px × 3112 px 的图像分辨率，这样的分辨率符合 35 mm 胶片电影帧扫描和 4:3 的比例。然而对数字电影来说，扫描不是必要的，因此，2 K 和 4 K 被定义为 2048 px × 1080 px 和 4096 px ×2160 px 的分辨率，相应的尺寸修改为 16:9，如图 12-2 所示。和数字电视相比，SDTV（标清电视）的分辨率是 720 px ×576 px，尺寸比例为 4:3；HDTV（高清电视）的分辨率是 1920 px ×1080 px，尺寸为 16:9。

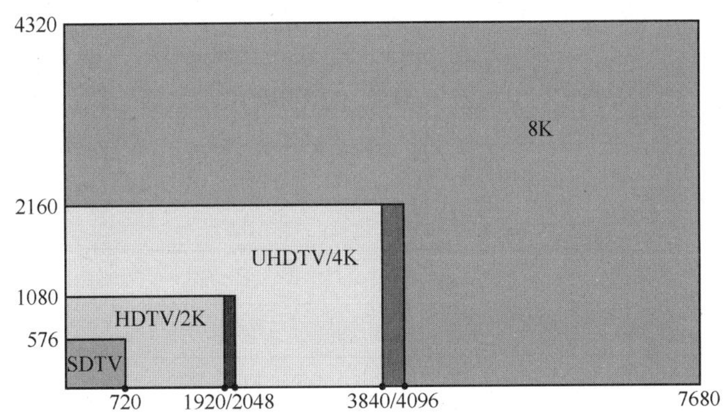

图 12-2　SDTV、HDTV、2K、4K、UHDTV 和 8K 图像的分辨率

《蜘蛛侠 3》（Spiderman）和《十三罗汉》（Ocean's 13）是首先使用 4 K 分辨率的数字电影。对 2 K 分辨率的图像来说，帧频应为 24 或 48 帧/s；而对 4 K 分辨率的图像来说，帧频应该为 24 帧/s。每个像素都有 36 位颜色存储空间，允许为每个颜色使用 12 位存储空间和 2^{32} 种颜色的调色板。

DCI 推荐的图像压缩标准是 JPEG 2000（. JP2），其最大的数据速率是 250 Mbit/s。国际标准化组织（ISO）的联合摄影专家组对 JPEG 2000 进行了标准化，并且发布了 ISO 15444-1 标准。JPEG 2000 使用基于小波变换的图像压缩技术，它不要求图像以块分割，因此，它产生较少的块效应。另外，它在图像压缩方面提高了 20%，图像质量得到显著提高，JPEG 2000 的主要好处有：

1）支持在单一编码解码器下的无损压缩和有损压缩。

2）支持多种尺寸和分辨率。

3）帧内编码，不需要运动估计和补偿。

4）图像可扩展再现。低分辨率的图像可以先显示图像文件的一部分，当接收到更多的数据时，便可以逐渐增强。第一层的传输和显示，对于图像的背景来说，至少是重要的一部分。

关于音频，其位深度是 24 位/采样，并且采样频率可以是 48 kHz 也可以是

96 kHz。在 24 帧/s 的音频中，每帧 48 kHz 的音频采样有 2000 个，每帧 96 kHz 的采样有 4000 个。在每秒 48 帧的音频（48 kHz）中，每帧的音频采样有 1000 个，每帧 96 kHz 的音频采样有 2000 个。当需要改变音频采样率时，影院的音频系统需要支持改变音频的采样率，并且制作出的数字音频支持 16 个全带宽信道。表 12-1 给出了前 8 个信道的一般描述。

表 12-1　数字电影中使用的音频信道

信　道	信道编号	名　称	描　述
1/1	1	L/左	左前扬声器
1/2	2	R/右	右前扬声器
2/1	3	C/中心	中心扬声器
2/2	4	LFE/屏幕	低音炮
3/1	5	Ls/左环绕	左环绕扬声器
3/2	6	Rs/右环绕	右环绕扬声器
4/1	7	Lc/左中	左后扬声器
4/2	8	Rc/右中	右后扬声器
5/1，5/2，6/1，6/2，7/1	9-16		未使用

用户自定义的信道可以包括另一种语言和描述信息等。音频文件需要符合广播波形格式（Broadcast Wave Format，BWF）。BWF 被欧洲广播联盟（European Broadcasting Union，EBU）认为是继承 WAV 的标准音频开发。BWF 支持文件元数据，以方便在不同的计算机平台和应用程序之间通信，这些元数据被存储在标准数字音频 WAV 文件的头部。

考虑到文本、字幕和描述信息的可用性，它们需要遵循以下存储格式：

1）文本信息保存在数字电影的图像文件中。

2）子图像，用于动画影象中视觉数据（通常指字幕）的互补传输，并且已经设计将图像叠加在动画影像的主图像上。子图像标准是符合便携式网络图像（Portable Network Graphics，PNG），ISO/IEC 15948:2004 格式的一种二进制图像文件（bitmap），其分辨率和数字动画影像的分辨率是一样的。

3）文本（通常指字幕）作为一种展示方式，有以下作用：

• 以一定的字体（时间标记的文本，是可以在预期时间被显示的文本信息）显示，由中心影院服务器，或内嵌处理器，或数字电影放映机叠加到主图像上。

• 由辅助字幕处理器从数字电影中央服务器接收数据，并显示在 LED 字幕荧屏上。

• 依靠辅助字幕处理器，在单独的投影系统中显示。

关于信息传输，使用素材交换格式（Material Exchange Format，MXF）和可扩展标记语言（Extensible Markup Language，XML），经过压缩、加密和打包形成最终的数字电影数据包（Digital Cinema Package，DCP）。MXF 是一个格式化容器，支持许多独立的信息流和不同的脚本编码。加密使用的是 ASE 128（Advanced Encryption Standard 128，高级加密算法 128）其接收到一个 128 位的文本并对其编码，可以产生相应的 128 位加密文本（密文）。ASE 128 使用一个私有密匙进行编码，公有密匙则使用所谓的密匙传输消息（Key Delivery Message，KDM）进行发布。其解码和编码非常相似，在此不再赘述。

数字电影系统结构流程符合 DCI 标准，图 12-3 给出数字电影系统结构的流程，从图中可以看出，数字电影系统使用 2K 和 4K 的图像分辨率构造分层的图像结构。

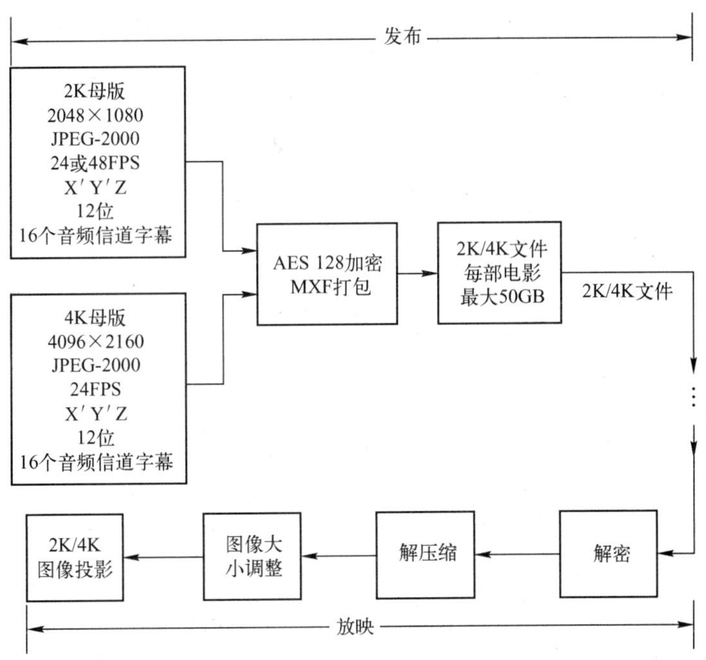

图 12-3　基于 DCI 规范的数字电影系统

12.5 音频和图像产品

电影制作包括对音频和图像的记录。图 12-4 所示是一个数字音频记录设备，它们可以制作 BWF 音频文件，被广泛地用在动画影像和电视制作中，它还可以使用环绕传声器录制 3D 音效。值得注意的是，非线性数字音频记录仪通过使用火线（Firewire，一种高速串行输入/输出技术）或通用串行总线（Universal Serial Bus，USB）进行连接，可以具有比实际时间更快的编码转换能力。

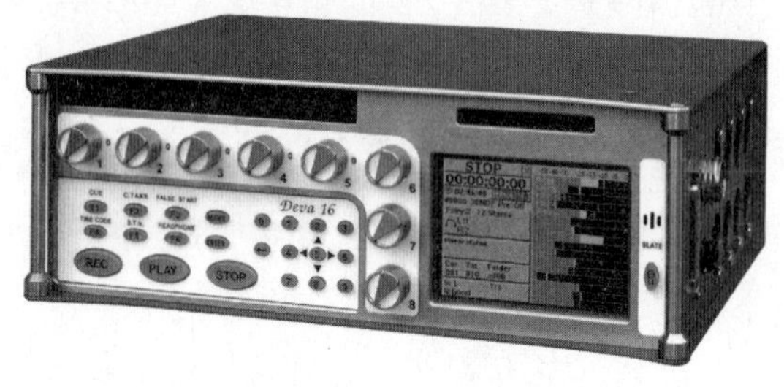

图 12-4　非线性数字音频记录仪（由 Zaxcom 公司提供）

35 mm（24 mm × 18 mm）胶卷摄像机或 HD 数字摄像机都能用来记录图像。数字电影摄像机（DC-cameras）支持 2K 和 4K 的图像分辨率，它们被设计成和传统的电影摄像机一样的外观风格和手感。数字电影摄像机具有高质量的摄像头和传感器，一块带有马赛克滤镜的图像传感器芯片完全取代了传统摄像机中的胶卷。数字电影摄像机和模拟摄像机具有相同的光学特征，同样使用光学取景器，如图 12-5 所示。

图 12-5　2K 数字电影摄像机（由法国 ARRI 公司提供）

DC 摄像机使用便携式高容量和高传播速率存储设备，以满足存储大规模的数字图像数据的需要。记录一个独特的场景大概需要 20 ~ 50 GB 的存储空间。一个完全没有压缩的 2 K 分辨率的电影需要 20 TB 甚至更多的存储空间；而 4 K 分辨率的电影每秒记录的图像大概有 1 GB 的数据量，可想而知，存储一个 4 K 分辨率的电影需要更多的存储空间。

12.6 数字电影的后期制作

如果使用 35 mm 胶卷摄像机拍摄，那么所产生的胶卷必须使用胶卷扫描仪进行扫描，如 IMAGICA 公司制作的 HSX 成像仪，ARRI 公司制作的 Arriscan 或更高分辨率的电子设备，如 Cintel International 公司制作的 URSA 和 Thompson 公司制作的 Spirit。使用胶卷制作的电影，通常扫描后以数字图像交换（Digital Picture Exchange，DPX）格式存储文件，DPX 文件符合 SMTPE 标准，具有 2K 或 4K 分辨率，同时可能还支持色彩调整。现在还有部分（在不断减少）电影制作商仍然采用这样的制作方式，然而，总体来说，文艺界并不是很情愿地、完全、直接地向数字编码过渡。调整若干数据文件并且产生一个输出文件，这个输出文件被称为电影的数字源母版（Digital Source Master，DSM）。

DSM 文件可以被转换成数字电影发行母版（Digital Cinema Distribution Master，DCDM）文件或电影复制原版文件或家庭影音原版文件或存档源文件等。DCDM 的工作流程如图 12-6 所示。DCDM 包含所有的数字播放所需数据，如图像/音频信息、字幕、注释、动画、光学和音效等，其中音频、图像和文本都符合 DCI 标准。DCDM 文件可以使用具有投影质量控制或具有同步和组合数据等功能的媒体播放设备（例如，投影仪和音响系统）直接播放。这里的组合数据指的是用于电影、预告片或广告投影所需的所有内容和元数据，DCDM 文件的主要处理过程包括图像压缩、加密和打包。

图 12-6 DCDM 的工作流程

DCDM 文件使用 JPEG 2000 标准的图像压缩技术进行编码；电影压缩使用 AES

128 加密标准进行压缩；打包过程使用 MXF 和 XML 标准，最终形成了数字电影数据包。DCP 仅是一组 MXF 文件组成的视听内容和一组 XML 文件，包含每一个文件的元数据和命令播放序列。每个分配盘包含的轨迹文件可以是图像、声音、字幕或任何其他多媒体数据和/或元数据轨道。为了可以重现，需要创建一个组合播放列表（Composition PlayList，CPL），列表规定了 DCP 卷轴序列和包含统一表示电影、预告片、广告等需要的数据和元数据。该列表包含一个或多个卷轴，加密的内容是经过数字签名的，对列表的任何修改都是可以被检测到，另外，电影的每一个版本或语言的每一个版本都有独立的组成列表。图 12-7 所示给出了一个完整的、包含英文声音和希腊/法语字幕两个独立的组成列表的电影 DCP。

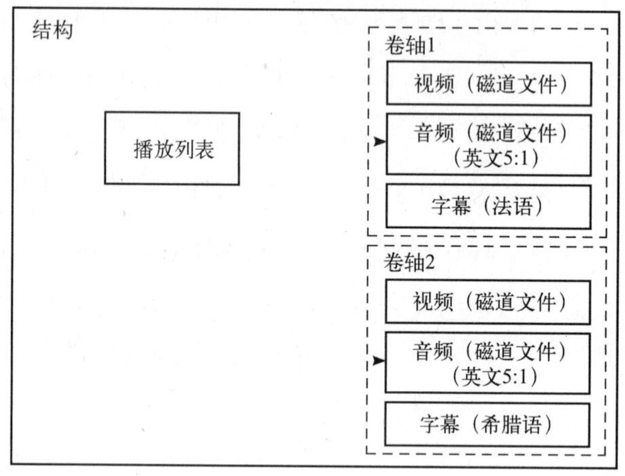

图 12-7　组成列表结构

向 DCDM 转换的过程中，母版的制作和打包是非常复杂的，并且这两个过程都是在数字电影实验室（Digital Cinema Lab，DCL）进行的。DCL 中的设备大致包括：

1）用于 JPEG 2000 压缩、编码、打包和加密的母版制作工作室。

2）计算机基础设施，如文件服务器、大容量的存储设备、音频和视频的快速处理器、网络计算机系统等。

3）操作和投影视听内容的工具，如计算机显示器、数字投影仪、音频控制仪器等，如图 12-8 所示。

4）用于颜色矫正、图像处理、虚拟效果和图像恢复的软件，如 Digital Vision 公司的电影大师，Adobe 公司的 Photoshop 和 Premiere，Autodesk 公司的 3D Studio Max、Smoke、Flame 和 Maya，Apple 公司的 Final Cut，2d3 公司的 Boujou 和 Realviz

公司的 MatchMover，以及一些其他的流程工具。

5）产品制作和产品发布工具，如数字电影摄像机、电影扫描仪、视频设备、DVD 创作工具、电影复制设备和媒体备案系统等。

图 12-8　在数字电影投影仪室内的投影仪和音频计算机

12.7　数字电影的发布

DCP 文件可以使用任意一种物理介质传送给影院，如光盘（光碟和蓝光）、硬盘，或者利用电子的方式，如通过卫星或地面宽带网络来传送。解密密匙是单独提供的，作为传递消息的一个关键部分，被分别传送到各个影院。Technicolor 公司，德纳斯，XDC，Access Integrated Technologies，Microspace，Communications Corporation ，Kodak，DTS，AscentMedia，Dolby 和 Arts Alliance Media 都参与了数字电影的发布。

使用物理介质转移 DCP 文件有效地替代了磁盘之间的物理媒介，但是从电影制片厂到剧院，DCP 文件的传送可能会持续好几天，因此，电影院可能会试图剽窃先前使用过的物理媒介来降低成本。通过电子设备发布极大地降低了传输过程中所消耗的成本和时间，通过卫星发布仅需要一根天线，这种天线通常情况下比家庭接收器的天线要大一些，DCP 文件可以被卫星直接地传送给世界上任何一个地方的影院。地面宽带网络推荐使用光纤，因为它满足对网速的需求，而普通的 PSTN 线路

（如 ADSL）到目前为止，还不足以提供令人满意的传输速率。与卫星相比，地面宽带网络允许点对点传输，这就意味着，只有受邀的机构才能接收到 DCP 文件。在使用电子设备发布数字电影的过程中，如果需要，数据文件可以被存储和转发。

12.8 数字电影在影院的播放

影院接收到 DCP 文件和解密密匙，并使用它们重新获得 DCDM 文件，其中包括组成电影需要的所有图像、音频和文本文件。播放数字电影的影院系统可以分为播放系统、投影系统、音频系统和影院管理系统（Theater Management System，TMS），也被称为屏幕管理系统（Screen Management System，SMS）。播放系统包括存储单元和媒体处理单元，物理上它们可以是在一起的或分开的，投影系统包括图像投影仪，音频系统包括一个音频处理器和一个音箱，其中的一些播放设备，如图像投影仪和音频设备可以在一个保险箱里。另外，在多功能影院中，影院系统必须提供多屏功能。

播放文件服务器存储 DCP 文件，播放文件服务器通常分布在投影屏幕附近或集中存放。如果是集中存放，所有的文件被集中存放并且为多个屏幕提供播放资源，集中组合存储也许是多屏幕系统的一个很好的解决方案，但是像这样的存储系统必须具有容错能力，即使存储系统中的某个硬盘出现故障，电影播放系统也不需要中断而是可以继续播放。电影播放文件服务器可以兼容多种视频服务器，按照 DCI 标准，播放文件服务器必须支持 307 Mbit/s 的数据流或者更高的压缩图像、无压缩音频和文本数据，同时也必须具有足够高的保障数字电影的连续播放的能力。播放文件服务器使用组合列表保持数据的同步，并且播放文件服务器存储的文件是经过 AES 加密的，而那些未加密的数据并不存放在该存储系统中，因此不必担心文件被非法复制。

媒体处理单元是一个或一组设备，其功能是实时地把经过打包、压缩和加密的电影数据转换为原始的图像、音频和文本数据。根据存储方式的不同，电影数据可以不打包或部分打包的方式直接到达媒体处理单元，媒体处理单元使用解密密匙将电影数据解密并且把经过 JPEG 2000 编码的图像恢复成未压缩的图像。如果媒体处理单元和投影系统不在同一个保险箱内，则媒体处理单元产生的数据需要经过链式解密处理单元进行数据格式转换，以符合投影系统的数据格式。文本信息可以经过 α 通道（一个控制图像透明度的标识）或子图重叠进行显示。如果文本是经过时间标记的，那么可以使用相应的文本处理器，另外，这些处理文本的方法和工具还可以集成在图像投影仪内。一个媒体处理单元应该维持数据转换率在 10 Gbit/s，同时也应该与影院系统的其余部分在三个层次上进行交互。第一层是访问打包过的数字电影内容所需要的，第二层是投影仪的原始输出子系统、音频处理器或任何额外的设备，第三层是媒体处理单元播放子系统控制器。

投影系统将数字图像信息转换为光，投影在屏幕上。一个投影系统支持多种接口和多种多样的数字电影架构，在投影仪上安装媒体处理单元的情况下，所有的数据都将通过单一的数据接口进行数据转发。如果媒体处理单元在投影仪的外部，那么链式解密处理单元就是投影仪接口所需要的。尽管媒体处理单元已经安装在了投影仪内，但是当需要替换内容时，仍需要使用外部接口。除了投影主要的图像之外，投影仪还需要在荧屏上投影一些文本信息和静态图像，这就需要媒体处理单元安装一些额外的接口，以应对投影仪内没有安装媒体处理单元的情形。在数字电影投影室内的音频机架如图 12-9 所示。在数字电影投影仪中，主要运用了两种技术，一种是数字灯光处理器（Digital Light Processing，DLP），另一种是数字图像灯光放大器（Digital-Image Light Amplifier，D-ILA）。图 12-10 所示为一个数字电影投影仪。

图 12-9　在数字电影投影室内的音频机架

图 12-10　数字电影投影仪

与现有的其他投影仪相比较，DLP 有三个主要优点：

1）具有高品质的彩色或单色图像投影，并且没有噪声。

2）比其他现有的技术更有效（如液晶技术），因为数字微镜器件（Digital Micromirror Device，DMD）用于 DLP 时不需要偏振光。

3）以密集的微镜（micromirrors）产生高分辨率的图像。

D-ILA 还有其他的几个优势：

1）支持最大像素密度和高图像分辨率。

2）在高分辨率的情况下，允许发射出强光。

3）提供了高图像对比度。

音频系统从媒体处理单元接收到无压缩的数字声音文件，然后将其转换为模拟信号，并传输到带有扬声器和低音炮的音箱中。音频的播放需要提供 16 个信道，并且支持 5.1 和 7.1 的环绕音频格式。一个音频处理器可以把数字音频转换为模拟信号，除此之外，它还具有提供中间程序和音乐的功能。音频系统主要接口的功能是接收从媒体处理单元传送过来的数字声音并传输到电影音频处理器，其他接口指的是状态和控制信息。

就数字电影系统而言，每一个影院必须有一个单独的屏幕（或影院）管理系统（Screen Management System，SMS）。该系统可以允许个人创建播放列表，并且可以把播放列表当作一个文件和其他的屏幕管理系统进行交互，另外，在该系统中还可以存在多个播放列表，如图 12-11 所示。屏幕管理系统还向电影播放人员提供了操作接口，如开始、暂停和编辑播放列表等功能。屏幕管理系统具有控制和诊断检测影院设备的功能，并且可以向影院技术人员发送适当的消息。表 12-2 给出了影院系统中一些常见的故障。屏幕管理系统可以在本地也可以远程控制，此时该系统相应地使用一台计算机和一个计算机网络。

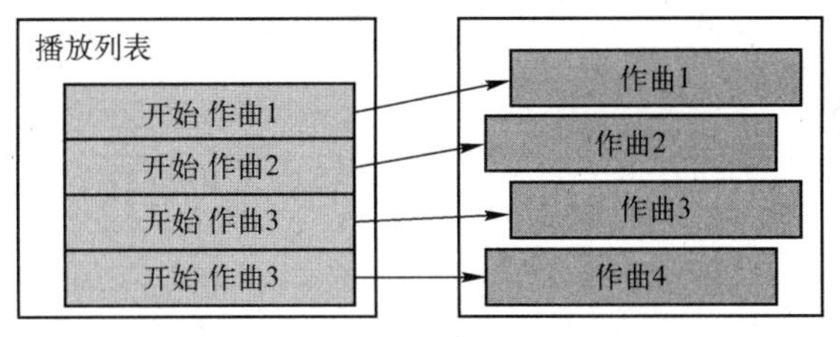

图 12-11　数字电影播放列表

表 12-2　影院管理系统中的一些常见故障

SMS 故障	SMS 故障处理
收到损坏的合成列表	验证接收 DCP
准备播放的电影被修改	检查准备播放的电影与 CPL 之间的冲突
电影播放查询	显示播放列表，执行统计

12.9　数字电影未来的发展

数字电影系统是模块化的，任何一个组件都可以替换或升级，而并不需要把整个系统进行替换。随着相关数字电影技术的进步，硬件和软件的升级也很容易实现。

关于生产流程，数字电影摄像机技术是面向高分辨率、高速和多机（三维图像）记录发展的。科学家们研究新的全景摄像系统，几乎能够以 150°的角度和高达 8K 的分辨率记录生活的全景图像。该系统将有一个结构化的改造，允许安装的摄像机个数高达 12 台，这就意味着即使是 360°的图像也能被记录下来。研究人员正在研究具有高分辨率、高速率和低成本的混合型摄像机，这将会记录整个三维空间的信息。立体视觉的前景和真实三维数字电影（全息）的投影将在第 13 章详细论述，其他重要的研究领域涉及真实的三维录音和高速/大容量存储。

在后期制作过程中，需要对产生更多效果、低成本的图片和音频处理工具进行研究，这就有助于工作流程和管理过程的提高以及大量数据文件的处理。现存的工具将不能应对大数据容量的文件，如具有4K分辨率的标准文件。除此之外，还需要研究具有高容量和高速率的数据存储器。

另外，在标准化格式下新制作的物理媒体数据需要传输到影院进行播放。数字技术给电影界带来了一个新的商业模式，如电影点播（Cinema on Demand，CoD），电影院运营商可以在24 h内搜索和获取电影，而不必像平常一样等待电影的发行，并且影院运营商可以灵活地安排需要播放的节目，可以说，这是以前从未有过的体验。

至于播放，需要减少投影仪的花费并提高屏幕平面化，当然同时也要提高三维播放的技术水平。研究人员正在研究高分辨率的多投影系统，使得电影可以在凹凸不平的界面上和特殊的场景下进行播放，如在主题公园和会议室中。许多新形式的图像和播放技术也在不断地被发明出来，如三维全息或真实的三维波场合成（wave filed synthesis）声音给电影院的观众带来了最佳的视听氛围，许多像这样的系统都可以在影院中的每一个座位上产生自然的声音，给整个影院的观众提供了一个自然的声音感觉。

第13章

三维数字电视

13.1 三维数字电视介绍

三维电视（3DTV）为电视观众提供了视觉和深度感知，能够使观众对呈现的场景有一种3D结构感。通常可以使用立体影像（stereo imaging）达到这个目的（立体TV），立体影像显示一左一右的视频通道。这种图像对（左右图像对）的例子如图13-1所示。三维成像和呈现技术的首次出现，几乎和经典摄影（二维图像）同时出现。电视产生后不久，就出现了实验性的立体的三维电视（3DTV）。三维显示的想法已经有一个很久、很有趣的历史，可以追溯到20世纪50年代的三维立体图像，60年代和70年代的3D电影及全息摄像，并发展到当前的众所周知的计算机图形学和虚拟现实技术。三维显示技术的需求稳定增长，并且变得越来越重要，三维显示的应用也越来越多，如科学和医学图像、游戏和电视节目（如体育类型的频道）。近10年来，人们提出了多种三维显示的方法，但是没有任何一种方法能够找到一个很大的市场。所有现有技术都有其自身的特点、优势和劣势。总体来说，近些年，人们对各种形式的三维电视的兴趣在不断增长，包括研究领域和娱乐行业。3D商业电影的成功已经证明了这点，如《阿凡达》和《飞屋环游记》，3D电影通过DVD、蓝光和全新的3DTV发布。在不久的未来，3D视听内容会越来越多，它们或者由专业团队制作，或者由普通用户在社会平台上发布。3DTV在家里传输立体视频，而3D电影通常在电影院看。在2002年，日本和韩国开始使用卫星或地面HDTV网络，使用3DTV播放体育赛事。早在2004年的时候，人们开始实现多角度视频的实时捕捉和广播。现在，许多国际电视频道，包括大部分广播，如Sky3D、ESPN 3D、Canal +3D和3net提供3D电视服务。很快，更多的广播公司也将提供3D电视服务。2012年的奥林匹克运动会，也是使用3DTV广播的。

图13-1　立体帧对

一个完整的 3DTV 系统通常有以下几个基本模板：3DTV 图像捕捉、后期制作、表示、压缩、传输、渲染（可视化），如图 13-2 所示。目前，3DTV 系统捕捉、广播和呈现立体视频，包括一个左视频通道和一个右视频通道。然而，可以使用多种方法捕捉三维场景。例如，同时使用几个摄像头（多角度的图像）。这样的多角度图像如图 13-3 所示。而且，依据 3D 屏幕技术的不同，支持多种方式渲染三维内容也是人们所期望的。为此，在未来的 3DTV 中，场景捕捉和渲染应该独立开来：获得场景信息后，应该通过计算机视觉技术将场景信息转换为合适的场景表示；视觉渲染应该使用计算图形学的方法渲染。观众可通过中间场景表示进行交互，如改变视角。关于压缩，将已有的单角度视频压缩技术扩展到多角度视频压缩也是顺其自然的，利用空间上的冗余——对于同一个场景，多个摄像头捕捉产生的空间上的冗余。三维视频编码吸引了很多人的研究兴趣，并且产生了 ISO-MPEG 这样的标准化运动。使用流技术传输三维数字内容也是一个活跃的研究领域。就可视化而言，人们发展、使用了许多方法，如自动立体、全息摄影、立体显示。

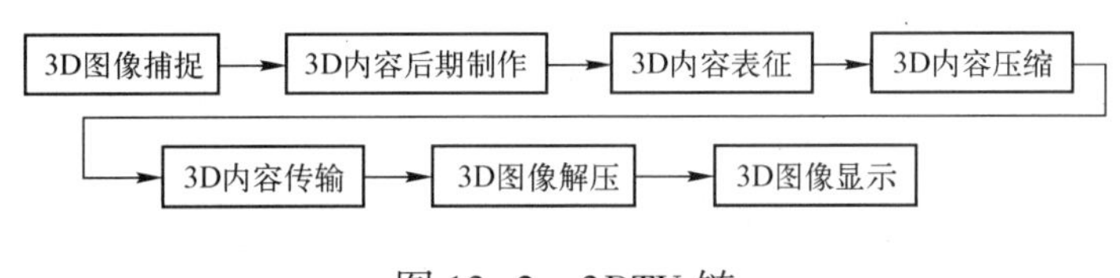

图 13-2　3DTV 链

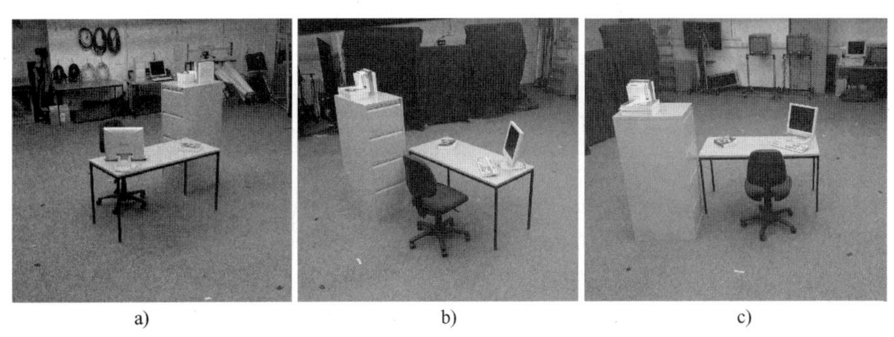

图 13-3　三个观看角度下的场景图像

13.2　三维图像捕捉

3DTV 以数字捕捉（记录）一个动态的真实世界的场景开始，场景包括一些移动的人或物体，接着将记录到的数据转换为一种适合的表示格式。在传统的TV中，只有场景中的图像需要记录，与其相比，真正的三维电视通常要求获得关于场景中目标的完整几何信息，以便人们可以从不同的角度观看场景。科学挑战有两方面：三维场景几何信息和相关的视觉信息（纹理）必须记录。

许多技术已经能够满足前面提到的两个要求。使用几个传统摄像机同时记录(多角度的图像)，来呈现一个3D场景记录是可能的。最简单的记录一个场景的方法是立体摄像，仅使用两个摄像头，从稍微不同的位置捕捉相同的场景。这两个视图经过存储和传送，最终发送给观众。通常一个多角度视觉捕捉系统使用2~20个摄像头。这样的摄像系统通常需要校准。随后的3D场景表示法的关键是在许多视频帧中和它们转录的三维视觉场景模型中，发现相同的兴趣点（特征点、标识)。此外，使用单一的摄像机记录3D场景也是可能的，此时，多角度系统被一个摄像机代替，它从不同的视觉角度记录场景。这种方法当前最基本的限制是：被记录的场景必须是静态的，或目标必须以某种形式建模，以便三维几何信息可从一张单独的图像上重建。

除了使用摄像机，还有其他方法可以记录三维信息，如3D扫描，即使用结构化的光。这种技术基于一个激光源和一个光学检测器（摄像头)，激光源发射一个光束到被捕捉的目标表面，摄像头检测反射的光带。条纹位移允许3D目标几何信息的提取。这种技术的主要优势是所获得的3D几何信息的准确度较高。

13.3 3D场景和3D视频表示

在捕捉到3D图像之后，3D场景表示（或建模）的问题就出现了。3D场景表示最简单的方法是：直接使用从3D图像捕捉中获得的数据，不对这些数据做提取处理。如果使用两个摄像机，我们使用分别相对于左右眼的传统立体视频对。在这种情况下，3D内容可以发送给广播员，或以下面两种方式：①两个单独的时间编码的同步化文件，分别是左右视频序列；②并排格式，左右通道水平下采样，存储在一个视频帧里，这样只产生一个3D视频文件。然而，上面的两种方法只提供了隐含的3D场景表示。其优势是它们包含了两个或多个序列，很容易使用标准的视频压缩算法来进行压缩和传输。它们可以相对容易地在经典的2D和3D视频中显示。如果使用多于两个摄像机，则可以获得多角度的视频，用于 3D 场景表示和传输。

为了成功地以一种更先进的方式表示多角度或立体视频中 3D 场景的几何信息，必须有摄像机校准的步骤，对摄像机内部和外部参数进行估计。针对摄像机校准，可以使用一个光源，它经过所有的摄像机捕捉区域。校准信息，像摄像机的内部和外部的参数（位置、旋转、变焦），使用所记录的视频进行计算。在场景捕捉期间进行自动摄像机校准的问题，是一个活跃的研究领域。

在摄像机校准参数的基础上，场景中一个三维点的位置与它在摄像机的所有视角上的投影相关。从至少两个角度（两个摄像机）上，对一个三维点 P 的图像坐标（p_1，p_r），反而问题可以很容易被解决，即根据不同角度的二维坐标信息确定空间中点的三维坐标，如图 13-4 所示。

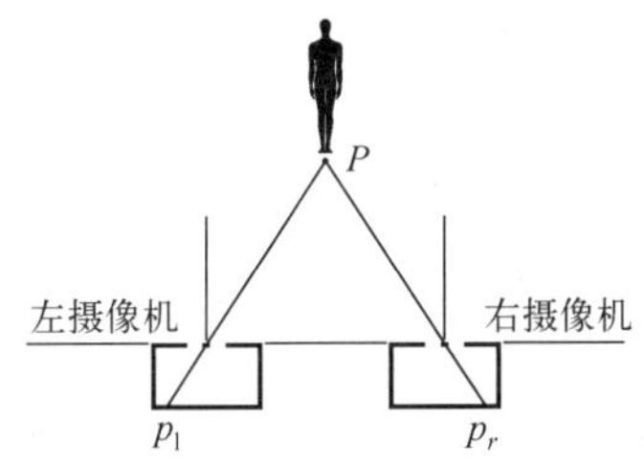

图 13-4　确定一个点 P 的三维坐标，根据左右摄像机中图片的投射位置 p_1，p_r。

第一步，特征点（标志），如角落，从一个立体视角中进行定位，如图 13-1 所示。第二步，在其他立体角度中发现第一个角度中每个基准点的位置，基于对应匹配（特征点匹配）技术和局部图像纹理。这种对应匹配的方法非常简单，因为立体摄像机校准参数在所有角度中都定义了核线（epipolar lines）。标志点的对应匹配必须在核线上执行。这种搜索提供了所谓的视差图，如图 13-5 所示。通常，和其他较远的点相比，靠近两个摄像头的点更亮。第三步，如果图像校准参数已知，则空间中点的三维坐标由它的视差决定。3D 点可以追踪，它们的位置可以被矫正，这能增加 3D 坐标估计的可靠性。得到的三维点云是表示一个 3D 场景最简单的方法之一。

一旦场景中的三维坐标点被确定，通常通过 3D 点的三角测量，就可以建立一个目标表面的三维模型。表面模型可以使用三角形网格（triangular grid）描述，这些顶点是 3D 标记点的坐标。一个三角测量网络如图 13-5 所示。

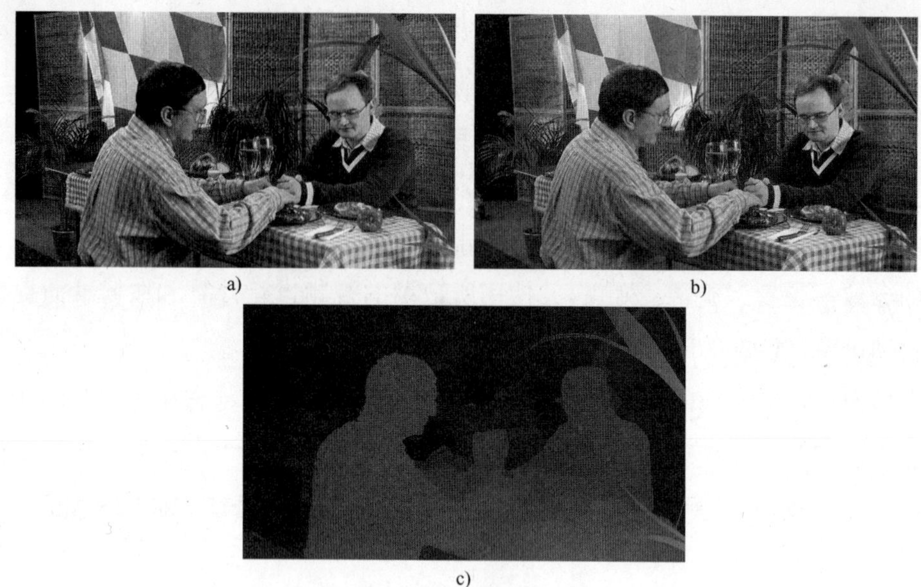

a) b) c)

图 13-5 三角测量网络

a）左通道视频帧 b）右通道视频帧 c）视差图

另一种表示方法是多边形网格，B 样条（B-spline）表面（NURBS）和递归曲面细分方法的表面建模。后者提供了一个很好的非光滑的多边形网格和 NURBS 表面方法的折中。细分表面支持任意目标的拓扑和平滑度可控的精细表面结构表示。

最后一步是建模步骤，摄像机视图投射在三维模型上，这样定义 3D 可视化外表也称为一个 3D 模型纹理，如图 13-6b 所示。在更先进的系统中，一个给定的 3D 表面块的纹理可以源自多个角度。这样每个目标表面块可以有许多纹理映射，有利于从不同视角的对目标进行更加逼真的可视化。这样的包括 3D 形状和纹理信息的目标模型可以存储起来，如保存在 VRML（虚拟现实建模语言）文件中。使用 OpenGL 或其他任务 3D 图形可视化软件，一个三维目标模型可以从任意角度表示和可视化。

由于可用的角度在不断增加，因此用于几何建模的三维信息可以减少。现存的几种 3D 目标表示的方法，从之前提到的使用单纹理的准确三维几何信息表示，到来自多个角度的目标成像。根据需求的不同，有多种三维场景和目标表示的技术，如图 13-7 所示。它们用于场景和目标建模的几何信息的类型和数量有很大的不同(多种不同类型)。在其中的一种类型中，任何时候的实例都有非常准确的几何场景和目标建模，使用计算机视觉方法产生。传统的使用计算机图像学方法进行 3D 可

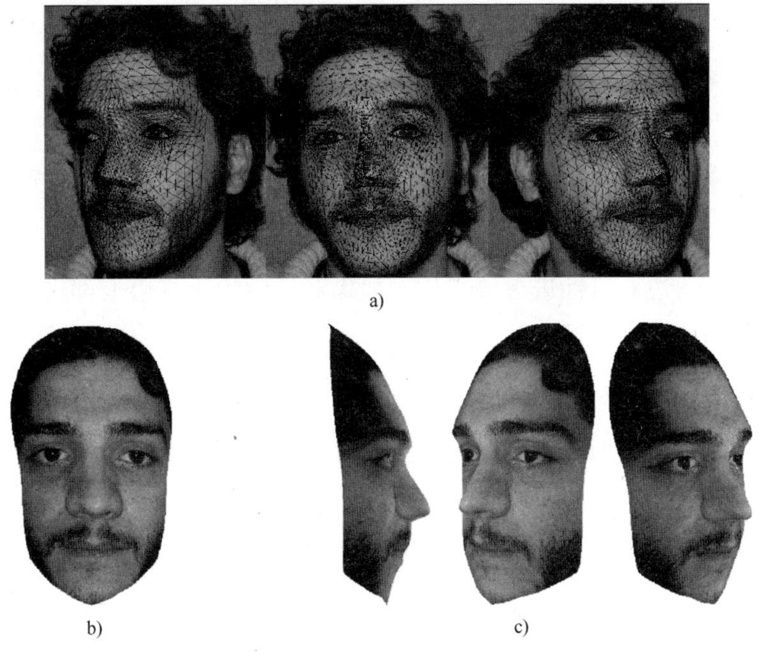

图 13-6　3D 模型纹理示例

a）3D 三角人脸网格　b）它的纹理　c）3 个不同视角的面部

视化的方法都属于这种类型。在这种情况下，只需要相对少的角度进行目标几何和纹理的表示。在另一种类型中，一个场景在空间和时间上的稠密的可视化采样用于三维目标表示（并不使用明确的几何模型）。这种方法最重要的好处是对现实世界场景可视化产生较高的图像质量。另一个重要的优势是，对场景可视化只需要一个很小的计算量，且与场景的复杂度无关。图 13-7 所示给出了各种 3D 目标表示方法。

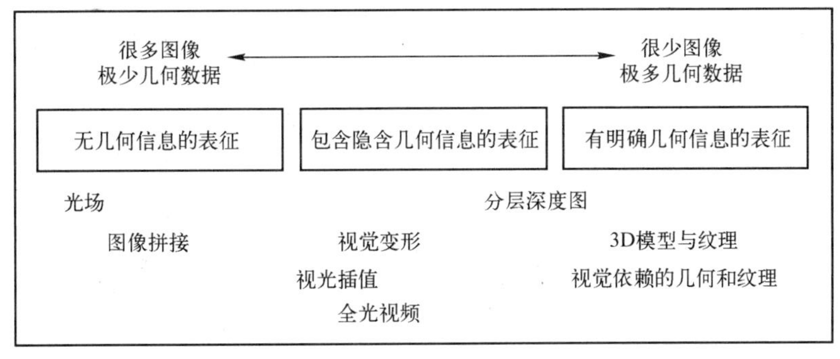

图 13-7　3D 场景表示分类

光场。1996 年，由 Levoy 和 Hanrahan 提出，光场允许三维的虚拟场景在有限的容器内移动。它们基于下面的假设——光线从一个物体表面被反射，并被封闭在一个边界框内。系统记录所有离开边界框的光线，通过放置一个方向面向边界框的稠密的二维图像采样网格。通过正在捕捉的摄像机记录的几何信息设置网格的方向和它的位置。通常，有两个摄像机，在与它们坐标轴平行且非常接近彼此的位置放置，以从目标的一边对目标进行可视化。如果对目标的所有边上都进行可视化，则需要 6 个这样的表示。

图像拼接。当希望对户外场景进行图像拼接时，一个向外的摄像机水平地放置在机械臂上，在一个圆形轨迹上旋转。沿着这个轨迹，采集一系列图片，得到场景的全景图。因此，这种可视化也叫作全景图。然后，使用很少的关于摄像位置和方向的几何信息，就能表示三维场景。这种方法很有效，由于记录的图片有冗余，故有意在空间上进行重叠，如图 9-7 所示。

视图变形和视图插值。在这种情况下，假设场景信息可以在拟合平面上和局部视差信息上进行分解。通常从指定位置或角度开始观看场景。如果我们希望从其他位置或角度创建一个场景，在可用的真实的视图（用作参考面）进行插值得到虚拟场景，以保证可视化的质量。来自其他真实场景和拟合平面的深度偏差可能会引起视物变形。另外，视觉变形可用于替代视觉插值。

层次深度映射。深度映射赋予目标几何信息，可以从特别的视角中看到。诸如这样的深度图像如图 13-5c 所示。在深度映射中，只有可以从某个角度观看到的目标点才需要可视化。层次深度映射融合来自多个角度的深度信息。这通过向每个深度图像像素追加多个层完成，每一个层包含表面点的深度信息，这些表面点位于沿着一个视线的场景的不同的平面上。通过这种方法，场景前面和背面的目标都能出现同一个表示上。因此，避免了使用额外的计算机视觉方法进行三维几何信息的表示。

视觉相关的几何和纹理。来自真实角度的三维目标模型估计并不总是可行的。为此，有方法建议，创建一个中间目标表示或模型，以从每个新的虚拟视角描述几何信息。这些模型可以避免深度映射表示的一些缺点。深度映射不能用于背向映射，而离散深度值的前向可视化也许会产生视觉空洞。为了规避这个问题，人们建议创建一个模型，该模型使用局部网格近似每个视角上的场景表面。使用这种网格，每个像素的颜色由背向映射确定。

许多方法可用于表示和传递 3D 视频信息，主要可以分为两类主要的表示方法：一种明确地使用深度信息，另一种不使用。传统的立体视频（Conventional Stereo Video，CSV）是目前表示 3D 视频最标准的方法，CSV 通过两个视频序列（左或右）表示 3D 视频。多角度视频（Multi View Video，MVV）包含从不同的视角采集的两个或多个场景视图。如果视角按序排列，并且它们是在不同的视角位置上拍摄的，那么，任意两个连续的视角可以形成一个 CSV 对。MVV 可以提供自动立体 3D 展示，它要求多于两个立体视图。

更先进的 3DTV 格式包含明确的场景深度信息，使用之前描述的深度映射。视频和深度（V+D）格式包含一个单视频通道和它的深度映射。如今，已经有支持 V+D 格式的摄像机。通过使用基于渲染的深度图像（Depth Image Based Rendering，DIBR），其他 3D 场景视图可以取自 V+D 信息。V+D 格式向后兼容二维接收机（2D receivers），并且支持使用者进行亮度、对比度、颜色调整。通过使用基于渲染的深度图像，V+D 格式支持在原始摄像位置周围有限的角度上，进行自动立体多角度展示。我们可以在层次深度视频（Layered Depth Video，LDV）格式中使用层次深度映射，而不使用简单深度映射。它有一个额外的深度层，包含遮挡的背景信息，可以在渲染期间处理遮挡。深度增强立体（Depth Enhanced Stereo，DES）合并经典立体中的左右眼序列和额外的密集深度映射，再使用 DIBR 可以获得较好的三维场景映射效果。多角度视频加深度（Multi-View Video-plus-Depth，MVD）是一个多角度的视频，且每个角度都有额外的密集深度映射。CSV，V+D，MVD 和 MVD 3D 视频格式如图 13-8 所示。

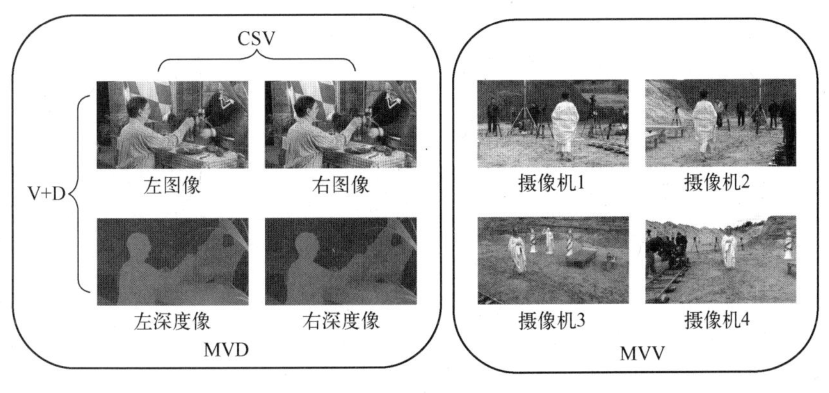

图 13-8 3DTV 视频格式

13.4 3D 视频内容压缩

正如前几节提到的，有若干种 3D 场景和视频表示法。明确了 3D 表示格式之后，接下来就是压缩算法。对应不同的 3D 视频内容表示，有许多不同的数据压缩方法。例如，有各种各样的适合三维网格、深度映射或多角度视频的压缩方法。每种方法的成熟度有很大的差别，且与每种方法的发展时间和商业用途有很大的关系。

基本的压缩模式与基于像素的视觉信息相关，如立体或多摄像头视频。这种压缩方法是最古老的，它开发得很好，并且已经带来了一些重要的创新。经典的单角度视频压缩算法在过去 10 年有了大量的研究。这些研究的结果是，最新一代的视频编码器，如 H.264/MPEG-4 AVC 标准，提供了很好的压缩效果。这些压缩方法已经扩展到了立体视频。这种方法的商业使用没有单角度视频压缩广泛，但相关的技术已经足够成熟。

基于双眼抑制理论，可以针对立体视频编码获得较好的立体视频压缩效果。双眼感知到的立体序列质量，在左眼和右眼视觉有不同的清晰度，与更清晰的那只眼睛的视觉更接近。因此，一个立体视频序列，其中有一个降低的㊀分辨率，和全分辨率相比，能够以一个很低的比特率传输，同时保持着相同的双目视觉效果。两个视图中的一个㊁可以较低的时空分辨率传送，形成混合分辨率格式（Mixed Resolution Format，MRF）。

对于立体视频压缩，可以使用由左摄像机和右摄像机提供使用的视觉信息的高时空相关性，并获得令人满意的压缩效果。将它扩展到多摄像头视频压缩是较新的研究课题，因此需要更多的研究。这种立体视频数据的压缩已有深入的研究。在立体视频的情况中，它利用同一个场景的几个摄像头提供的视觉信息中的高时空相关性进行压缩。视频压缩标准，如 H.264/MPEG-4 AVC，已经支持这种视频的压缩。

㊀ 左眼或右眼上感知的视频序列。——译者注

㊁ 左眼或右眼上感知的视频序列。——译者注

深度映射信息也可以被压缩。稠密深度图的本质和二维图片类似，如图 13-5c 所示。因此，经典图像/视频压缩技术可以用于深度映射信息的压缩。然而，这种情况下，通过使用基于深度数据统计和低频光谱特点的算法，还可以进一步压缩信息。为了更好地进行数据压缩，还可以融合深度映射提供的场景深度信息和多角度图像。深度数据编码原则也可以扩展到层次深度映射中。

光场编码（light field encoding）是一个很有趣的研究领域。到现在为止，人们已经研究了静态光场编码，正如前面提到过的。针对这些数据提出的压缩算法是很有趣的，并且与多角度视频压缩方法相似。

三维网格数据被广泛应用在计算机图形学中。为此，它们的压缩在过去的 10 年中已有广泛研究。然而，进一步提高算法的压缩性能仍然是可能的，尤其是多分辨率及动态多边形和三角形网格。

13.5 3DTV 广播

13.5.1 3DTV 广播格式

在 3DTV 部署的早期阶段，为了在传统的 HDTV 视频帧内传送立体 3D 内容，3D 广播的先驱者尽可能多地利用现有的 HDTV 基础设施。因此，他们决定使用所谓的帧-兼容方法，在 DVB 中也叫作 3DTV 阶段 1。这种方法有几种变形。在并排模式中，3D 视频的左右帧以 1/2 的比例进行水平下采样，并且在相同的 HDTV 视频帧中并排传送。HDTV 接收者可以在家里转播 3DTV 视频，且不做修改地送到 3D 显示器渲染。并排模型有一些优势：①它不必指定 3D 接收机；②3D 视频压缩和广播技术不受 3D 视频内容本身的限制。因此，广播商可以利用现存的 HDTV 广播基础设施。基本无须额外工作，HDTV 接收器甚至可以将一个频道在一个经典的 2DTV 显示器上转播。并排模型的缺点：①它不能直接适应 2D 显示器；②它对半地减少视频在水平方向上的分辨率。

帧-兼容解决方案的一个缺点是缺乏对 2D 显示的向后兼容，而这对于许多商业的广播频道模式是必不可少的。另一个缺点是降低了 3D 视频压缩的效果，因为这种方法不需要知道被广播的 3DTV 内容。当使用有限的带宽时，这个问题变得更严重，如 DVB-T。

更新的服务-兼容方法，在 DVB 中叫作阶段 2，确保了 2D 和 3DTV 平台上的兼容。为此，可以使用视频加深度数据的方法，传送一个 2D 全分辨率的 HDTV 视频通道加额外的深度信息。一个此类的、明确的深度信息可以额外占用 10% ~30% 的传送带宽。原则上，其他深度数据的格式也可以使用。传统的 2D HDTV 接收器舍弃了深度信息，将 2D 全分辨率 HDTV 通道转播到 2D 显示。第 2 代 3DTV 接收器（Phase-2 3DTV receiver）可以转播整个 3DTV 流（HDTV 信号加额外的深度数据）到一个 3D 显示中。

13.5.2 3DTV 格式标准化

3DTV 格式标准化起源于 20 世纪 90 年代中期，MPEG 委员会将使用 V + D 格式的立体视频压缩技术当作标准。MPEG-4 动画框架扩展（AFX）框架使用 V + D 格式和基于渲染的深度图像（DIBR）进行 3D 场景可视化，使用来自原始摄像视角的轻微虚拟视觉。而且，MPEG-C 第 3 部分集装箱格式指定了 V + D 3D 视频内容的传送，如图 13-9 所示。MPEG-4 AFX 工具箱也支持点云和多纹理 3D 场景重建。

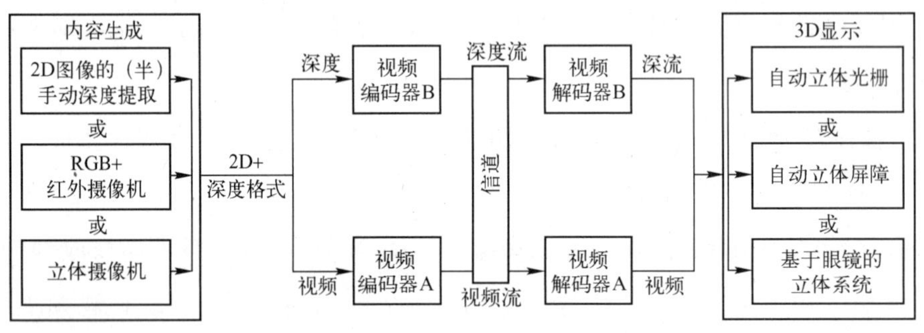

图 13-9 视频 + 深度传输

多视角编码标准是 MPEG-4 第 10 部分，是先进的视频编码（Advanced Video Coding，AVC）的一个扩展，面向自由视角电视和 3D 电视。通过把同一个场景的多角冗余考虑在内，MVC 能够建立表示视频中一个场景的多个视角的比特流，以提高多角度视频压缩。编码器接收几个时间上同步的视频流，并且生成一个比特流。解码器接收到比特流，对它解码，然后输出各个视频流。2008 年提出的联合多视角视频模型（Joint Multiview Video Model，JMVM）便用于测试和评估这种技术。在 2009 年发展了两个 MPEG-4 MVC 类：多视角类，支持任意数量的视角；立体类，只支持立体视频。多视角视频编码扩展在 2009 年完成。

之前描述的多视角视频加深度（MVD）视频格式是另一个标准化的方法，作为 MVC 和 V + D 格式的继承者发展起来，因为高级的 3D 视频应用，如自动立体多视角呈现，以及自由视角视频，不能很好地被目前的标准所支持，因为它们要求在解码器上，要么是 3D 场景可视化在各种视角上连续，或需要输出大量视角上的内容。MVC 不支持连续的可视化，且在大量视角上变得低效。V + D 表示只支持围绕着可用原始视角的、非常有限的视角连续性，如在虚拟的视角中急剧增加的遮挡问题。设计 MVD 标准旨在支持这些新的要求。MVD 在单个编码流上，编码多视角视频和深度信息。它包括在 V + D 视频上渲染虚拟视角的元数据。视频和深度序列被分别编码，产生两个比特流。MVD 的一个特例，多视频加深度 4 视角（MVD 4）格式包括 4 个后期产生的视频流和 4 个生成的深度信息流，这些都是针对 3DTV 编码提出的。对于实现可扩展的 3DTV 传输，MVC 编码和 MVD 4 的联合使用是一个有效的方法。

3D 视频编码（3D Video Coding，3DVC）是一个正在进行的 MPEG 3D 视频压缩标准化活动，主要针对各种各样的 3D 显示，如多视角，同时为用户呈现 N 个视角（如 $N=9$）。出于效率的考虑，只有少数的视角被传送（如 $K=1$，2，3），对于这 K 个视角，必须提供额外的深度数据。在接收端，N 个要显示的视角，由 K 个传输过来的视角和深度信息通过基于图像深度的渲染生成。

最后，MPEG 3D 视听（3D Audio Visual，3DAV）格式是 3DTV 压缩上的另一个发展。它支持用户交互，如允许视角变化，支持全方位的视频，交互式的立体视频和自由视角视频。

13.5.3　3D 视频传输

选择通信网络上 3DTV 数据实时传送的最优技术，需要全面地调查各种传输技术及其是否能适用于 3DTV 的要求。在许多情况下，期望三维视频传输的基础设施是基于互联网技术，更精确地说，是互联网协议（IP）。TCP/IP 结构已经证明了它在调节多媒体通信需求的适应性和成功性。正如基于 IP 的服务的介绍中提到的，它提供了声音/视频的通信（Voice-over-IP）。在 TCP/IP 上传送三维电视信号本质上是对这种服务的扩展。此时，合适的错误校验技术的使用是非常重要的。如果在传送中丢失了三维几何信息，则它不可能很直接地被替换，这与发生在单视角电视的视觉信号错误的情况类似。三维电视的另一方面，在单视角电视中不能平行，它依赖于观众观看视频的角度。当观众移动、改变其视角时，所呈现的视频必须调整。否则，场景的可视化将看起来不真实。这个事实将要求多角度的传送，因此，带宽需求大大增加。目前，针对多视角视频的网络传输和传送方法仍然在持续研发之中。

13.6 3D 视频呈现技术

3D 呈现技术是 3DTV 产生和传送链中最后、但是很重要的元素，因为它可视化地呈现整个 3DTV 链的最终结果给观众。因此，3DTV 的呈现质量将被消费者直接判断，也将决定 3DTV 技术的整体接受程度。3D 呈现技术有一个很长的历史，开始于 20 世纪立体学的发现，到后来的全息摄像。这样的发现，尤其是立体视觉，是个催化剂，它在立体视觉和立体显示方法上产生了重要的发展。而且，虚拟现实技术的发展引发了计算机和光学行业生产更好且便携式的 3D 呈现设备。

3D 呈现最主要的需求是观众的深度感知和使用视差。通常地，同一场景两个稍有不同的视角信息分别被投影到每只眼睛，产生深度感。错误的视差是让观众产生不舒服视觉体验并导致其离开这个场景的一个常见原因。这种体验质量（Quality of Experience，QoE）问题的解决方法将促进三维电视在消费者市场的接受度。为此，需要考虑多个问题，例如，观众是否想在桌面式的 3DTV 呈现设备上看一个节目，或他想沉浸在 3D 内容中。其他重要的影响显示质量的参数是图像分辨率、视野宽度、屏幕亮度、观看距离、为一个或多个观众提供的服务，当然还包括设备花费。3DTV 呈现技术可以被分为几类，具体如图 13-10 所示：立体视觉眼镜、头盔显示器、全息显示、立体显示和自动立体显示。下面将详细介绍每一个三维呈现方法的优劣势。

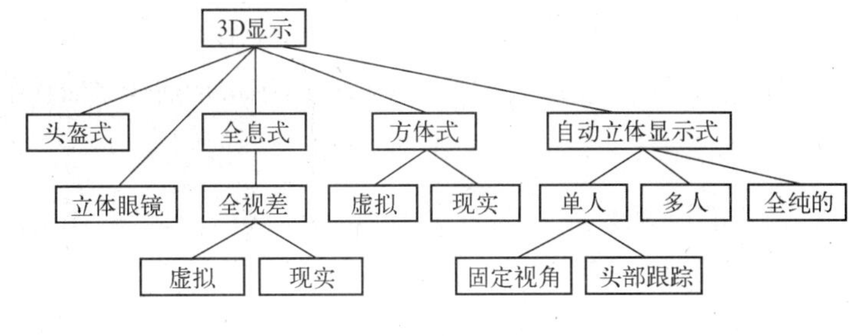

图 13-10 3DTV 显示的分类

13.6.1 立体视觉眼镜

立体视觉利用计算机屏幕同时显示左右视图，并且使用适合的眼镜，这是最老的 3D 呈现技术。它是一种很流行的、低花费的解决方案，因为它使用传统的计算机屏幕，加上一些适当的呈现调整。有几种用于立体视觉的眼镜。这种技术的主要思想是，当左右眼的两个视图在相同的场景上以复用方式投射在屏幕上时，这种类型的眼镜只让左右眼分别只看左右视图。

蓝色/红色眼镜。戴一副红色和蓝色镜片的眼镜（红蓝镜片分别对应左右眼），如图 13-11 所示，同时，分别向左右眼显示对应的红色或蓝色视觉，左眼或右眼视图在另一只眼睛中是不可见的。因此，可以获得期望的立体可视化效果。然而可视化的颜色非常失真。此外，当使用者把眼镜从眼睛上拿掉后，他的颜色感知在几秒内会完全扭曲。还可选择使用补充的颜色对（如红/绿），但也会产生相同的问题。

图 13-11 红蓝眼镜

相反偏光镜头的眼镜。光由一个光源发出，如太阳或日光灯，在沿着与其传播方向相垂直的所有方向上振荡。当光通过一个偏光镜头（或过滤器）传播时，它只沿着与镜头偏振的方向平行的方向传播。这个光叫作偏振光。当它射到偏光镜片上时，光被阻挡。如图 13-12 所示，基于这些偏振特性，当两个投影设备发出的光分别被水平地和垂直地偏振，并呈现到那些配备有水平和垂直偏光镜片的眼镜上时，观众的每只眼睛只能看到对应的偏振视图。因此，通过向两个水平/垂直地发送偏振光的屏幕上投射适当的图像，并把两个图像合并到一起，使用适当的镜子，使用配有相反的[⊖]偏光镜片的眼镜可以获得立体视觉。这种方法的缺点是，观众不应该旋转自己的头部，因为偏光镜片的方向与水平/垂直的方向的对齐（校准），对获得立体视觉是至关重要的。

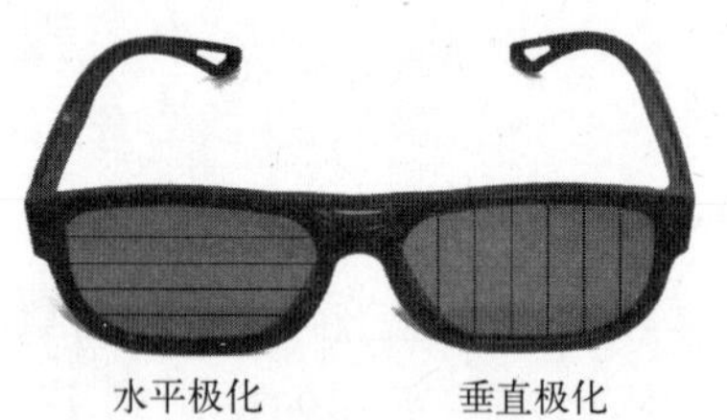

图 13-12　相反偏光镜头的眼镜

液晶快门眼镜。它们是特殊的眼镜，其镜头是一对电子控制的 LCD 光快门，如图 13-13 所示。这些快门彼此之前是同步的，在这种方式下，当一个打开，并且允许入射的光传播，此时另一个快门关闭并阻塞光。当两个快门同步且显示器以至少 120 Hz 的速度在左右眼上交替显示视图时，将有可能获得颜色立体显示。由于每只眼睛以显示器刷新率的一半观看视频，因此当视图交替很慢时，可以看到一束强烈光在闪烁，此时渲染立体视觉将很困难，甚至不可能。为此，最适合的选择是屏幕帧刷新率等于或高于 120 Hz（典型的为 200 Hz）。然而，很少有屏幕可以在高分辨率的图像上取得这样的刷新率。

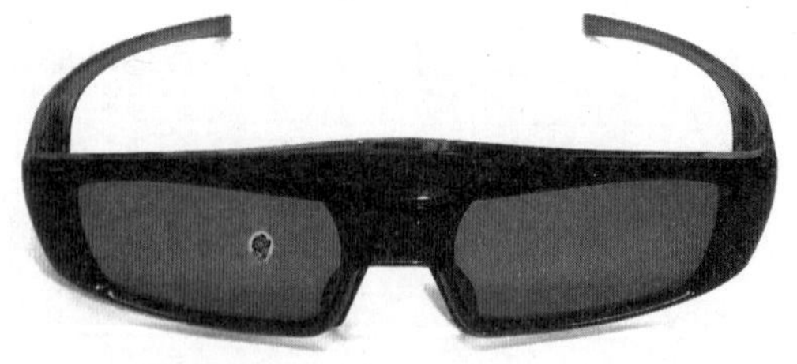

图 13-13　LCD 快门眼镜

⊖ 水平或垂直的。——译者注

13.6.2 头盔式显示

头盔式设备，如望远镜或头盔，在每只眼睛前放一个很小的屏幕。每个屏幕显示对应的左右图片，因此可以获得深度感。当头盔式设备显示时，如使用液晶或视网膜扫描设备，都很难融入主流媒体市场中，因为它们限制了使用者的移动性和舒适度。普通用户不喜欢戴这样的设备是普遍公认的，特别是当社交的时候，如在客厅或酒吧。头盔式显示设备尤其适用于虚拟现实应用中，当用户沉浸在视频中的时候渴望使用这样的设备。

13.6.3 自动立体显示

自动立体可视化是指不使用任何特殊眼镜或其他头盔式设备，生成立体图像的 3D 显示方法。在自动立体视觉中，要想使用屏幕获得双目视觉，要想屏幕通过屏幕设计，可以直接将左右视图传送到到左右眼。为了这个目的，可使用各种光学方法，如光的反射、衍射或折射。正确的视图应该到达观看者的每只眼睛，此时可以使用头部追踪或眼追踪设备。也正是由于这一相同原因，自动立体系统对同时观看高质量立体图像观众的数量有限制。

LCD 或等离子屏有特殊特点，例如，固定的和预先定义因子的像素位置和极佳的可视化几何信息，使它们适合自动立体显示。因此，用户在不使用额外设备的情况下，可以感知深度，产生一种透过窗户看风景的感觉。光学技术，依赖不同的视角，可以显示不同的图像。例如，使用透明凸透镜适当地折射图片，可以达到这样的效果，如图 13-14 所示。这些立体视图由两个或多个图像形成，这些图片由场景的移动决定，这样的立体视觉可以复用，彼此间距是一个非常窄的条纹，该条纹与晶体镜头的条纹宽度相同。这样，根据视角的不同，两个多路图像（multiplexed image）中的一个可被一只眼睛看到。当观察这样一个多路的图片时，到两只眼睛的距离相同，每只眼睛看到不同的、来自同一个立体图像对中的图像是很可能的。因此，通过使用 LCD 或由特殊晶体镜头制作的等离子显示设备，三维可视化是可能的，它们以令人满意的方式传达深度感觉。目前，这是最有前景的三维显示技术之一。

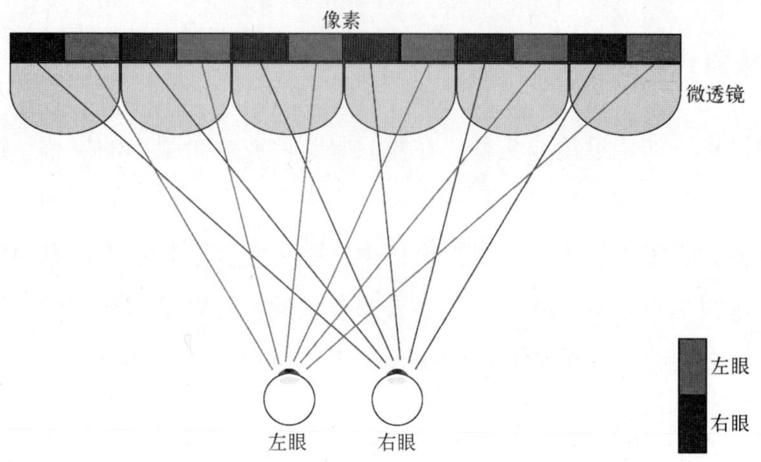

图 13-14　带有透镜镜头的自动立体显示

13.6.4　全息式显示

在全息式显示技术中，图像由适当的光波捕捉并复制，包括亮度（振荡幅度）、波长（颜色）、相位差信息。对于 3D 场景捕捉，使用相干光源（coherent light），就产生了一个全息视频（干扰模式）。在显示期间，这些视频必须来自连续的光，并且通过一个透镜和反光镜的系统投射到一个特殊的屏幕上。这样，捕捉到的光的精确波场可以复制。这种技术产生的图像是令人印象深刻的。随着视角改变，描绘的目标就呈现在观众眼前，如图 13-15 所示。

图 13-15　全息影像显示

光波捕捉和显示的物理问题限制了全息的使用，尤其使用相干光源。大量信息需要记录、存储、传输和显示，给目前的计算机技术带来了严峻的限制。全息术可以在有限的视差系统中发展（如立体全息术），该系统缓和了上面提到的限制。一般而言，尽管全息术是相当老的技术（由 Gabor 于 1947 年发明），但由于限于目前的技术水平，故全息可视化仍然处于初期。

13.6.5 体三维显示

体三维显示（Volumetric display）是指通过反射光进入一个物理容器产生一张图片，这个容器由光折变或自身发光的材料永久地或定期地填充，如图 13-16 所示。它们通常基于光的扩散形成三维显示。平坦的半圆或螺旋旋转的屏幕都被用于图像可视化。一般地，生成的图像的空间分辨率相当有限。

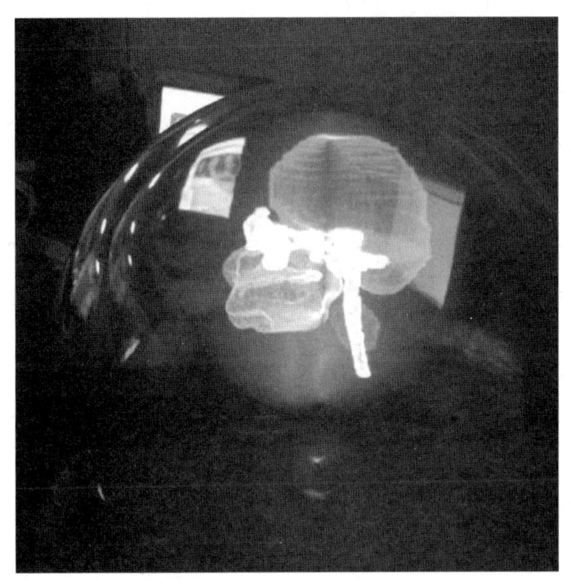

图 13-16　立体显示

目前，商业上的体三维显示最有效的方法是基于将多样的、快速的二维图像投射在半透明且迅速旋转的表面上显示图像。这种技术创建了半透明三维图像的幻觉，使用者从多个视角检查，好像在查看一个真实的三维目标。

另一种解决方案是在矩形的液晶阵列上，快速、交替地投射二维图像。一个视频投影仪和电子快门同步，在每个快门上迅速投射图像序列中的每一个图像，每一个序列对应一个三维场景片段。因此，该方法可以一种满意的方式渲染图像，尽管电子快门定义的深度层的数量很有限。

13.7 3DTV 市场

来自研究机构的真实市场调研表明，3DTV 市场将有一个非常光明的未来。一些关键的数字如下：

- 2010 年发布了 35 个 3D 电影。
- 已经确定了 50 部新的 3D 电影。
- 2D 到 3D 电影转换的需求增长。
- 已经运行有 25 个 3DTV 频道（截至 2010 底）。
- 3DTV 市场会在 2014 年占领 20% 的西欧国家（预测）。
- 有 400 个 3D 计算机游戏（截至 2010 底）。

3D 市场是这 10 年内媒体市场的主要驱动者之一。它很大程度上被 3D 电影的成功（如《阿凡达》）和未来在家里使用立体显示器所促进。

3D 电视频道。目前许多电视频道已经以 3D 的形式广播或计划开始以 3D 形式广播。尽管和有线和卫星 TV 频道相比，3DTV 频道仍然是很少一部分，但它的数量在迅速增加，尽管国际经济危机造成了很多投资问题。许多上述的频道只在一些时间段内播放 3D 内容，其他则播放常规的 HDTV。但有一些频道，如 3net，一天到晚播放 3D 视频。在目前的 3DTV 频道中，体育内容是首选。然而体育内容还远不是 3DTV 的主要内容，目前大部分 3DTV 频道均播放 3D 电影、音乐会、纪录片和其他内容。最后，必须强调，几乎所有频道都是最近出现的，越来越多的 3DTV 频道将很快出现。

3DTV 内容。尽管在过去的 40 年内，也产出过 3D 动画片，但最近几年在 3D 电影的产量上有很大的增加，数据如图 13-17 所示。这增长伴随着 3D 电影空前的流行和利润。短短 5 年内，上映 3D 电影的电影院数量有很大增加，从不足 10 个到几千个。现在多达 70% 的电影院可以放映 3D 电影。选择看 3D 电影的观众数量也明显增加。此外，在体育事件上，最近大部分主要的体育事件也以 3DTV 播放，如 2010 年的足球世界杯和 2012 年伦敦的奥林匹克运动会。在未来几年，这个趋势必定将增加。

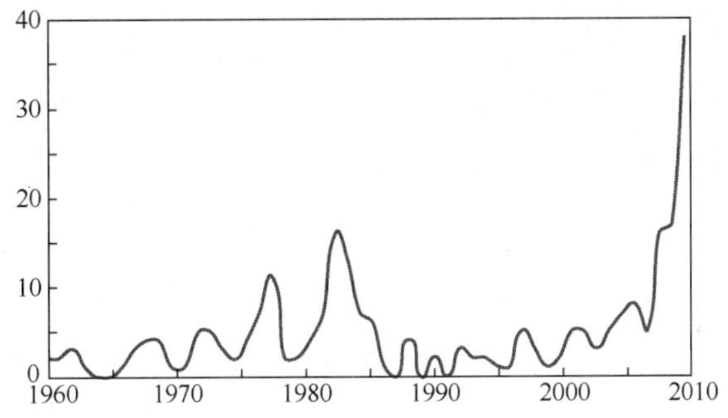

图 13-17　最近 40 年里 3D 电影每年的生产数量

3D 电视硬件。随着 3DTV 内容的增加和电子制造商的促销，3D 电视的销售在未来几年也会增长，趋势如图 13-18 所示。不同的预测差异较大，但是整体趋势是一样的：预期的增长将是爆炸性的。本质上，未来的 1 ~ 2 年，所有的高端电视显示器均会与 3DTV 兼容。

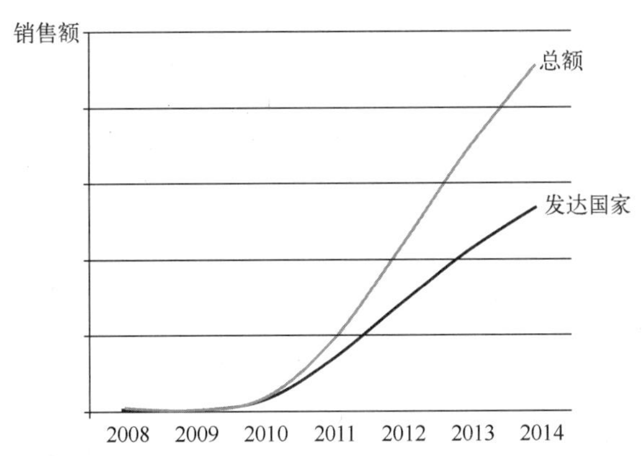

图 13-18　3DTV 市场增长的趋势

3DTV 硬件市场价值的增加可能将被单个装置价格的降低所引燃。从今天的大约 1000 ~ 1500 美元，4 年后，当科技成熟的时候，价格大约是此价格的一半。因此，3DTV 市场未来 4 年的销售额预计会到 400 ~ 800 亿美元。

分析表明，3DTV 市场在未来几年将非常繁荣。3DTV 内容市场会产生一个爆炸式的增加是可以预见的。然而，由于缺少适当的统计，因此 3DTV 节目的数量现在还不能估计。但如果把 3DTV 的频道数量和 3DTV 硬件销售的估计考虑在内，会发现，尽管 3DTV 内容拍摄很困难且较昂贵，但 3DTV 的内容将会有显著增加。

在线用户交互的 3D 内容。除了传统形式的 3D 视频（如电影和电视），越来越多的视频内容也出现在互联网上。有代表性的互联网视频网站当然是 YouTube，它支持 3D 视频的显示（如红/蓝眼镜或自动立体显示）。在 2009 年 7 月至 2010 年 12 月的那个阶段，存储在 YouTube 上的 3D 视频片段的数量在 1 年半内增加了 10 倍，如图 13-19 所示。

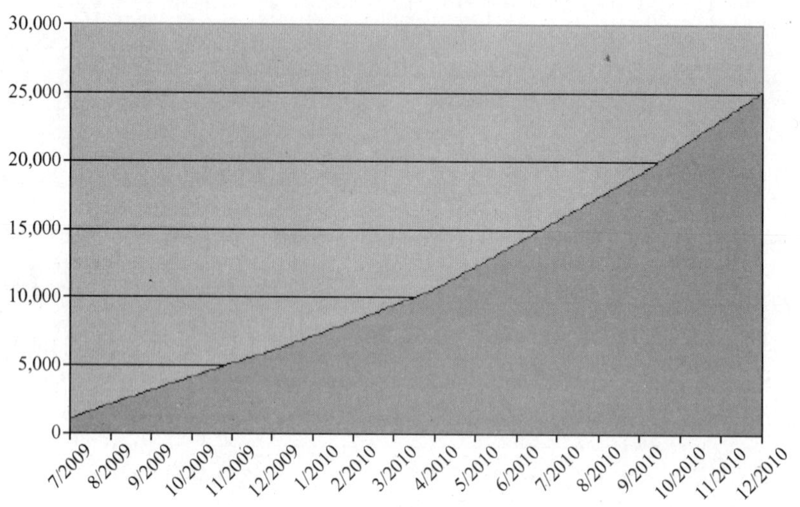

图 13-19 YouTube 上 3D 视频的数量

尽管对于非专业人员，由于 3D 摄像机是非常少的，因此 3D 视频内容的获取仍然很困难，但在 2010 年底，上传到 YouTube 的视频有多于 1% 是 3D 的。此外，存在专门的 3D 视频网站，如 www. 3dvideoclips. net。随着 3D 移动电话的到来和 3D 摄像机的价格降低，这种开放平台上的 3D 视频数量将快速增加。当前消费者可以购买能够在自动立体显示器上显示小的 3D 图像的移动手机。在 2010 ~ 2012 年时，许多这样的设备已经出现在市场上，尽管其可用性有一定的争议，3D 手机通话也将迅速增加。

其他 3D 内容。3D 媒体生产和发布目前也被媒体价值链中的主要商家所推动。最明显的支持来自电影产业，他们认识到 3D 电影可以为他们获取很多的钱，消费电子业也是一个很强的支持者，在已经被广泛引进的 HDTV 服务的基础上，寻找下一个创新浪潮。然而，数字融合给 3D 市场的发展增加了一个额外的动力。联网电视和混合广播宽带电视（Hybrid Broadcast Broadband TV，HBBTV）将使具有 3D 功能的内容门户网站变得更加方便。另外一个动力来自于计算机游戏，大部分游戏平台已经能够支持 3D。掌上游戏机的 3D 游戏平台（如 Nintendo 3DS）是目前自动立体显示器发展的主要驱动力量。

3D 视频内容的另外一个大部分是数码广告屏市场，尤其是自动立体内容和自动立体显示在这个应用领域内迅速发展起来，以对 3D 视频内容建立一个大的分销渠道和内容管理系统。

13.8　3DTV 前景

三维电视的概念已经存在很多年了，然而，只有近些年它的技术才发展到这样一个可以广泛部署的程度。三维电视一个很大的推动力是三维电影的成功，如《阿凡达》(2009 年)。三维内容的捕捉、表示、压缩和传送的问题已经有令人满意的解决方案，尽管它们仍然是活跃的研究领域。最急需解决的问题是不借助眼镜的立体呈现技术。如果在家中，要求使用眼镜或其他设备才能观看 3DTV，那么是不可能被人们所接受的。而且，立体视觉产生了视觉适应问题，其中最重要的是眼疲劳。许多三维电影的观众都承认自己定期地会摘掉（3D）眼镜。另外，不降低观看质量的同时允许多个观众同时观看立体视频是十分重要的。制造广视角、大调色板、视差正确、观看方便的立体大屏幕电视，将会成为 3DTV 市场的产品标准。市场上已经有一些立体的等离子和液晶屏幕，它们均支持上述特点。大部分电视制造商已经生产出了高端立体电视屏幕。然而，有关立体视角问题的一种令人满意的解决方案仍然是一个开放的课题。

尽管这里介绍了 3DTV 成功的主要元素，但它爆炸性的增长还没有到来。一些对 3DTV 质量的批评一直存在，还有将 3D 媒体处理的成果转移到其他方向（如超高清电视）的趋势，这都会让 3DTV 的成功风险重重。

第 14 章

视频存储与检索

14.1 引言

广播公司或电影制作/后期制作公司拥有大量的视频数据，而且，如 YouTube 等社交媒体网站上的视频也越来越多。这种视频数据在数量是巨大的，它们通常是通过文本、标签、关键词进行（手动）标注的。如今，视频搜索主要是使用关键词进行搜索的。

几十年前，在大规模文本文件中，搜索输入的若干单词是一件十分困难的事情。而在今天，在数字视频文件中搜索指定的内容也是十分困难的。文本搜索引擎现在已经非常普及了，而基于内容的视频检索仍然是一个开放的课题（没有很好解决的问题）。围绕基于内容的视频检索这一新的、令人兴奋的领域，人们已经提出了很多解决方案。已有研究大多集中在视频分析和（自动）描述上，以及视频库中视频的索引和检索上。本章介绍低层的、基于语义的视频分析和描述技术，并概述了用于视听内容描述的 MPEG-7 标准。然后，详细介绍适用于以 XML 格式描述视听内容的 MPEG-7 配置。最后，介绍视听档案的形式和功能。本章也引入了基于标签传播的视频标注，相关性反馈，用户透视（User Profiling）等新方向。

14.2 视频的层次结构

图 14-1 所示是分层视频结构。它是一个包含了视频的语义内容，并且可以提供视频内容的时空分析和描述的框架。

在图 14-1 中，首先进行时序视频分解。一个视频可以包含一序列的场景，一个场景由一组镜头组成，而一个镜头由一段连续的视频帧组成，这些视频帧由静止或不断运动的像机拍摄。因此，一个包含两个人交替出现的电影场景由多个镜头组成。一个场景由一个或多个连续的、聚焦在一个或多个目标或物理场景或故事片段的镜头组成。例如，显示一个演员在走廊行走并进入一个房间，需要使用不同的像机捕捉该演员，构成了一个场景。如果感兴趣的对象是走廊而不是人，三个像机镜头，呈现三个不同的人行走在走廊里，也能构成一个场景。不能混淆视频场景与动作发生的物理场景，尽管它们有时在语义上是等同的。

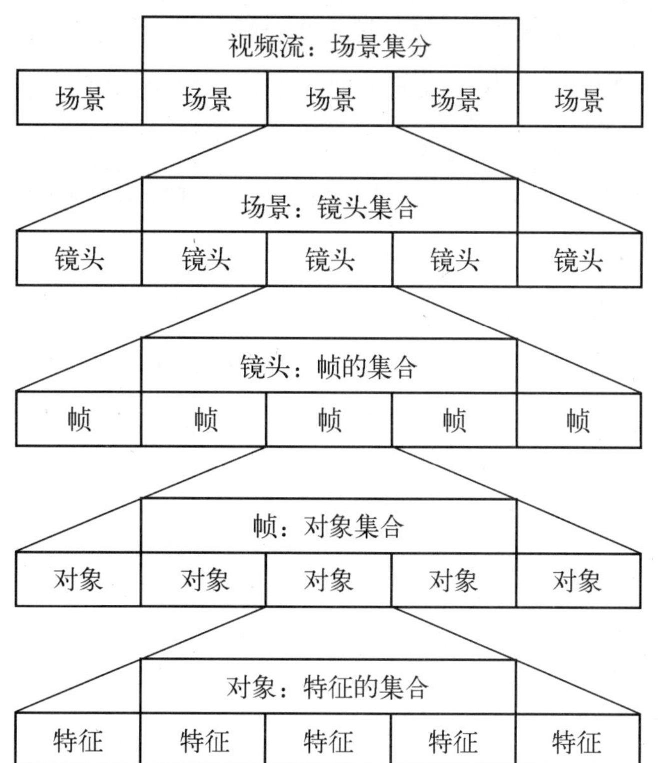

图 14-1　视频层次结构

14.2.1　镜头/场景切变和过渡检测

镜头过渡有很多种类型。镜头切变是突然的镜头改变；淡入/淡出（fade-in/fade-out）是拍摄亮度的缓慢变化，以黑色帧开始或结束。溶解（dissolve）是两个连续镜头的拍摄帧在切换过程中的空间交融，一般是第一个镜头的帧亮度降低，而第二个镜头的亮度增加。第二个镜头的像素通过局部运动（如从左到右）的方式逐渐取代第一个镜头，称为擦拭（wipe）。当然，其他的渐变镜头过渡也是可能的。所有这些镜头过渡在电影编辑中都非常流行，而对这些效果的使用程度取决于编辑的风格。例如，曾经流行的花哨镜头过渡可能会过时，而经典的简单镜头过渡（如镜头切变）将重现。

与渐变镜头相比，镜头的突然变化相对容易检测。镜头切变的检测技术可用作检测渐变镜头的基础。多数镜头切变的检测方法是查看两个视频帧 f 和 f'，计算其相异度 $D(f,f')$，如果该值超过了某个阈值，则认为发生了镜头过渡。可以使用很多相似度/相异度度量的方法，如同一镜头内的颜色/纹理/运动/对象形状的相似度（以及两个连续镜头的相异度）。最简单的度量方法是计算两个连续视频帧的像素亮度均方差（Mean Squared Difference，MSD）。还可以使用视频帧 f 和 f' 间的颜色、亮度或运动的直方图差异。基于相同原理的、更复杂的方法可以用于渐变镜头检测。

镜头检测也可以看作沿时间轴的聚类问题。同一个镜头的视频帧应该是相似的，而连续镜头的视频帧应该是相异的。一旦视频帧聚类为连续的镜头，则发生在（接近）开始帧/结束帧的镜头过渡就很容易检测出来。上面所述的颜色/纹理/运动/对象形状的相似度度量方法也可以用于视频帧的聚类中。

镜头切变检测的另一个方法是借助人工交互提高检测质量，同时保证内容的完整性。人工标注者在一些代表性的镜头中选取若干关键帧，并对这些关键帧进行标注。然后，使用标签传播（label propagation）的方法将已标注图像的标签自动传播到其他未标注的视频帧上。连续的已标注和未标注的视频帧之间的内容相似度（如颜色/纹理/运动）可用于标签传播。与人工镜头标注相比，基于标签传播的方法需要较少的时间和精力。

如第 6 章所述，镜头可以分为若干类型，尤其是长镜头、中景、特写。这一般可以通过找到主演身体区域并与视频帧的大小进行比较。长镜头包含很多背景（和演员身体），中景包含演员的部分身体，特写包含的是演员的脸部区域。因此，为了决定镜头的类型，首先需要进行身体定位和人脸检测。

视频场景具有高度语义性。因此，场景检测比镜头检测更加抽象和困难。由于电影导演所使用的声音（音乐）用于强调场景的镜头间的连续性，可使用声音分析将不同的镜头聚类为一个场景，或检测场景切换。或者，可以使用聚类连续镜头的方法检测场景。通常，相似的背景表明动作是发生在同一个物理场景中的。

14.2.2 关键帧选取和视频摘要

对于长视频序列，用户可能想从中抽取若干关键帧，用于视频描述和快速浏览，关键帧的比例可能为视频帧总数的 5% ~10%。关键帧有时也称作代表帧，它们应能很好地概述视频内容。因此，该任务又称作视频摘要（video summarization）。

然而，视频内容描述是非常主观且与应用相关的。因此，没有准确定义关键帧选取标准的数学模型。很多关键帧抽取的技术都是基于镜头切变检测的，另一些技术基于视觉内容和运动分析。视频摘要的一个简单方法是在每个镜头中选择几个代表帧（如前几帧和中间帧），每个镜头所选的关键帧与同一个镜头的剩余视频帧最相似。通常，识别关键帧依据的是它们包含的静止的视觉内容。在其他情况下，选择异常的视频帧和中间的视频帧进行镜头摘要，因为异常（罕见）的事件比频繁的事件携带更多的信息。

当视频片段（而不是视频帧）用于视频描述时就称作视频梗概（video skimming）。它与视频摘要的原理相同，不同之处在于视频梗概使用短的视频片段，而非视频帧。

视频摘要可用来创建一个图片库来描述视频。视频梗概接近于预告片制作（trailer production）。不过，预告片制作的过程更加复杂，通常由专家制作以吸引观众的眼球。3D 电视中的视频梗概更加困难，因为人眼会对 3D 视频片段的快速深度过渡感到疲倦。因此，3D 电视的视频梗概需要精心设计、渐进过渡，以取得令人满意的总体视觉效果。

14.3　视频的时空描述

在许多情况下，视频元数据的创建可以是镜头级别或场景级别的。这是可以理解的，因为手动视频标注是非常耗时的任务。然而，如第 5 章所述，现在的（半）自动视频分析工具能够提供帧级或对象级的详细标注。因此，人们可以将视频帧进行空间分割，得到对象和背景。对象，包括人和脸部，可以通过目标检测、人物检测、人脸检测算法进行检测。检测的结果通过如图 14-2 所示的感兴趣区域（Regions Of Interest，ROI，通常是椭圆形或矩形框）描述。可以动态追踪视频镜头中的目标，形成一个运动的 ROI（在视频编码中称为视频对象）。它将一个时空视频分解为运动的 ROI，形成一个如图 14-3 所示的运动轨迹。

通过运动目标检测和目标差分，也可以发现镜头背景，它可以通过一个完整的帧图像，或全景图像，或 3D 图形模型来描述。

人通常是电影中的主要角色。因此，演员在电影中的出现与否，身份、状态和

图 14-2　人脸检测结果

活动，即以人为中心的视频描述，是视频分析中非常重要的任务。例如，人脸图像的聚类能够将同一个演员的头像归在同一个聚类中。人脸识别能够将聚类中同一个演员对应的图像标注上该演员的名字。而人脸表情识别能让我们识别、标记图像中的多种脸部表情，如微笑、生气。人的活动识别能够识别人的活动，如走路、跑步、弯腰。这种以人为中心的视频分析工具已经有一定的成熟度和应用了。例如，很多像机都已经支持人脸检测乃至微笑检测。尽管这样的工具仍然会有错误，但它们为很多应用提供了非常有用的对象级、镜头级和场景级的视频元数据。这些应用包括视频监控、人机界面、语义视频搜索。将这种视频描述存储在 XML 文档中可以进行快速检索，查找如“演员 X 微笑的视频镜头”“找到演员 X 和 Y 交谈的视频场景”等。

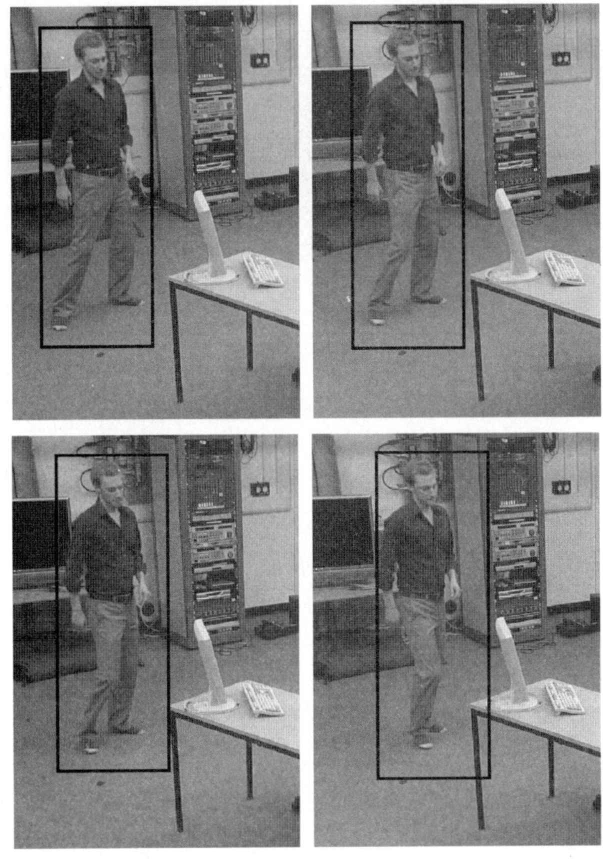

图 14-3　移动的行人及所检测的 ROI

14.4　半自动的视频描述与搜索

人们也提出了半自动的基于内容的视频检索方法。多数视频是手工标注的，然而，不同的人对同一个视频场景可能有不同的语义理解。为了消除这种混淆，可以使用自适应的、灵活的方法。其中一个方法是使用前面介绍的自动视频分析和描述的工具，然后标注者可以编辑、修改使用自动工具抽取的视频描述。另一方法是让标注者标注一个视频或它的部分场景/镜头/帧/对象，然后使用标签传播（label propagation）工具，以不同粒度将有已标注的视频/场景/镜头/帧/对象的标签传播到未标注的视频/场景/镜头/帧/对象上。

另外一个方法是在视频检索过程中继续对视频进行标注。每当用户使用文本关键词进行视频检索时，都会查找文本标注表。当满足查询时，将查询关键词加入文本标注表中。使用这种融合检索和标注的相关性反馈机制，系统可以为同一个视频剪辑保存不同的描述，同时保证了语义的合理性。

14.5 视听内容的多模式描述

描述和检索视听内容（audiovisual content）时，可以同时使用音频和视频特征。图 14-4 所示给出了声音、图像特征融合的整体框架。平均音频强度可用于衡量一个镜头的重要性。事实表明，音频强度高的镜头比音频强度低于平均音频强度的镜头更重要。对于音频流，音频特征从低层音频特性（low-level audio characteristics）中提取。对于视频流，使用基于亮度的直方图和像素差的运动估计提取视觉特征。从音频/视频信道提取的特征序列可用于视听内容语义（audiovisual content semantics）的识别。例如，对于包含有人的场景，可以识别 4 种镜头类型：对话、独白、动作和一般视频。

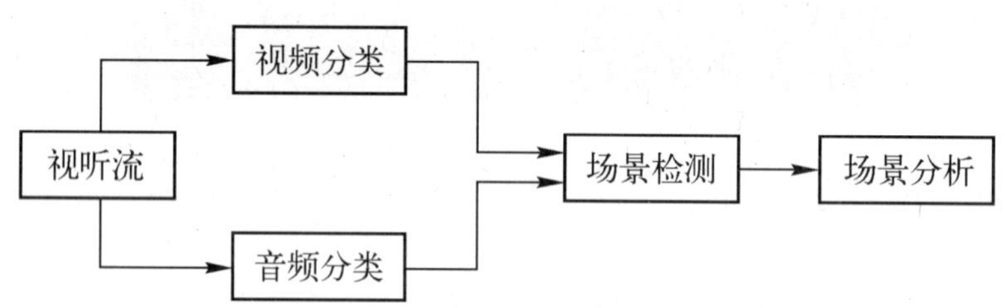

图 14-4　用于视听内容描述的音频和视频特征

人们已提出了同时使用音频和视频信道的视频描述技术，并结合字幕处理进一步提高了其准确度，图 14-5 所示为这类方法的框架图。初始时，输入的视听流分解为音频流和视频流。随后，音频流可以区分为 4 类：谈话（speech）、音乐、环境噪声和静默（silence）。也可以检测或识别不同的音乐流派（music genres）、环境噪声类型（environmental noise types）、音频事件等。对于谈话，可以根据说话者的不同将音频流进一步分割为不同的片段。因此，可以检测说话者的改变，并可辅以字幕信息以进一步提高检测的准确度。与此同时，可以在视频流中进行视频镜头检测和关键帧抽取。随后，可以计算镜头间的颜色/运动相关性，并进行镜头聚类，

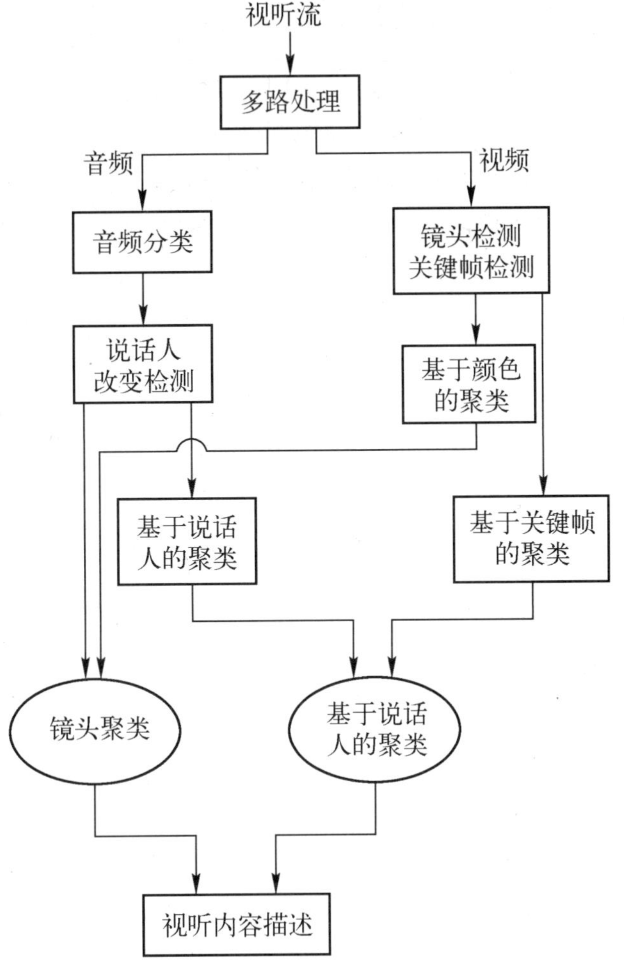

图 14-5 多模态视听内容分析

将对象或背景紧密关联的镜头归为一个聚类。下一步，把音频和视频分析的结果合并起来，将镜头更好地聚类为视频场景。此时，检测说话人改变的结果可以与基于颜色的镜头聚类结合起来，以检测场景变换/过渡（scene transition）。融合的规则是，同一个说话者音频段内的镜头是色相关的，可以归为一组并标记为相关。换句话说，当且仅当视频内容的相关性分析和音频分割检测到一个共同的场景变换/过渡时，才将这些镜头序列归为同一个场景。为了检测关键人物，只要有相关音频，进一步分组、归类由说话者改变点标记的音频片段；对于视频，根据关键帧或面部区域聚类，进行镜头分组、归类。然后，使用如下的启发式规则发现音频和视频数据中的潜在关键人物：

1）关键演员的说话时间和出镜率通常比其他人员高，如新闻广播中的主持人。

2）主演的身体、脸部区域更多地都是位于视频帧的中央。

3）镜头类型根据主演在视频帧中的比例进行定义。

在某些类型的视频中可以观察到语义的特殊性，如在新闻节目中，主持人语音/图像的持续时间（第一次出现到最后一次出现的时间间隔）高于其他人，因为主持人从新闻的一开始就出现，而新闻快结束时主持人还在。在新闻视频的情况下，视觉和音频分析的结果可以重新组合起来，进行有效的主持人镜头检测。这里使用的组合规则是主持人的视频镜头和他们的语音段之间的逻辑连接关系（logical conjunction）。

图 14-6 展示了另外一种基于视觉和听觉信息的视频索引方法。其中，音频处理首先通过音频信号的平均量和过零率检测语音寂声（speech silence detection），进而发现可能的场景变化。声音特征只能从有声音的视频片段中提取，故视频需要分割为有声和无声的视频片段，此时使用的是短时傅里叶变换（Short Term Fourier Transform,

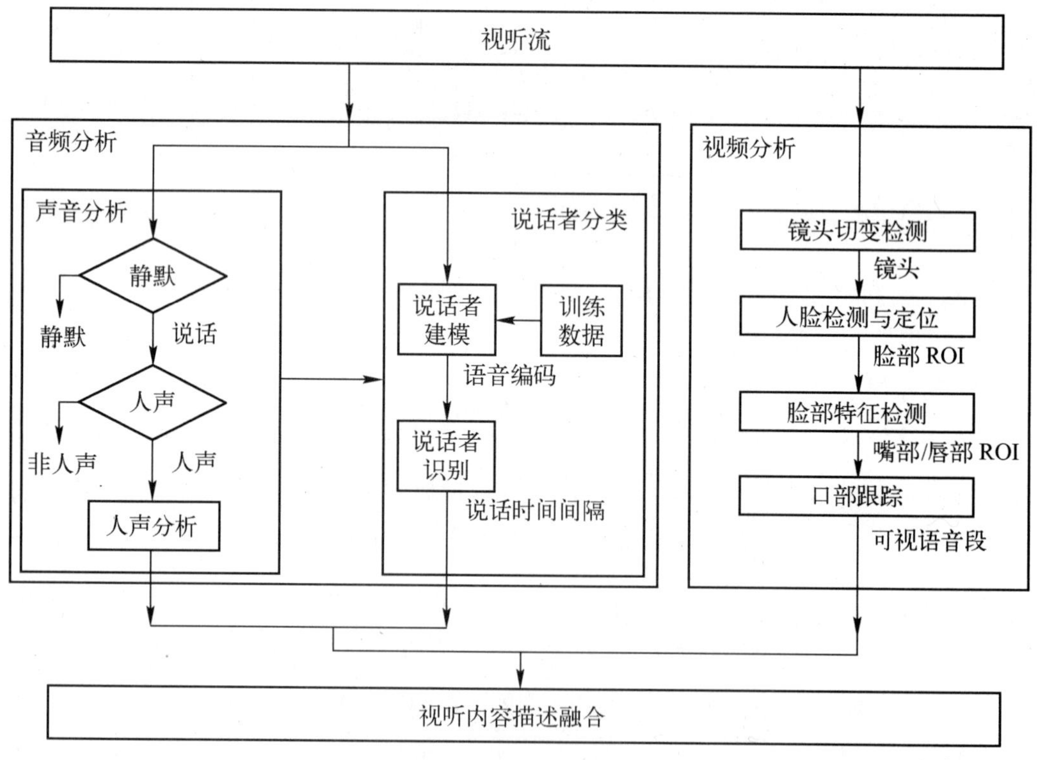

图 14-6　视听内容分析

STFT）计算声音信道的高通和低通功率谱密度（low-frequency or high-frequency power spectrum ratio），将视频帧分割为有声帧和无声帧，并从有声帧中提取音频特征。提取的音频特征形成多个说话者的训练音频数据，基于该训练数据能够很好地对说话者建模。文本到语音（Text To Speech，TTS）和语音识别方法可将语音信号转为文本。字幕信息可以协助语音检测（此时，TTS 就是可选的了）。

如图 14-6 所示，视频处理首先从基于色彩的镜头变换/过渡检测开始。接着，进行人脸检测（人脸检测假设脸部的特点可以通过皮肤的颜色表征，并具有椭圆或矩形形状）。然后，进行面部分析，先估计眼睛的位置，然后是嘴部的位置。嘴部追踪可用于判断一个人是否讲话了。跨模态的音频和视频分析有利于检测镜头转换/过渡：语音静默期的检测可用于检测镜头转换/过渡；而面部分析有助于识别说话者，尤其是当背景噪声破坏音频信道的时候，如街头场景。

14.6　MPEG-7 视频内容标准

1996 年 10 月，MPEG 标准化组织发起了一个适用于多种媒体类型的数字媒体内容描述标准。MPEG-7 可以描述包括静止图像、二维图形（2D graphics）、三维对象模型，音频、语音、视频等视听资料，以及这些资料在多媒体场景中的合流方法（composition information）。MPEG-7 标准并不是面向某种应用。MPEG-7 描述工具不依赖于数字媒体内容的编码和存储模型。不过，它可以充分利用已编码内容（如 MPEG-4 格式的数据）的优点。MPEG-7 旨在标准化以下内容：

1）可用于描述多媒体内容的各种特征的核心描述（core of Descriptions，D）。

2）描述方案（Description Schemes，DS），即预定义的描述符结构（predefined descriptor structures）和它们之间的关系。

3）描述定义语言（Description Definition Language，DDL），它是确定描述符和描述方案的语言。

4）描述符的编码表征，以有效地存储、读取多媒体数据。

14.6.1　MPEG-7 标准的组成部分

MPEG-7 标准分为若干部分（parts），具体见表 14-1。其基本功能部分将在后续小节中描述。

表 14-1 MPEG-7 标准部分

部分编号	名称
1	系统
2	描述定义语言（DDL）
3	视觉描述工具
4	听觉描述工具
5	多媒体描述方案
6	基准软件
7	一致性规范
8	描述提取和使用说明
9	配置和分级
10	模式定义

MPEG 系统部分（Systems part）包括准备数字媒体的高效传输和存储、终端结构和调节界面的 MPEG-7 描述所需的工具。

MPEG-7 描述定义语言部分（DDL part），支持新建描述方案/描述符，支持对现有描述方案的扩展、修改。MPEG-7 DDL part 是基于 XML 语言的，不过，由于 XML 并不是专门为多媒体内容描述设计的，因此 MPEG-7 特意扩展了 XML。MPEG-7 扩展后的 XML 语言包含如下部件：

- XML 模式语言的结构部件。
- XML 模式语言的数据类型部件。
- 具体的 MPEG-7 扩展。

MPEG-7 视觉描述工具（visual description tools）为以下基本种类的视觉特性提供了基本结构和描述符/描述子（descriptor）：颜色、纹理、形状、运动、位置（locality）和脸部。每一种类都包含了基础和高级描述符/描述子。下一节将概述 MPEG-7 的视觉内容描述技术。

MPEG-7 听觉描述工具（audio description tools）提供了描述听觉内容的结构。低层的听觉描述符/描述子对很多应用中都出现的听觉特征（如听觉信号的光谱、参数、时间特点）使用这些结构。MPEG-7 也提供了一套高层（high-level）音频描述工具，它们更多地与具体应用相关，这些工具包括通用的声音识别工具，描述索引工具，乐器音色（instrument timbre）的描述工具，语音内容描述工具，音频信号描述方案，以及旋律描述工具（melody description），它支持通过哼唱（humming song）查询音乐。

MPEG-7 多媒体描述方案（Multimedia Description Schemes，MDS）包括对基本实体和多媒体实体的一系列描述工具（描述符和描述方案）。基本实体是所有数字媒体的通用特性，如向量、时间、空间坐标。除此之外，还有被标准化了、更加复杂的多模态媒体（如视频、3D 动画和声音）描述工具。根据功能，这些描述工具可以分为不同类别。

1）内容描述：它表示了多媒体内容的结构层面，如分解为空间/时间片段。

2）内容管理：它包含了多媒体内容的创建、编码和使用的信息。

3）内容组织：它分析、聚类了多媒体内容。

4）导航和访问：它规定了概要和其他访问、浏览和导航多媒体内容的方法。

5）用户交互：它描述了用户界面的问题，保存了用户偏好和他们消费（观看或收听）视听材料的使用记录。

MPEG-7 基准软件（reference software）为 MPEG-7 核心描述、描述方案和描述定义语言提供了仿真平台。在模拟过程中，不但需要规范组件（normative components），还可能需要非规范组件。由对应数据结构和程序组成的应用可以分为服务器端应用（检索）和客户端应用（搜索，过滤）。

MPEG-7 一致性规范部分（conformance part）包括每种 MPEG-7 实现的使用说明和兼容性说明。

MPEG-7 描述提取和使用说明，介绍一些描述是如何被提取和使用的。MPEG-7 是多于 1500 种多媒体描述符/描述子的集合，因此，人们也提出了 MPEG-7 的配置（profiles）和分级（levels），以便根据具体应用需求调优相应的（少数几个）描述符和工具。这些配置和分级分别包含在不同的 MPEG-7 部分中。最后，MPEG-7 模式定义部分（schema definition part）收集了所有的 MPEG-7 方案。

14.6.2　MPEG-7 标准中的视觉标准

MPEG-7 非常重要的一个目标是为存储的图像、视频流提供标准化/规范化的描述和标准化/规范化的头文件（低层视觉描述符），规范化的描述和头文件能够帮助用户或应用识别、分类、过滤图像或视频。这些低层描述符可以只基于视觉内容描述，也可以结合文本型的搜索关键词；它们用于比较、过滤、呈现图像/视频。

MPEG-7 描述符可归为两类：通用的视觉描述符和专门的视觉描述符。前者包括颜色、形状和运动特性；后者包括如人脸检测、定位和识别等所需的描述符。本部分主要介绍通用视觉描述符，通用视觉描述符可应用于多数应用中。

人们在设计有效的颜色描述符方面做了大量研究工作，以检测色相似的图像。事实上，并没有适合所有应用的通用颜色描述符。因此，人们设计了很多描述标准，每种描述都有特定的视觉相似性检测功能。例如，很多颜色空间都包含在标准中，特别是 RGB 和 YC_bC_r（Y 指亮度，C_b 指蓝色色度，C_r 指红色色度）。HMMD（HMMD 是 Hue、Max、Min、Diff 的缩写，即色调、最大值、最小值、差。HMMD 是 MPEG-7 中使用的颜色空间和 HSV（HSV 是 Hue、Saturation、Value 的缩写，即色调、饱和度、值），且支持主颜色和颜色布局（颜色的空间分布）的描述符。

MPEG-7 定义了纹理描述，可用于多种应用中。同质纹理描述符（homogeneous texture descriptor），描述纹理的方向性、粗糙度和规律性，它大多适用于同质纹理的定量表征。纹理描述符使用频率特性描述图像纹理、能量和能量变化。它们基于滤波器组（如 Gabor 滤波），对缩放和方向敏感。通过计算平均值和变换系数的标准差，可以在频域得到其他描述项。非均匀纹理描述（如边界直方图）捕捉空间边缘分布，以描述有方向的纹理，如木材图像、海浪图像和布料图像。

最后，MPEG-7 定义了形状描述，用于描述二维和三维形状。对象的形状特征可以通过轮廓信息表示，如图 14-7a 所示。也可以通过其占据的区域进行描述，如图 14-7b 所示。三维形状描述可以通过若干次不同角度的二维投影（近似）得到。因此，两个三维对象的相似性检测，可以通过分别匹配它们的若干二维投影计算（即计算投影后的二维形状的相似性）。正如虚拟现实建模（Virtual Reality Modeling）中所用的技术，3D 对象可以使用多边形（三角形）网格（polygonal meshes）来描述。

如果基于每视频帧的比特位数，视频序列中运动描述的量将非常大。为了解决这个问题，MPEG-7 开发了从运动场中捕捉基本运动特性的技术，使得运动描述变得简洁、有效。

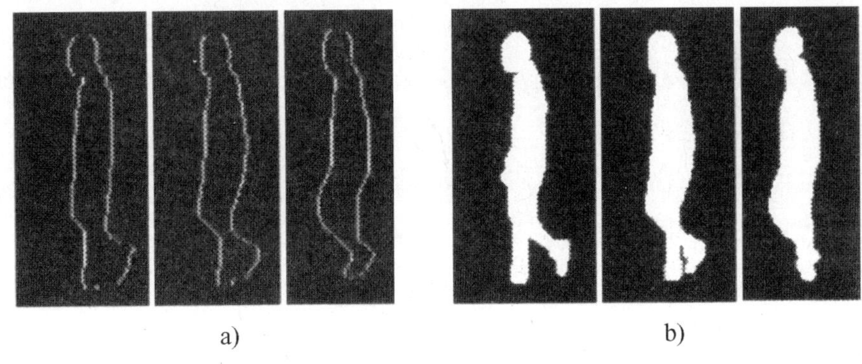

a) b)

图 14-7 形状描述示例

a）基于轮廓的形状描述 b）基于填充区域的形状描述

运动活动性描述符/描述子。一个视频段中的全部活动水平（motion activity level）和速度通过运动活动性描述子描述。它描述了一个场景的速度是慢、快还是非常快。快速的活动，如运动、动作场景。而新闻广播中的场景可看作慢速活动，尤其是主持人的镜头。运动强度描述衡量了运动的强度。运动方向、活动的空间分布和时间分布也可以用于运动描述和运动相似性检测。

像机运动描述符/描述子。真实像机或虚拟像机的运动可以通过像机运动描述子描述。该描述子得到摄像机运动的所有参数信息。这些参数可以由像机提供，也可以通过视频序列估算像机参数，使用像机模型和像机运动估计。该描述子可基于一些运动参数搜索视频序列，如搜索高变焦的镜头或拍摄时有像机平移运动的镜头。

运动轨迹描述符/描述子。使用运动轨迹描述子，可以描述每个独立运动的移动对象。如第 5 章所述，通过目标追踪，可以得到运动轨迹。而运动轨迹是描述随时间变化的目标位移的函数。在基于目标运动的视频搜索中，可以匹配目标的轨迹。一个可能的应用是视频监控，查找靠近某个给定区域的目标，或超过某个限制速度的目标。另外一个应用是基于手掌/四肢/脚步轨迹，进行人的活动识别和手势识别。

14.7 基于 MPEG-7 的视听描述

过去几年，相当多的研究工作都聚焦在提高 MPEG-7 的视频语义内容描述能力上。例如，本书作者提出了 ANTHROPOS-7，一个以人为中心的视频内容描述方案。该方案的前提是：人/演员是多数电影中最重要的实体。ANTHROPOS-7 基本的思想是在视频镜头中找出人/演员及其环境，并根据演员（以及上下文和背景）组织视频内容描述。因此，这种描述引入了服务于人/演员，及其状态、活动、相关上下文（场景背景，道具，对象）的视频语义内容描述的 MPEG-7 数据结构。人们已经提出了详细的视听配置（Detailed Audio Visual Profile，DAVP），它主要在 MPEG-7 第 5 部分中，支持对视听内容的全面结构性描述，以刻画单个多媒体内容实体的方法。最后，人们又提出了元数据生产框架（Metadata Production Framework，MPF），它适用于工业界的应用。

MPEG-7 视听描述配置（Audio Visual Description Profile，AVDP）提供了存储低层和高层视频描述的标准方法，这些描述是通过（半）自动的视频内容分析或手工标注得到的。视听描述配置 AVDP 是基于前面所述的详细的视听配置 DAVP 和元数据生产框架 MPF。由于在视频内容描述中创建了规范层，故 AVDP 大大方便了广播媒体产业，因为这种描述对视频归档、查找和检索都有帮助，如广播归档，用户产生的社交媒体视频内容搜索（如 YouTube）。再如，基于人脸检测、追踪和识别可以在视频中检测、追踪人及其活动，这些描述可以存储在 XML 文件中。然后，对于处理诸如“找出演员 X 微笑或走路的视频”之类的查询时，我们可以搜索这些 XML 文件，而不用再搜索原始视频内容。在很多应用中，由于完全没有手工标注或标注不合适，因此基于文本关键词的搜索是不可行的。即便这样的手工标注存在（如视频归档），它们的粒度很粗。例如，我们能够找到演员 X 走路的视频，但不能准确找出演员 X 走路的具体视频片段。

引入视听描述配置 AVDP 是为了解决 MPEG-7 结构的两个主要问题，即复杂度问题和互操作问题。众所周知，MPEG-7 包括 1500 多种多媒体描述子和描述模式，因此，将它用于视频内容描述是有问题的；而且，还有互操作问题，只有知道如何使用 MPEG-7 标准，才能保证两个不同的 MPEG-7 文档的完整互操作性。配置是已经存在很久的解决方案，它将标准限制在一个特定类型的应用集中，通过从 MPEG-7 中选择合适的核心描述和描述方案，并在它们的使用上加上限制。例如，互操作可以看作一个配置，该配置限制一些描述方案遵守单一和明确的操作方式。

视听描述配置 AVDP 提供视听内容描述所需的核心描述和描述方案，及相应的限制。AVDP 最重要的组成部分如下：时间分解（Temporal Decomposition，TD）将一个视频流分解为场景、镜头或视频片段；空间分解（Spatial Decomposition，SD）描述帧内对象的感兴趣区域（Regions Of Interest，ROI）；空时分解（Spatial Temporal Decomposition，STD）描述随时间变化的移动 ROI，产生目标轨迹，目标可以是人的身体、脸部，场景道具或其他物理对象；媒体源分解（Media Source Decomposition，MSD）将视听片段分解为构成它的声音和视频信道；MEPG-7 结构化标注（Structured Annotation，SA）描述视频事件和概念。SA 包含视频分割描述所需的属性，例如，谁（Who）、哪个目标（WhatObject）、如何（How）、哪个动作（WhatAction）。

表 14-2 阐述了上面所述的 AVDP 所使用的 MPEG-7 描述。下面，我们将聚焦在视频内容描述上，因为音频内容描述不在本书内容范围内。图 14-8 所示给出了用于镜头描述的 AVDP 描述的示例。进行场景镜头/边界检测时，旨在将视听内容时间分解为不同的场景/镜头，其结果可以存储在视听时间分解（Audio Visual Temporal Decomposition）中，每个视听片段（Audio Visual Segments，AVS）只包含一些时间信息，如镜头开始和结束的时间。

表 14-2　MPEG-7 AVDP 的描述方案

描述方案	概　　要
时间分解（TD）	TD 将一个视频流按时间纬度分解为视频片段（VS）或音视频片段（AVS）
媒体源分解（MSD）	MSD 用于视听描述配置 AVDP 中，将视听片段分解为视频信道和音频信道
视频分割（VS）	VS 从视觉方面描述视频片段，每个片段都定义了视频段的时间起点和持续时间
空时分解（STD）	STD 可以将视频片段分解为时空部分，即移动区域，以存储移动对象的信息
移动区域（MR）	MR 用于通过存储时空对象的行为，描述移动对象，如对象边界的外接矩形及位置随时间的变化
空间分解（SD）	SD 用于一个视频帧的空间分解，产生一个或多个静止区域，用于描述人脸或某个目标
静止区域（SR）	用于通过空间区域描述静止的目标。SR 也可以是整个视频帧

（续）

描述方案	概　要
结构化标注	它用于标注概念，事件，人的动作等
自由文本标注	它支持以自由文本的方式标注视频片段

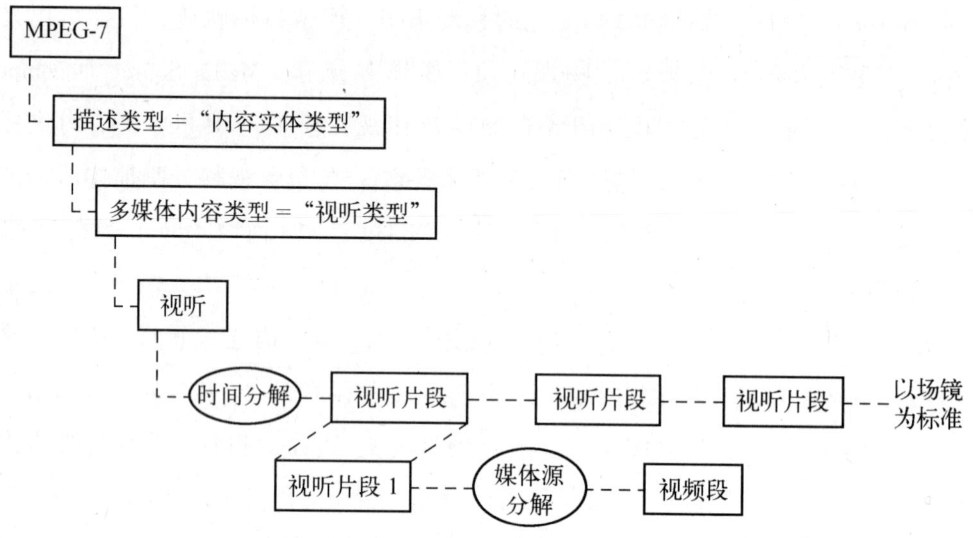

图 14-8　MPEG-7 视听描述配置中的场景/镜头/关键帧描述示意图

14.8　手动和半自动的视频标注

视频内容描述通常有一个头文件以提供如下信息：

- 电影信息、包括标题、类型（喜剧，戏曲，动作等）、发行日期、导演和演员表。
- 拍摄日期。
- 电影分级（如只适合成人）。
- 目标观众（男人/女人、成人、老人等）。
- 技术指标（比特率、视频分辨率、压缩类型等）。

上述信息通常都是手工输入和更新的，它们包含在描述视频的 XML 文件的头部。

多数视频都是手工标注的。不同的人对同一个视频帧会有不同的语义理解。因此，为了消除混淆，可以使用自适应、灵活、半自动的视频标注方法。一个方法是使用前面章节中所述的视频分析和描述的自动工具，接着，人工标注者可以编辑、修订自动抽取的视频描述。另外一个方法是，先人工标注一个视频或其中的部分场景/镜头/帧/对象，然后使用标签传播（label propagation）技术将已标注的场景/镜头/帧/对象的标签以不同粒度传播到未标注的场景/镜头/帧/对象上。

还有一个方法是在视频检索过程中继续标注视频。每当用户使用本文查询语句检索视频时，将搜索文本标注表。当查询满足时，将查询关键词添加到标注文本中。使用这种结合检索和标注的相关性反馈机制，系统可以在保证语义可靠性的同时，为同一个视频剪辑收录不同的描述。

如下视听内容使用的信息可以存档，如浏览次数、观点频率、每个用户组的意见、相关反馈信息、体验质量（如喜欢或不喜欢）、参与信息、观众的地理位置。

上面所述的最后 3 个信息在社交媒体库中频繁使用，如 YouTube。为此，可以为用户提供其他形式的自由文本描述，如标签和注释，它们对内容描述很有帮助。

14.9　视听内容的归档

目前，世界各地广播公司的视听档案馆都从模拟视频迁移到了数字视频。音频和视频信道可以并行地增加各种不同的元数据：从基本的技术信息，到更高级的自动特征提取和内容描述。实际应用中已有多种不同的归档数据存储、搜索和检索的工作流（workflows）。最常见的工作流是一种包含两个步骤的方法：该方法的第 1 步基于对原始文件的高压缩镜像进行搜索，提供更快的搜索结果，需要更小的存储和网络负荷；第 2 步，从归档文件中检索原始文件。这种工作流利用分层压缩方案的不同质量水平，如数字影院中使用的 JPEG 2000；对于内容搜索，可以使用 JPEG 2000 的低质量水平。

在很多广播公司中，视听（音视频）内容的归档仍然是基于磁带的。然而，它们正逐步迁移到基于文件的视听内容处理。在磁带系统中，内容搜索的实现依靠专有系统，连接归档磁带，这一过程可以使用数字媒体资产管理软件（Digital Media Asset Management System，MAM）。MAM 系统在数字电影制作的所有过程中方便了编辑、调度者和资料管理员的工作。MAM 是模块化的、灵活、可扩展的软件系统，它们负责管理电影文件和许可证、素材管理（material management）、检索、时间段调度、计划调度、预告片调度（trailer scheduling）和内容编辑。调度是在程序内部的，预告片调度是基于存储在 MAM 系统中的电影文档数据。对于电影，将维护其参照号码（reference number）、广播和调度信息、演员阵容、文本，以及所获奖励等数据。素材管理包括电影相关的素材（素材组，时间码及位置）的记录和处理。素材管理人员通过接口请求电影所需的素材，并将其分配给预定的电影版本。素材信息包括（但并不局限于）：确切的电影长度，时间码及位置，视频和音频格式（是4:3还是16:9，是杜比数字还是立体声等）。检索音视频数据有几种方法，可通过查询语句进行详细检索、全文检索或组合搜索（combined search）。例如，可以检索调度数据、广播数据、许可证信息等。对于组合搜索，可以使用过滤条件以缩小查找范围。MAM 系统支持标准清晰度数字电视（SDTV）和高清电视（HDTV）内容。有时，内容存档可以通过两个 MAM 系统完成，一个用于电影制作及后期制作，一个专门用于电影的节目域（拍摄、检查、传输）。存档的、用于描述电影制作及后期制作中的视听内容的元数据包括：①电影拍摄前和电影后期制作中的技术元数据（时间码，音频/视频质量，持续时间）；②电影拍摄和电影后期制作后，内容相关的元数据（主要在搜索新节目时使用）。技术元数据主要是与技术相关的元数据，而内容相关的元数据是基本的元数据，如导演的名字等。总的来说，目前，元数据的创建/标注基本上都是手动的、可能会出错的，也是耗时的。更复杂的是，很多广播公司使用私有的或特别设计的 MAM 方案，甚至主题词表也是不规范的。这导致 MAM 系统之间的元数据互操作和交换变得比较困难。而且，这种元数据的粒度与视听描述配置 AVDP 和视频自动分析工具可以提供的数据相差甚远。

对于允许电视观众浏览和搜索传统的电视内容的系统，用户与内容的交互性自然会提高，如数字电视的电视节目导航。电视节目导航允许用户浏览当前播放的所有节目。当然，也可以在电视节目导航中增加更多的高级特性，如后面节目的提醒，或有关电影场景、演员表和所获奖项的更多信息。

最后，3D 电视归档有更多的要求，它是一个开放的问题（尚未很好解决的问题），而为标清电视和高清电视设计的工作流和流程还没有考虑到3D 电视相关的问题。现在，3D 电视的素材已经可以管理了。由于目前的3D 电视节目还很有限，可以想见，适用于3D 电视媒体及其富含的信息，且能够满足终端用户需求的归档、索引和检索的流程还需要进行标准化规范。3D 视频内容分析和描述非常有助于单视频频道电影和标清/高清电影的制作，因为在很多情况下，电影制作时使用了多视图像机，3D 视频元数据在后期制作中是必需的。本书作者主持的欧盟项目

3DTVS 扩展了视听描述配置 AVDP 以支持 3D 电视内容，旨在为 3D 视频内容描述、归档和查找提供解决方案。

14.9.1　视频内容索引技术

前面章节介绍了分析视频流和提取语义信息的多种技术。下面将介绍如何创建适用于视频检索的索引结构。低层视频描述（如颜色、运动和形状直方图）和高级视频描述所用（如人脸及人的检测与追踪）的索引技术不同。下面，将介绍低层视频索引的原理，可以利用它们对视频片段或视频帧进行索引。

低层视频索引使用颜色、运动或形状/纹理的直方图等视频描述符/描述子。可以使用灰度直方图或彩色直方图，形成若干个桶（bin）。预定的图像区域的局部边缘方向可用于纹理描述。对每个区域，使用边缘检测工具（Sobel 算子和 Canny 算子），计算边在 4 个方向上的直方图（水平、垂直和两个对角线方向），也可以使用运动向量直方图。通过直方图量化，相似的视频帧在散列表中的键值对（entry）应该相同，每个键值对指向存储在数据库中的若干视频帧的索引。使用输入图像作为查询，系统可以使用相同的（散列）方法分析所查询图像，返回与输入图像散列值相同的那些视频帧。

14.9.2　相关性反馈和用户分析

在视听数据库中提供相关性反馈机制，用户可以对返回给其的查询结果进行评分（赋予一个相关性系数）。这种相关性反馈机制有助于提高视听内容检索系统的效率，因为它方便将检索限制在一定范围内。可以存储在数据库中的用于相关性反馈的信息包括：

1）用户提交的所有的查询信息（如查询的类型，查询的文本域或字段）。

2）用户与其查询的关系（一个用户可以与多个查询相关）。

3）查询与结果的关系（一个查询的结果可以是多个视频）。

4）用户赋予所返回视频的相关性系数。

在数据库中给定了这种数据结构，下面描述相关性反馈机制。首先，用户在查询系统中输入一个查询，并得到若干返回的视频。然后，用户对每个返回的视频进行评分（赋予一个相关性系数）。接着，存储该查询和返回结果的相关性评分。该信息可用于评价检索机制的性能并进行完善。

用户分析和个性化（user profiling and personalization）是视听内容搜索系统的另外一个特点。它描述了检索系统以用户指定的方式（如用户偏好）进行查询的能力。因此，对于特定用户的查询，将根据用户的偏好和角色返回结果。因此，需要在数据库中存储每个用户的两种信息，一种是用户个人信息，如身份和角色等；另一种是用户偏好信息，这可以通过用户分析完成。个人资料很少变化；但用户偏好可能会随时间变化，所以应该根据用户的活动经常更新。用户个人信息的一个例子是用户在系统使用中的角色，如档案工作者或新闻工作者。根据其角色，系统将提供不同的功能和访问权限。用户偏好信息表明一个用户对某种视频类型的喜好程度（如体育类视频或纪录片），同时，用户的搜索记录也会被保存下来。为了方便初始的用户分析，可以提供示例（初始化的）用户资料，自动或手动地对每个新用户都赋予一个（初始的、并不准确的）用户资料。后面，用户的资料可以根据用户的活动自动或手动更新。通过分析用户的查询语句、检索结果和观看/浏览历史，能够提取用户的偏好信息。查询历史提供了用户偏好的原始信息；检索结果提供了推断用户偏好的直接方法，如用户对返回视频的评分。最后，根据用户的观看/浏览历史，可以直接推断用户偏好信息。

14.10 总结

当前，由于互联网上的视听数据越来越丰富，数字视频的实际使用和价值依赖于高效的视频描述、存储、索引和检索技术。基于内容的检索是一个活跃的、不断发展的领域。人们开发了很多原型系统，提出了很多创新性的技术，尤其是 MPEG-7 和视听描述配置 AVDP。其中的一些技术已用于商业产品中；而一部分视听描述工具影响了 MPEG-7 标准化工作并被吸收到了该标准中。

用于电影制作和广播的数字媒体资产管理软件 MAM 用于存储视听元数据。例如，在电视广播中提供电视节目导航。然而，现有系统的能力与它的巨大发展潜力还相差甚远。用户的需要（主要是语义视频搜索和描述）和现有技术（主要是低层和中层视频特性）的语义鸿沟仍然存在。为开发完全好用的视频描述和检索工具，还需要投入更多的研发工作。

参考文献

[1] E. Albuz, E. Kocalar, and A. A. Khokhar, "Scalable color image indexing and retrieval using vector wavelets," IEEE Trans. on Knowledge and Data Engineering, vol. 13, no. 5, pp. 851 – 861, 2001.

[2] M. S. Alencar, Digital Television Systems. Cambridge University Press, 2009.

[3] J. F. Arnold, M. R. Frater, and M. R. Pickering, Digital Television: Technology and Standards. J. Wiley, 2007.

[4] Y. A. Aslandogan and C. T. Yu, "Techniques and systems for image and video retrieval," IEEE Trans. on Knowledge and Data Engineering, vol. 11, no. 1, pp. 56–63, 1999.

[5] K. Bardosh, The Complete Idiot's Guide to Digital Video. Alpha Books, 2007.

[6] H. Benoît, Digital Television: MPEG–1, MPEG–2 and Principles of the DVB System. Focal Press, 2002.

[7] H. Benoît, Digital Television: Satellite, Cable, Terrestrial, IPTV, Mobile TV in the DVB Framework. Focal Press, 2008.

[8] C. L. Book, Digital Television: DTV and the Consumer. J. Wiley, 2004.

[9] J. S. Boreczky and L. A. Rowe, "Comparison of video shot bound–ary detection techniques," Storage and Retrieval for Still Image and Video Databases IV, pp. 170–179, 1996.

[10] D. Borth, A. Ulges, C. Schulze, and T. M. Breuel, "Keyframe extraction for video tagging and summarization," in Proc. Informatiktage, 2008, pp. 45–48.

[11] J. Boston, DTV survival guide. McGraw–Hill, 2000.

[12] A. C. Bovik, The Essential Guide to Video Processing. Academic Press/Elsevier, 2009.

[13] R. Brice, Newnes Guide to Digital TV. Elsevier Science, 2002.

[14] Z. Cernekova, C. Kotropoulos, and I. Pitas, "Video shot–boundary detection using singular–value decomposition and statistical tests," J. Electronic Imaging, vol. 16, no. 4, 2007.

[15] Z. Cernekova, I. Pitas, and C. Nikou, "Information theory–based shotcut/fade detection and video summarization," IEEE Trans. on Circuits and Systems for Video Technology, vol. 16, no. 1, pp. 82 – 91, 2006.

[16] S. F. Chang, T. Sikora, and A. Puri, "Overview of the MPEG–7 standard," IEEE Trans. on Circuits and Systems for Video Technology, vol. 11, no. 6, pp. 688–695, 2001.

[17] B. W. Chen, J. C. Wang, and J. F. Wang, "A novel video summarization based on mining the story-structure and semantic relations-among concept entities," IEEE Trans. on Multimedia, vol. 11, no. 2, pp. 295-312, 2009.

[18] P. J. J. Cianci, HDTV and the Transition to Digital Broadcasting: Understanding New Televition Technologies. Taylor & Francis, 2012.

[19] G. W. Collins, Fundamentals of Digital Televition Transmission. J. Wiley, 2000.

[20] T. N. Cornsweet, Visual perception. Academic Press, 1970.

[21] C. Cotsaces, N. Nikolaidis, and I. Pitas, "Video shot detection and condensed representation: a review," Signal Processing Magazine, IEEE, vol. 23, no. 2, pp. 28-37, 2006.

[22] N. Culkin and K. Randle, Digital Cinema: Opportunities and Challenges. University of Hertfordshire Business School, 2004.

[23] N. Dalal and B. Triggs, "Histograms of oriented gradients for human detection," in Proc. CVPR, 2005, pp. 886-893.

[24] R. de Bruin and J. Smits, Digital video broadcasting: technology, standards, and regulations. Artech House, 1999.

[25] G. M. Drury, G. Markarian, and K. Pickavance, Coding and Modulation for Digital Television. Springer, 2000.

[26] G. Dudek, Digital Television at Home: Satellite, Cable and Over-The-Air. Y1d Books, 2008.

[27] P. S. Eatherson, Digital Television and Its Status. Novinka Books, 2006.

[28] B. Evans, Understanding digital TV: the route to HDTV. IEEE Press, 1995.

[29] B. Fasel and J. Luettin, "Automatic facial expression analysis: asurvey," Pattern Recognition, vol. 36, no. 1, pp. 259-275, 2003.

[30] O. Faugeras, Three-Dimensional Computer Vision: A Geometric Viewpoint. MIT Press, 1993.

[31] C. Fehn, P. Kauff, M. O. D. Beeck, F. Ernst, W. IJsselsteijn, M. Pollefeys, L. V, Gool, E. Ofek, and I. Sexton, "An evolutionary and optimised approach on 3DTV," in Proc. of International Broadcast Conference, 2002, pp. 357-365.

[32] W. Fischer, Digital Video and Audio Broadcasting Technology: A Practical Engineering Guide. Springer, 2008.

[33] D. M. Gavrila, "A Bayesian, exemplar-based approach to hierarchical shape matching," IEEE Trans. on Pattern Analysis and Machine Intelligence, vol. 29, pp. 1408-1421, 2007.

[34] N. Gkalelis, A. Tefas, and I. Pitas, "Combining fuzzy vector quantization with linear discriminant analysis for continuous human movement recognition." IEEE Trans. on Circuits arnd Systems for Video-Technology,

vol. 18, no. 11, pp. 1511–1521, 2008.

[35] K. Grimme, Digital Television Standardization and Strategies. Artech House, 2002.

[36] A. Hanjalic, Content-based analysis of digital video. Kluwer, 2004.

[37] A. Hanjalic, R. L. Lagendijk, and J. Biemond, "Automated high-level movie segmentation for advanced video- retrieval systems," IEEE Trans. on Circuits and Systems for Video Technology, pp. 580–588, 1999.

[38] J. A. Hart, Technology, Television, and Competition: The Politics of Digital TV. Cambridge University Press, 2004.

[39] R. L. Hartwig, Basic TV Technology: Digital and Analog. Elsevier Science, 2005.

[40] J. Hjelm, Why IPTV: Interactivity, Technologies, Services. J. Wiley, 2009.

[41] E. Hjelmas and B. K. Low, "Face detection: A survey," Computer vision and image understanding, vol. 83, no. 3, pp. 236–274, 2001.

[42] J. Hunter, "MPEG-7 Behind the Scenes," D-Lib Magazine, vol. 5, no. 9, 1999.

[43] K. F. Ibrahim, Digital Television. Longman, 2001.

[44] K. F. Ibrahim, DVD Players and Drives. Elsevier Science, 2003.

[45] K. F. Ibrahim, Newnes Guide to Television and Video Technology: The Guide for the Digital Age-from HDTV, DVD and flat-screen technologies to Multimedia Broadcasting, Mobile TV and Blu Ray. Elsevier Science, 2007.

[46] A. Iosifidis, N. Nikolaidis, and I. Pitas, "Movement recognition exploiting multi-view information." in Proc. IEEE MMSP, 2010, pp. 427–431.

[47] I. S. O, "Information technology-multimedia content description interface-part 1-part 6," no. ISO/IEC JTC 1/SC 29 N 4153–4163, 2001.

[48] K. Jack, Digital Video and DSP: Instant Access. Newnes/Elsevier, 2008.

[49] J. Keith, Video Demystified: A Handbook-for the Digital Engineer, 2nd Edition. LLH Technology Publishing, 1995.

[50] D. H. Kelly, "Visual responses to time-dependent stimuli. i. amplitude sensitivity measurements," Journal of the Optical Society of America, vol. 51, no. 4, pp. 422–429, 1961.

[51] A. C. Kokaram, Motion picture restoration: digital algorithms for artefact suppression in degraded motion picture film and video. Springer, 1998.

[52] G. Lekakos, K. Chorianopoulos, and G. I. Doukidis, Interactive Digital Television: Technologies and Applications. IGI Global, 2007.

[53] Z. Lin and L. S. Davis, "Shape-based human detection and segmentation via hierarchical part-template

matching," IEEE Trans. on Pattern Analysis Machine Intelligence, vol. 32, no. 4, pp. 604 – 618, 2010.

[54] L. I. Lundström, Understanding Digital Television: An Introduction to DVB Systems with Satellite, Cable, Broadband and Terrestrial TV Distributiorn. Elsevier Science, 2006.

[55] L. I. Lundström, Digital Signage Broadcasting: Content Management and Distribution Techniques. Focal Press, 2008.

[56] A. C. Luther and A. F. Inglis, Video Engineering. McGraw-Hill, 1999.

[57] S. Mack, Streaming Media Bible. J. Wiley, 2002.

[58] B. S. Manjunath, J. R. Ohm, V. V. Vasudevan, and A. Yamada, "Color and texture descriptors," IEEE Trans. on Circuits and Systems for Video Technology, vol. 11, pp. 703-715, 1998.

[59] P. E. Mattison, Practical digital video with programming examples in D. J. Wiley, 1994.

[60] B. Mendiburu, 3D movie making: Stereoscopic digital cinema from script to screen. Focal Press, 2009.

[61] B. Mendiburu, Y. Pupulin, and S. Schklair, 3D TV and 3D cinema. Tools and processes for Creative Stereoscopy. Focal Press, 2012.

[62] M. Miller and M. Troller. How Home Theater And HDTV Work. Que, 2006.

[63] N. Nikolaidis and I. Pitas, 3-D Image Processing Algorithms. J. Wiley, 2000.

[64] M. Orzessek and P. Sommer, ATM & MPEG-2: Integrating Digital Video Into Broadband Networks. Prentice Hall, 1998.

[65] M. Pagani, Multimedia and Interactive Digital TV: Managing the Opportunities Created by Digital Convergence. IGI Publishing, 2003.

[66] S. Papathanassopoulos, European Television in the Digital Age: Is-sues, Dynamics and Realities. J. Wiley, 2002.

[67] J. Penttinen, P. Jolma, E. Aaltonen, and J. Väre, The DVB-H Handbook: The Functioning and Planning of Mobile TV. J. Wiley, 2009.

[68] I. Pitas, Digital Image Processing Algorithms and Applications. J. Wiley, 2000.

[69] I. Pitas and A. N. Venetsanopoulos, Nonlinear Digital Filters: Principles and Applications. Springer, 1990.

[70] C. Poole and C. P. Janette Bradley, Developer's Digital Media Reference: New Tools, New Methods. Focal Press, 2003.

[71] C. A. Poynton, Digital Video and HDTV: Algorithms and Interfaces. Morgan Kaufmann, 2003.

[72] W. K. Pratt, Digital Image Processing: PIKS Inside. J. Wiley, 2012.

[73] I. E. G. Richardson, H. 264 and MPEG-4 Video Compression: Video Coding for Next-generation Multirnedia. J. Wiley, 2003.

[74] M. Robin and M. Poulin, Digital Televisiorn Fundamentals. McGraw-Hill, 2000.

[75] J. G. Robson, "Spatial and temporal contrast-sensitivity functions of the visual system," J. Opt. Soc. Am., vol. 56, no. 8, pp. 1141-1142, 1966.

[76] M. Rubin, The Little Digital Video Book. Pearson Education, 2008.

[77] C. P. Sandbank, Digital television. J. Wiley, 1990.

[78] M. Sano, Y. Kawai, H. Sumiyoshi, and N. Yagi, "Metadata production framework and metadata editor," in Proc. of the 14th annual ACM International Conference on Multimedia, 2006, pp. 789-790.

[79] S. Schaefermeyer, Digital Video Basics. Course Technology PTR, 2007.

[80] J. Schaeffler, Digital Video Recorders: DVRs Changing TV and Advertising Forever. Focal Press, 2009.

[81] P. Schallauer, W. Bailer, R. Troncy, and F. Kaiser, "Multimedia metadata standards," Multimedia Semantics, pp. 129-144, 2011.

[82] O. Schreer, P. Kauff, and T. Sikora, 3D Videocommunication: Algo-rithms, concepts and real-time systems in human centred communication. J. Wiley, 2005.

[83] G. Sfiris, N. Nikolaidis, and I. Pitas, "Multi-view object and humanbody part detection utilizing 3D scene information." in Proc. IEEE ICIP, 2010, pp. 29-32.

[84] M. Silbergleid and M. J. Pescatore, The Gtuide to Digital Television: Understanding Digital, Pre-production, Production, Audio, Graphics & Compositing, Post Production, Duplication & Delivery, Engineering & Transmission. Miller Freeman, 2000.

[85] W. Simpson, Video Over IP: IPTV, Internet Video, H. 264, P2P, Web TV, and Streaming. Focal Press, 2008.

[86] A. Smolic, K. Mueller, P. Merkle, C. Fehn, P. Kauff, P. Eisert; and T. Wiegand, "3D video and free viewpoint video-technologies, applications and MPEG standards," in Proc. IEEE International Conference on Multimedia (ICME), 2006, pp. 2161-2164.

[87] M. Sonka, V. Hlavac, and R. Boyle, Image Processing, Analysis, and Machine Vision. Thomson-Engineering, 2007.

[88] G. Stamou, M. Krinidis, E. Loutas, N. Nikolaidis, and I. Pitas, "2d and 3d motion tracking in digital video," in Handbook of Image and Video Processing, 2005.

[89] G. Stamou, M. Krinidis, N. Nikolaidis, and I. Pitas, "A monocular system for automatic face detection and tracking," in Proc. of Visual Communications and Image Processing (VCIP), 2005.

[90] P. D. Symes, Digital Video Compression. McGraw-Hill, 2003.

[91] J. Taylor and C. Armbrust, DVD Demystified, Third Edition. McGraw-Hill, 2005.

[92] A. M. Tekalp, Digital video processing. Prentice Hall, 1995.

[93] R. Troncy, W. Bailer, M. Höffernig, and M. Hausenblas, "Vamp: a service for validating MPEG-7 descriptions wrt to formal profiledefinitions," Multimedia Tools and Applications, vol. 46, no. 2, pp. 307-329, 2010.

[94] E. Trucco and A. Verri, Introdtuctory Techniques for 3-D Computer Vision. Prentice Hall, 1998.

[95] N. Tsapanos, A. Tefas, N. Nikolaidis, and I. Pitas, "Shape matching using a binary search tree structure of weak classifiers," Pattern Recognition, vol. 45, no. 6, pp. 2363-2376, 2012.

[96] N. Tsapanos, A. Tefas, and I. Pitas, "Online shape learning using binary search trees," Image Vision Computing, vol. 28, no. 7, pp. 1146-1154, 2010.

[97] S. Tsekeridou and I. Pitas, "Audio - visual content analysis for content - based video indexing," in Proc. IEEE Interrnational Conference on Multimedia Computing and Systems, 1999, pp. 667-672.

[98] S. Tsekeridou and I. Pitas, "Content-based video parsing and indexing based on audio-visual interaction," IEEE Trans. on, Circuits and Systems for Video Technology, vol. 11, no. 4, pp. 522 - 535, 2001.

[99] I. Tsingalis, N. Vretos, N. Nikolaidis, and I. Pitas, "Anthropocentric descriptors and description schemes for multi-view video content," in 16th IEEE Mediterranean Electrotechnical Conference (MELECON), 2012, pp. 133-136.

[100] P. Turaga, R. Chellappa, V. S. Subrahmanian, and O. Udrea, "Machine recognition of human activities: A survey," IEEE Trans. on Circuits and Systems for Video Technology, vol. 18, no, 11, pp. 1473-1488, 2008.

[101] K. Underdahl, Digital Video For Dummies. J. Wiley, 2006.

[102] J. M. Van Tassel, Digital TV Over Broadband: Harvesting Bandwidth. Focal Press, 2001.

[103] P. Viola and M. Jones, "Robust real-time face detection," Itnternational Journal of Computer Vision, vol. 57, pp. 137-154, 2004.

[104] N. Vretos, V. Solachidis, and I. Pitas, "An anthropocentric description scheme for movies content classification and indexing," in Proc. EUSIPCO, 2005.

[105] N. Vretos, V. Solachidis, and I. Pitas, "Anthropocentric semantic information extraction from movies," Computational Intelligence in Multimedia Processing: Recent Advances, pp. 437-492, 2008.

[106] N. Vretos, V. Solachidis, and I. Pitas, "A mutual information based face clustering algorithm for movie content analysis," Image and Vision Computing, pp. 693-705, 2011.

[107] Y. Wang, Y. Q. Zhang, and J. Ostermann, Video Processing and Communications. Prentice Hall, 2001.

[108] J. Watkinson, The Art of Digital Video, Fourth Edition. Focal Press, 2007.

[109] J. W. Weber and T. Newberry, IPTV Crash Course. McGraw-Hill, 2006.

[110] P. Wheeler, Digital Cinematography. Focal Press, 2001.

[111] J. C. Whitaker, DTV: the revolution in electronic imaging. McGraw-Hill, 1998.

[112] J. C. Whitaker, DTV: The Revolution in Digital Video. McGraw-Hill, 2001.

[113] J. W. Woods, Multidimensional Signal, Image, and Video Processirng and Coding. Elsevier/Academic Press, 2006.

[114] C. Wootton, A Practical Guide to Video and Audio Compressio: From Sprockets and Rasters to Macro Blocks. Taylor & Francis, 2012.

[115] G. Wyszecki and W. S. Stiles, Color Science: Concepts and Methods, Quantitative Data and Formulae, 2nd Editiotn. Wiley-Interscience, 2000.

[116] M. Xu, J. Orwell, and G. Jones, "Tracking football players with multiple cameras," in IEEE International Conference on Image Processing, 2004, pp. 2909-2912.

[117] A. Yilmaz, O. Javed, and M. Shah, "Object tracking: A survey," ACM Computing Surveys, vol. 38, no. 4, 2006.

[118] A. Yoshitaka and T. Ichikawa, "A survey on content-based retrieval for multimedia databases," IEEE Trans. on Knowledge and Data Engineering, vol. 11, pp. 81-93, 1999.

[119] S. Zafeiriou, A. Tefas, I. Buciu, and I. Pitas, "Exploiting discriminant information in nonnegative matrix factorization with application to frontal face verification," IEEE Trans. on Neural Networks, vol. 17, no. 3, pp. 683-695, 2006.

[120] W. Zhao, R. Chellappa, P. J. Phillips, and A. Rosenfeld, "Face recognition: A literature survey," ACM Computing Surveys, vol. 35, no. 4, pp. 399-458, 2003.